海 洋 汚 染 防 除 論

해양오염방제론

海 洋 汚 染 防 除 論

해양오염방제론

法學博士 李英浩 著

이영호 지음

긴박했던 해양오염사고 현장 37년의 기록!

깨끗하고 아름다운 바다!

이는 우리 모두의 바람입니다.

깨끗하고 아름다운 바다 만들기 여부에 따라 날로 오염되어 가는 지구의 운명과 국가의 생존과 번영이 달려 있습니다.

그러나 육지에서의 산업활동과 농업 활동의 부산물들이 하천을 통하여 유입되거나, 연안 또는 항구의 시설물에서 그대로 해양으로 유입되는 등 가장 고질적이고 만성적인 오염원인 육상 기인 해양오염은 인류와 지구의 건강을 위협하고 있으며 1989년 미국 알래스카에서 발생한 'M/V Exxon Valdez 사고', 2007년 태안에서 발생한 'M/V Hebei Spirit 사고'와 1995년 여천군 소리도에서 발생한 'M/V Sea Prince 사고'로 해양환경에 피해를 가져왔고 기름 오염에 대한 범국민적 관심이 고조되기에 이르렀습니다.

이러한 대형 해양오염사고로 인한 해양환경의 파괴는 생태계와 인간 생명의 파괴라는 점을 인식하여 해양오염사고 대비 대응을 위해 효율적이고 과학적인 해양오염방제를 모색하고자 2008년부터 지금까지 12여 년간 집필한『해양오염방제론』을 내놓게 되었습니다.

이 책의 내용은 내가 경험한 그 긴박했던 해양오염사고 현장 37년의 기록입니다. 1980년부터 약 37년간 해양경찰청과 해양오염사고 현장에서 근무하는 동안 배우고 익힌 해양오염방제 전문가로서 그 실무와 대형 해양오염사고 대비·대응, 방제 기초이론 및 오염피해 배상을 중점적으로 다루었습니다.

이 책의 출간을 계기로 해양오염 방제조치 대응 능력을 배양하고 해양에 기름 등 폐기물을 합리적이고 과학적인 방법으로 신속하게 제거하여 국가와 국민의 경제적 손실을 최소화하는 등 해양오염방제에 관한 활동과 연구가 더 활성화되기를 기대합니다.

　또한, 이끌어주시고 큰 도움을 주신 김홍희 해양경찰청장님과 이봉길 전 해양환경공단 방제본부장님, 해양환경동우회 김창균 회장님, 강대위 선배님과 전국의 모든 해양환경동우회원님, 지금 이 시각 검은 바다와 기름 자갈밭에서 수고하는 임택수 해양오염방제 국장과 1萬여 海警人 여러분께 감사를 드립니다.

2020년 7월

著者 이 영호

제1부

방제 기초 이론

Basic theory of Maritime Response

제1장 방제의 개념

제2장 방제대상물질

제3장　방제계획

제4절 지역방제 실행계획(Local Control Action Plan)

제1장 방제(防除)의 개념

제1절 방제의 본질

1. 방제의 목적과 의의(The purpose and significance of the Response)

1.1 목적(Purpose)

해양에 유출된 기름·폐기물·유해액체물질 등의 오염물질을 신속히 제거함으로써 해양환경의 훼손 또는 해양오염으로 인한 위해를 예방하고 그 피해를 최소화함으로써 **깨끗하고 안전한 해양환경**을 조성함에 있다.

1.2 의의(significance)

선박의 침몰, 좌초, 충돌, 화재 등 해양사고와 육상 기인 해양오염으로 인하여 해양에 기름 등 오염물질이 배출되는 경우 오염물질의 이적 및 배출방지, 기름 등 오염물질의 확산방지를 위한 오일펜스 전장, 유출유 회수·흡착, 유처리제 살포, 폐기물의 수거·운반·처리와 필요한 물품운반 등 실제 오염물질의 제거를 위한 작업과 방제대책본부 설치·운영 등 지원사항을 방제의 범주에 포함한다. 해양환경관리법상 방제의 의미를 살펴보면 제1조(목적)의 내용 중 "해양오염 예방, 개선, 대응, 복원"에 해당하고 특히 "해양오염 대응"과 부합한다. 또한 방제의 내용을 살펴보면, 같은 법 제6장 해양오염방제를 위한 조치의 제61조(국가 긴급방제계획의 수립·시행), 제62조(방제대책본부의 설치), 제64조(오염물질이 배출된 경우의 방제조치), 제66조(자재 및 약제의 비치) 등이 있다.

2. 해양오염방제론(Theory on Response to Marine Pollution)

2.1 방제의 정의(Definition of Response)

(사전적 정의) 재앙이나 재해(災害)를 미리 막아 없앰

(실질적 정의) 해양에 유출된 기름 등 오염물질의 확산방지와 제거

(IMO 긴급계획 지침) 해양에 유출된 기름 등 오염물질을 제거하는 일

(좁은 의미) 해상이나 해안에서 오염물질을 회수 또는 수거하는 일

(넓은 의미) 해양오염사고 대비·대응을 위하여 방제자원의 확보, 긴급방제계획의 수립, 방제훈련과 해양오염사고 시, 오염물질을 효율적으로 회수 또는 수거 처리, 환경피해 최소화, 환경복구가 가속화되도록 제거하는 일

2.2 해양오염방제론(Theory on Response to Marine Pollution)의 정의

해양오염방제론은 방제자원의 확보, 긴급방제계획의 수립, 방제훈련 등의 해양오염사고 대비와 해양에 기름·폐기물·유해액체물질 등 오염물질이 배출될 때 오염물질의 이적 및 배출방지, 오일펜스 전장, 유출유 회수·흡착, 유처리제 살포, 폐기물의 수거·운반·처리 및 필요한 물품운반 등 실제 오염물질의 제거를 위한 작업 등의 해양오염 대응 이론이다.

3. '해양오염방지'와의 관계(Relationship with "Marine Pollution Prevention")

해양오염방제 vs 해양오염방지!	해양오염사고 전(前)	해양오염사고 후(後)
	해양오염**방지**	해양오염**방제**
	대비(Preparation) ☞ 예방	대응(Response) ☞ 사고수습

해양오염방제와 해양오염방지는 해양오염사고 대비와 대응의 관계이다. 즉 해양오염방지는 해양에 기름·폐기물·유해액체물질 및 포장유해물질 등 오염물질이 배출되기 전(前)의 해양오염 예방 활동이며, 해양오염방제는 해양에 기름 등 오염물질이 배출된 후(後)의 오염물질의 이적 및 배출방지, 오일펜스 전장, 유출유 회수·흡착, 유처리제 살포, 폐기물의 수거·운반·처리 등 오염물질의 제거를 위한 사고수습 활동이다.

제2절 해양오염과 환경권

1. 해양오염의 개념(Marine Pollution Concept)

1.1 해양오염의 정의(Definition of Marine Pollution)

해양오염의 일반적인 정의는 '인간의 활동으로 생성되는 모든 물질이 직간접적으로 해양에 유입되어 해양생태계의 파괴는 물론 인간의 건강을 해치며, 해양수질의 저하와 자연경관의 훼손 등을 유발하게 되는 것'을 말한다. 해양오염물질의 종류는 매우 광범위하고 다양하며, 최근 들어 여러 가지 새로운 화학 합성물질들이 발명 제조되고 있어, 이들 물질이 해양에 유입되어 어떠한 영향을 미치게 될지는 오랜 시간이 지난 뒤에야 그 영향이 나타나게 된다. 해양이 오염되면 해양의 본래 모습이 변화되어 인류를 포함한 생물의 여러 가지 활동이 영향을 받고 있거나 받을 우려가 있다.

1.2 해양오염의 원인(Causes of Marine Pollution)

해양오염의 원인은 주로 다섯 가지의 근원에 따라 구분하는데 육상 기인 해양오염, 선박 기인 해양오염, 해양투기기인 해양오염, 해저 개발기인 해양오염 및 대기기인 해양오염이 그것이다. 이러한 구분은 '해양법협약' 제207조 또는 제212조에서 규정하고 있는 내용을 기준으로 한 것이다. 오염원이 전체 해양오염에 대하여 미치는 영향의 정도는 정확히 측정하기 어려우나, "기름의 해양환경으로의 유입량은 연간 약 2,350천 톤으로 그 15%는 자연적인 유입원이며, 85%는 유조선 사고, 정유공장, 도시 및 공장 폐수 등의 인위적 유입원"[1]으로 밝혔다.

(1) 육상 기인 해양오염(pollution from land bases sources)

해양오염 대부분을 차지하는 중요한 근원으로서 육지에서의 산업활동과 농업 활동의 부산물들이 하천을 통하여 유입되거나, 연안 또는 항구의 시설물에서 그대로 해양으로 유입되는 등 가장 고질적이고 만성적인 오염원이다. 농장으로부터 살충제, 화학비료 등의 배출, 연안 시설의 파이프라인을 통한 폐수의 배출 및 하천으로부터의 생활하수 등이 전 세계로의 바다로 유입되고 있는 오염물질의 대부분은 육상으

---

[1] 해양오염의 과학적 측면에 대한 전문가그룹(United Nations Group of Experts on the Scientific Aspects of Marine Pollution; 'GESAMP')이 작성한 보고서 인용

로부터 비롯된 것이나 육상 기인 해양오염은 대체로 각국의 국내문제이므로 국제사회가 개입할 여지는 많지 않다.[2] '해양법협약'에서는 "육상 기인 해양오염의 방지·경감 및 규제를 위한 기준은 각국의 국내법령에 따르되 국제적인 규칙과 기준을 고려하여야 하며 각국은 적절한 지역적 수준에서 각국의 국내정책을 조화시키도록 힘쓰고 국제적 및 지역적인 규칙과 기준의 제정에서는 지역적인 특성과 개발도상국의 경제 능력 및 이들 국가의 경제개발 필요성을 고려하도록"(같은 협약 제207조 제1, 제2항 및 제4항) 하고, 이에 따라 "각국은 국제적인 규칙과 기준을 이행하는 데 필요한 입법적, 행정적, 기타 조처하지 않으면 아니 된다."라고 규정하고 있다(같은 협약 제213조). 유럽에서는 육상 기인 해양오염방지를 목적으로 하는 헬싱키협약이 개정되는 등 개별국가별로 또 국제협약 하에 해양오염 모니터링체제를 보강하는 추세이며, 우리나라도 해양오염의 현황과 그 변화추세를 파악하기 위하여 1970년대부터 해양오염도 조사를 시작하였다.

(2) 선박 기인 해양오염(pollution from ship)

선박 기인 해양오염(pollution from vessel)은 선박으로부터 고의 또는 해난에 의한 기름과 유해 액체 물질 등의 해양배출 등을 들 수 있다. 특히, 선박의 해상활동 중 충돌, 좌초, 침몰, 전복, 화재, 폭발 등의 해양사고에 의한 기름유출은 그 환경피해를 볼 때 심각하다. 해양사고 대부분이 승무원의 부주의에 기인하고 있음에 따라 선원들에 대한 교육 등을 통하여 선박 충돌 예방에 대한 지식을 배양토록 하여야 한다. 선박 유창 청소 시 씻은 물과 혼합 배출, 선저폐수 등 폐유와 연료 슬러지(sludge) 배출, 배 밑바닥 해수 밸브로부터 기름유출, 기름 적하 시 화물 탱크로부터 유출, 기름 공급작업 중의 유출 등이 있다. 선박 기인 해양오염은 크게 두 가지로 구분할 수 있다. 즉, 선박 운항 상의 기름 및 폐기물의 유출과, 충돌·좌초 등 해양사고에 의한 기름유출로 인한 해양오염이 그것이다.[3] 선박 기인 해양오염 중에서도 양적으로 가장 큰 비중을 차지하는 것은 선박 운항 중에 해양으로 유출 또는 배출되는 유성혼합물과 유조선의 탱크 세정에 따른 밸러스트(ballast)를 포함한 잔류물 등으로서 전체 선박 기인 해양오염의 약 3/4을 차지하고 있다. 선박의 운항에 따른 각종 오염사고를 방지하기 위하여는 '73/78 MARPOL'에 규정되어 있는 선박의 구조와 설비를 갖추어

---

2) 박찬호, "선박 오염에 관한 국제법의 발전", 박사학위논문, 고려대학교, 1992, p.121
3) David W. Abecaassis, "Oil Pollution from Ships", London, Stevens & Sons, 1985, p.7

승무원이 이들 설비를 효과적으로 사용하며, 이의 사용 중 결함에 의해서 오염사고를 발생시킬 수 있으므로 철저한 점검 및 정비와 각종 작업 시 과실에 의한 사고방지를 위한 교육이 시행되어야 한다.

(3) 해양투기 기인 해양오염(Marine pollution caused by ocean dumping)

해양투기(ocean dumping)는 혼합된 형태의 오염행위이며 산업의 급속한 발달과 인구의 증가로 인한 폐기물의 배출, 투기는 해양환경의 질을 저하하고 있다. 고체 폐기물, 유독성 산업폐기물 및 핵폐기물 등의 처치 곤란한 문명의 쓰레기를 육지에서 가져다 선박이나 항공기를 이용하여 해양에 투기하게 되므로 육상 기인 오염의 특성과 선박 기인 오염에서 관할권 문제를 동시에 지니고 있다. '해양법협약'에서는 투기를 "선박, 항공기, 플랫폼 또는 기타 인공 해양구조물에서의 폐기물, 기타 유해물질 모두 고의적인 처분과 선박, 항공기, 플랫폼, 인공 해양구조물 등과 같은 모두 고의적인 처분을 가르친다."라고 되어 있다.(제1조5항). 그러나 선박, 항공기 등의 통상적인 운용에서 부수적으로 유출되는 폐기물의 처분이나 단순히 처분목적 이외의 의도로 어떤 물질을 바다에 배치(placement)하는 것은 이 범주에 포함되지 않는다.(1972년 '런던협약' 제1조(4)) 세계 각국은 폐기물의 해양투기를 국제적으로 규제함으로써 해양환경을 보존하기 위하여 1972년에 '폐기물 및 기타물질의 투기에 의한 해양오염방지에 관한 협약'을 탄생시켰다. 해양투기의 형태는 ① 선박, 항공기, 플랫폼 기타 바다 위의 인공구조물로부터 폐기물, 기타물질을 고의로 바다에 버리거나 ② 선박, 항공기, 플랫폼 기타 바다 위의 인공구조물을 고의로 바다에 버리는 것 ③ 선박, 항공기, 플랫폼 기타 바다 위의 인공구조물로부터 해저와 그 지하(the seabed and the subsoil)에 폐기물, 기타물질을 저장하는 것(storage) ④ 고의적인 투기 목적으로 플랫폼 기타 바다 위의 인공구조물 용지에 유기하는 것(abandonment or toppling)들 이다. 위의 ①과 ②는 '런던협약' 제3조 1항과 같고, ③과 ④는 1996년 protocol에서 새로이 추가된 것이다. 그런데 ③항의 '폐기물 기타물질을 해저와 그 지하에 저장한다.'라는 규정은 해저처분에 가까운 표현을 담고 있어서 핵폐기물의 해저처분을 금지하는 규정으로 해석할 수 있다.

(4) 해저개발 기인 해양오염(pollution from sea-bed activities)

해저개발 기인 해양오염이란 해저에 부존된 자원을 탐사 또는 개발하는 과정에서 발생하는 오염이다. 해저 석유개발과정에서의 기름유출이 대표적인 사례이며, 심해저 개발에서도 상당한 해양오염이 발생할 가능성이 있다. '해양법협약'에서는 "대륙붕개발에 해양오염의 방지, 경감 및 규제를 위한 기준은 연안국의 국내법령에 따르되 국제적인 규칙과 기준을 고려하여야 하고, 또한 각국은 적절한 지역적 수준에서 각국의 국내정책을 조화시키도록 힘써야 한다."라고 규정하고 있다(제214조).

(5) 대기(大氣) 기인 해양오염(pollution from or through atmosphere)

대기로부터 또는 대기를 통한 해양오염은 실제로는 해양오염에 미치는 영향이 대단히 크지만, 육상오염원의 한 형태로 간주하기 때문에 그다지 강조되지 않고 있으며[4] 연구가 부족한 분야이다. 이러한 형태의 해양오염은 육상에서의 살충제, 제초제, 납 또는 수은 등과 같은 중금속과 화석연료가 연소하면서 방출되는 오염물질 등이 대기에 의하여 해양으로 운반되면서 발생한다. '해양법협약'에서는 "대기기인 해양오염의 방지·경감 또는 규제를 위한 기준은 연안국 또는 선적국의 국내법령에 따르되 국제적인 규칙과 기준 및 항공기의 안전을 고려하여야 하고 또한 안전에 관하여 각국의 세계적 및 지역적인 규칙과 기준을 정하도록 노력하지 않으면 아니 된다."라고 규정하고 있다(같은 협약 제212조 및 제222조).

1.3 해양오염의 유형(Types of Marine Pollution)

(1) 기름 오염(Oil Pollution)

해양에 유입되는 기름은 원유, 석유제품(등유, 연료유, 기계유 등), 폐유(Bilge, Sludge, 탱크를 씻은 물 등) 등이다. 우리나라는 매년 선박의 부주의에 의한 기름오염 등 약 300여 건의 해양오염사고가 발생하고 있다. 특히 1995년 전남 여천군 소리도에서 발생한 '씨프린스호 사고', 2007년 충남 태안에서 발생한 '허베이스피리트호 사고'로 기름 오염에 대한 범국민적 관심이 고조되었다.

---

4) Ludwik A. Teclaff & Albert E. Utton (eds.), "*International Environmental Law*"
   (NewYork/Washington/London: Praeger Publishers, Inc. 1974), pp. 248-250 ; Maria Gavounel,
   supra note 8, p.61)

(2) 위험유해물질 오염(HNS: Hazardous Noxious Substances Pollution)

해양에 유입되는 HNS는 인간·해양생물에 유해하거나 환경을 손상해 해양 이용을 저해하는 기름 이외의 물질로 벤젠, 톨루엔, 크실렌 등이 있다. 특히 2019년 9월 28일 울산항 염포부두에서 발생한 석유제품운반선 스톨트 그로이란드호(25,881톤) 폭발로 인한 HNS 유출사고와 2015년 울산항 제4부두에서 석유제품운반선 한양에이스호(1,553톤)가 황산 작업 중 198톤의 질산화 황산의 혼합물을 해양에 유출했다.

(3) 유기물 오염(Organic matter Pollution)

유기물 오염의 오염원은 육상의 생활오수, 산업폐수 속의 영양염류이며, 이러한 해양오염의 영향으로는 연안 해역의 부영양화(eutrophication) 현상을 초래하여 적조(Red Tide)를 유발한다.

(4) 중금속 오염(Heavy metal Pollution)

중금속 오염은 주로 산업폐수의 해양유입이 그 원인이며 물리·화학적 및 생물학적으로 난분해성 먹이사슬(food-chain)에 의해 동식물에 축적된다. 주요 중금속 오염물질은 Cd, Cr, Cu, Pb, Hg, Ni, Zn 등이다. 이 중 **카드뮴**으로 인해 일본에서 '**이타이이타이병**'이 발생하였다. 1910년대 후반부터 일본 도야마현 주민들은 허리, 팔, 다리의 뼈마디가 아프다며 병원을 찾기 시작했는데 50년이 지나도록 원인을 찾지 못하다가 1968년 일본 정부는 '카드뮴에 의해 뼛속 칼슘분이 녹아 신장 장애와 골연화증이 일어난 것'이라고 공식 발표한 이 병은 1945년 일본 도야마현(부산현) 진쯔으천(신통천) 상류 지역 광업소 선광, 정련 공정에서 배출된 폐광석에 함유된 카드뮴이 신통천에 흘러 내려와 농작물, 어패류, 상수원을 오염시켜 중년 여성에게서 특별히 골절, 전신위축 등 증세가 나타나 수백 명의 사망자가 발생하였다.

수은으로 인한 '**미나마타병**'은 1953년 이후 일본 규수의 미나마타 지방의 공장에서 나온 미량의 수은이 하천수를 통해 강에 유입되고 그것이 해저에서 메틸수은으로 변해서 어패류에 흡수, 축적된다. 이렇게 오염된 어패류를 오랫동안 섭취한 주민에게서 유기수은 중독증이 나타났다. 중추신경과 말초신경이 마비돼 청력·시력 감퇴, 감각 마비, 보행 불능, 언어장애를 초래하여 시각장애인, 말더듬이, 운동기능 마비, 뇌 손상으로 인한 정신이상 등이 나타났고 호흡기 장애 등으로 일본에서 1963년까지 수백 명의 사망자와 수천 명의 환자가 발생하였다.

(5) 열 오염(Heat Pollution)

열 오염원은 원자력, 재래식 발전시설 및 공장에서 발생하는 온배수 등이다. 그 영향은 바닷물 온도를 상승시켜 수중 미생물의 활동이 증가하여 수중의 용존산소 저하를 초래하여 생태계의 집단 이동 및 어류의 산란과 부화에 나쁜 영향을 준다.

(6) 미세플라스틱 오염(micro plastics Pollution)[5]

해양에서 미세플라스틱의 형태는 조각, 섬유, 필름 등이며, 제조되었거나 기존 제품이 조각나 미세화된 크기 5㎜ 이하 고형의 합성수지이다. 유네스코의 정부 간 해양위원회(UNESCO-IOC)는 2010년에 4대 중기전략 목표 중 하나인 '해양 생태계의 건강 보호' 분야에서 미세플라스틱을 4대 주요이슈 중의 하나로 선정한 바 있다.

<미세플라스틱 해안오염도 조사>

(7) 기타물질에 의한 해양오염(Marine Pollution by Other Materials)

준설토 오염과 농약 및 PCB(poly chlorinated biphenyl), TBT(Tri butyl Tin)에 의한 오염이 있다. 핵폐기물(radioactive wastes)로 인한 오염은 알파, 베타 또는 감마선을 방출하며 붕괴하는 불안정한 핵을 포함하는 불필요한 방사성물질을 말한다. 핵무기 실험과 핵발전소 운영, 공업 및 의료분야의 원자력 이용 등이 있다.

2. 환경권의 개념(Concept of Environmental Rights)

2.1 환경권의 정의

환경권(環境權)이란 인간이 건강한 생활을 영위할 수 있는 쾌적한 환경에서 생활할 수 있는 권리를 말한다. 인류는 더욱 편리하고 풍요로운 생활을 누리기 위하여 인간 활동을 추구해 왔으며 이러한 활동은 필연적으로 자연환경(自然環境)의 오염과 파괴를 수반하게 되었다. 이에 따라 대기(大氣), 물, 생물, 폐기물, 토양(土壤) 등 모든 분야의 자연환경이 극심한 오염 현상에 시달리게 되었다. 산업혁명 이후 수많은 공장과 가정에서 매연, 폐수 그리고 폐기물이 대기 또는 해양으로 쏟아져 나오게 되

---

5) 심원준, Micro plastic contamination in Aquatic Environment, 2018

었고, 급격한 인구증가와 인류의 생활수준 향상 욕구는 경제성장의 추진으로 이어져 환경과 생태계 파괴를 더욱 유발하게 된 것이다. 즉, 인간다운 생활을 영위하기 위해서는 오염되지 않은 자연 속에서 건강한 삶을 누릴 수 있는 권리가 확보되지 않으면 안 된다.

2.2 우리나라 헌법상의 환경권(The environmental right of our constitution)

헌법 제35조제1항에서는 "모든 국민은 건강하고 쾌적한 환경에서 생활할 권리를 가지며, 국가와 국민은 환경보전을 위하여 노력하여야 한다."라고 규정하고 있다. 헌법에서 환경권에 관한 규정을 명시하기 시작한 것은 1980년 이후이다. 1970년대의 헌법에서는 환경권이 생존권의 범주에 포함되는 것으로 보아 별도의 규정을 두지 않았으나, 1980년에 환경권을 헌법에 명문화하고 국가와 국민이 자연보전의 의무를 부담하도록 규정하였다. 이어서 1987년 개정된 헌법은 환경권 규정을 더욱 보완하고 있으므로 환경권은 명문 규정으로 확고하게 보장되고 있다.

제3절 해양오염의 영향과 피해

1. 개요

해양은 지구의 자연환경을 지배하는 주요 인자이다. 바닷물의 양은 지구 전체 물의 약 97.4%인 13억 7천만㎦이며 기후조절기능, 해양생태계의 재생산기능, 오염물질의 자정 기능과 자원의 보고로서 그 활용 가치는 매우 높으나, 산업시설로부터 유해액체 유출, 선박 기름 유출 등으로 인한 피해도 적지 않다. 또, 방조제, 매립공사 등으로 갯벌 생태계가 사라지고 질소, 인 등의 영양물질이 환경용량 이상으로 유입되어, 적조 현상이 확대되는 등 바다가 오염되고 있으므로 우리 바다를 오염으로부터 지켜 맑고 깨끗한 환경으로 보전하면서 해양을 이용하는 것이 우리 세대의 의무일 것이다.

해양오염은 육상오염과 달리 오염물질이 일시에 넓게 퍼지는 광역성, 오염의 상태가 오래가는 장기성 외에 다른 오염을 유발하는 복합성 등의 특성을 보이며, 해양사고 발생 시 인명과 재산의 큰 피해를 가져온다.

2. 해양환경에 미치는 영향(Impact on the Marine Environment)

첫째, 해양환경에 미치는 단기적·직접적인 영향으로는, 바닷물 표면에 유막 형성으로 인한 햇빛 및 산소의 공급차단으로 식물성 플랑크톤의 광합성을 저해한다. 둘째, 장기적·간접적인 영향으로는, 해면에 형성된 유막은 파랑이나 유처리제에 의하여 유화상태로 해양생물 체내에 축적된다. 결국 먹이사슬에 의하여 인간이 섭취하여 잠재적인 암 유발의 원인이 될 수 있다.

3. 기름 오염과 해양생태계(Oil Pollution and Marine Ecosystems)

기름이 해양환경에 미치는 영향으로는 광선의 투과를 방해하여 해조류나 식물 플랑크톤의 광합성을 방해하고, 기름의 산화로 해양을 저(低)산소화하며, 해상유막이 해양과 대기의 가스교환을 방해하고, 수온을 상승시켜 해양생태계를 바꾼다. 생태계 내 생물들에 비 지속성 기름은 급성독성, 지속성 기름은 질식에 영향을 주는데 해양생물에 직접적인 피해를 주는 경우는 해양생물에 직접 부착되어 고사시키는 경우 등이다.

4. 농축 독성과 해양생태계(Enriched Toxicity and Marine Ecosystem)

오염물질의 유독성으로 인하여 해양생물의 성장 저해·사멸 및 독성농축 등을 일으키며 생물체 내에 잔류하여 있는 농축 독성은 인간과 생물체의 건강과 생명에 위험을 초래한다. 또한, 공장 폐수·생활폐수 등에 포함된 인산염, 질소화물 등과 같은 영양염류가 바닷물 중에 많이 포함되면 플랑크톤이 과다하게 발생하게 되는 부영양화가 일어나 적조 또는 녹조현상으로 주변 생물을 사멸시킨다.

5. 해양오염과 인간의 피해(Marine Pollution and Human Damage)

해양오염피해는 기름, 유해물질 등에 의하여 해양수질이 오염되거나 그 독성이 잔류 된 해양 동식물 및 어패류 등 각종 해산물을 섭취함으로써 발생한다. 이로 인해 인간의 건강 저해와 어장 폐쇄, 어획량 감소, 해산물의 사멸, 수산양식의 불능, 바닷물 이용의 저해 및 방제비용의 지출, 바닷물 혼탁, 악취 발생 해양경관의 저해 등으로 해양의 쾌적성을 저해하여 여가 선용을 위한 경관으로서의 효용 가치를 저하하며 관광사업 부진 등 건강 및 경제적 손실 등을 가져온다.

제2장 방제대상물질

제1절 주요 오염물질의 종류

1. 기름(oil)

1.1 정의

(1) 사전적 의미

· 불에 타기 쉽고 물에 쉽게 용해되지 않으며 물보다 가벼워서 수면에 엷은 층을 이루어 퍼지는, 약간 끈끈하고 미끈미끈한 성질의 액체/석유나 석유를 증류하여 얻게 되는 휘발유, 등유, 경유, 중유 따위의 공업용, 난방용 연료를 통틀어 이르는 말/ 지방산과 글리세롤의 에스테르 중 상온에서 고체인 것

(2) 법률적 의미

· (해양환경관리법 제2조) 원유 및 석유제품(석유 가스는 제외)과 이들을 함유하는 액체상태의 유성혼합물과 폐유

· (유류오염손해배상보장법 제2조) 선박에 화물로써 운송되거나 선용유로써 사용되는 원유, 중유와 윤활유 등 지속성 탄화수소 광물성유로서 대통령령으로 정하는 것

· (73/78 MARPOL협약) 원유, 중유, 스럿지, 폐유와 정제유를 포함한 모든 형태의 석유

※ 기름의 주성분은 탄화수소(탄소와 수소 약 98%)이며, 기타 황, 질소, 산소 등 함량은 약 1~3%임.

1.2 종류

(1) 원유(原油, Crude oil): 정제하기 전(前), 천연 그대로의 석유로 적갈색 또는 흑갈색의 점도가 높은 유상물질(油狀物質)이며 탄화수소가 주성분이며 열분해

처리를 함으로써 각종 석유제품, 석유화학공업의 원료로 이용된다. 원유의 **비중**(API 도=141.5/비중−131.5)에 따라 경질·중질(中質)·중질(重質) 원유로, 화학적 조성에 따라 파라핀기·나프텐기·중간기 원유로, 황의 함유율에 따라 저유황, 고유황 원유로 분류한다.

〔표 1-1〕 원유의 특성에 따른 분류

분류	API도	화학적 조성	황의 함유율
내용	輕質원유: API도 34 이상 中質원유: API도 30~34 重質원유: API도 30 이하	파라핀기 원유 나프텐기 원유 및 2기가 혼합된 중간기 원유	황 함유율 1% 이하는 저유황, 2% 이상은 고유황 원유, 비중이 작을수록 황 함유량이 적어지는 경향이 있다.

(2) **경유**(輕油, gas oil): 주로 소형 선박 등의 연료유로 주로 사용되며 유출될 경우 휘발유, 등유처럼 휘발성이 높아 해상에서 오래 남아 있지 않고(비지속성) 대부분 해면에서 증발한다.

(3) **등유**(Kerosene): 등유는 휘발유보다는 무겁고(끓는점이 높고) 경유보다는 가벼운(끓는점이 낮은) 유분. 끓는점이 약 145℃~300℃ 정도로, 주로 가정의 석유난로나 보일러의 연료로 사용되고 육상 기인 해양오염이 우려되고 있다.

(4) **중유**(重油, heavy oil): 기름의 점도에 따라 벙커 A, 벙커 B, 벙커 C로 구분하고 점도가 높아 해상에 오래 남아 있어(지속성) 다른 기름보다 방제가 어렵다.

(5) **윤활유**(潤滑油, Lubrication oil): 선박 기관의 마모, 마찰방지 등 엔진 윤활제로써 사용되는 기름으로, 광물성의 것과 지방성인 것 및 광유에 10~20%의 지방유를 혼합한 것으로 나눌 수 있다.

(6) **항공유**(航空油): 항공기 엔진에 쓰는 연료. 가솔린 기관에는 옥탄가가 높은 항공 가솔린을 쓰고, 제트 기관에는 등유를 주성분으로 하는 제트 연료를 쓴다.

(7) **선저폐수**(船底廢水, Bilge): 선박의 밑바닥에 고인 액상 유성혼합물(물+폐유)이다.

2. 유해액체물질(Hazardous liquid substances)

해양환경에 해로운 결과를 미치거나 미칠 우려가 있는 액체물질(기름을 제외한다)과 그 물질이 함유된 혼합 액체물질로서 해양수산부령이 정하는 것을 말하며 X류 물질, Y류 물질, Z류 물질, OS 물질, 잠정평가물질로 분류한다.6) 선박으로 운송되거나 해양시설에 저장되고 있는 강산(질산, 황산 등), 강알칼리(수산화나트륨 등), 석유계 화학물질(아세톤, 메칠에칠케톤, 벤젠, 톨루엔, 자일렌 등) 등이 있다.7)

3. 폐기물(Garbage)

해양에 배출되는 경우 그 상태로는 쓸 수 없게 되는 물질로서 해양환경에 해로운 결과를 미치거나 미칠 우려가 있는 물질(기름, 밸러스트수, 유해액체물질 제외)을 말한다. 한편, 해양쓰레기는 원인을 불문하고 해양환경에 유입된 것으로서, 제조되거나 가공된 고체(불활성)의 못 쓰게 된 물질이다(Coe and Rogers, 1997).

제2절 해상유출유의 분류

1. 휘발성 기름(Volatile oil): 휘발유, 나프타, 항공유, 등유

해상에서 확산과 증발이 비교적 빠르다. 휘발성이 높고 점도가 비교적 낮고 확산이 빨라 대부분 해상 유출 즉시 증발 소멸한다. 특히, 휘발유, 나프타 등은 유출 후 약 2~3시간 이내 모두 증발하는 경향이 있다.

2. 비지속성 기름(Non-persistent oil): 경유, 가스오일, MDO(Marine Diesel oil), 경질성 원유 일부(빈투르, 오만산 등)

지속성 기름보다 증발속도가 빠르다. 대량으로 유출된 기름은 초기 단계에서 낮은 점도 특성 때문에 중력, 표면장력의 효과와 해조류, 바람의 영향으로 얇은 유막을 이룰 때까지 급속히 확산하면서 오염범위가 커진다. 일부 고비점 성분 기름은 물을 흡

---

6) '선박에서의 오염방지에 관한 규칙' 제3조
7) 이 책 '부록'의 [표 1] 국가긴급방제계획에 포함하는 위험·유해물질 68종 참조

수하여 유화된 상태로 남게 되어 두꺼운 기름층을 형성하나 낮 동안 햇빛을 받아 가열되면서 유화 상태가 깨어져 확산, 분산, 증발한다. 보통 유출 후 4~5일 후에 해면에서 없어지거나 아스팔텐과 밀랍, 고비점 성분의 기름은 점도가 증가하면서 수중에 남아 산화, 침전, 미생물 분해의 영향으로 장기간 서서히 없어진다.

3. 단기 지속성 기름(Short term persistent oil): 벙커 A, MF30, MF60, 원유 일부

해상에서 확산과 증발이 비교적 느리다. 해상에 유출되자마자 중력과 중량으로 일정 두께까지 고르게 퍼진 후 확산과 증발이 같이 이루어지면서 해면과 넓게 접촉한다. 바닷물을 흡수하여 유화된 기름은 갈색이나 황색 등으로 변색하면서 점도가 높아져 확산과 분산이 잘 이루어지지 않고 두꺼운 기름층을 형성한다. 유화된 기름은 물의 흡수량이 많아짐에 따라 비중이 바닷물과 비슷한 수준에 이르게 되고 겨울철 야간에는 기름이 물보다 수축률이 높아지므로 기름이 해면 밑으로 가라앉는 경향이 있다.

4. 장기 지속성 기름(Long term persistent oil): 벙커 C, MF120, MF380, 중질 원유

해상에서 확산과 증발이 비교적 매우 느리다. 낮에는 햇빛을 받아 점도가 낮아져 기름 덩어리 주변에 갈색, 무지개색, 회색 유막으로 퍼지나 밤에는 기름의 수축률로 인하여 비중이 높아져 해면하에 가라앉는 경향이 있으며 기름의 물리적인 특성상 잘 없어지지 아니하므로 해면에서 직접 수거하거나 오랜 시간에 걸친 산화, 미생물 분해 및 성상 변질 등으로 기름을 완전히 방제하는 데는 오랜 기간이 걸린다.

제3절 해상유출유의 특성

1. 해상유출유의 변화(Changes in Marine Spill Oil)

해상유출유는 육상 또는 선박 등의 오염원으로부터 해양으로 유출된 기름을 말하며 해양에서 풍화, 증발, 표류 등 여러 가지 물리 화학적 변화를 받아 해면으로부터 없어지거나 남아 있게 되는 데 걸리는 시간은 기름의 종류와 점도, 유출량, 날씨와 해상상태, 기름의 해상 잔류 여부뿐만 아니라 기름의 물리 화학적 특성에 따라 다르다.

벙커 A유는 빠르게 유화(乳化)되어 부피가 팽창한 이 기름은 황갈색으로 변화되어 점도가 상승하며 여름철에는 쉽게 확산 소멸하는 경향이 있으나 해안암벽, 자갈, 모래 등에 부착되면 장기간 지속하고 겨울철에는 기온 강하로 점도가 높아진다.

1.1 풍화(Weathering)

해상유출유는 그 물리적, 화학적 특성이 변화하는데 유출유가 받는 물리 화학적 변화를 통칭해 풍화라 한다. 진행 속도는 기상, 비중, 휘발성, 유동점 및 점도 등 기름의 특성에 따라 다르게 나타난다. 경유, 벙커 유, 원유 등의 **풍화**에 의한 **크로마토그램**(Chromatogram)의 **변화**는 다음 **<그림 1-1>**과 같다.

<그림 1-1> 경유와 고유황 경유의 크로마토그램

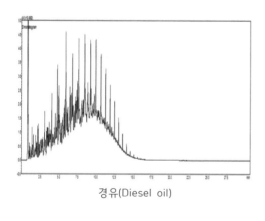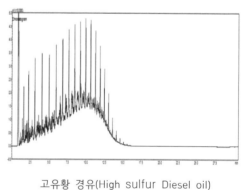

경유(Diesel oil)   고유황 경유(High Sulfur Diesel oil)

<그림 1-2> 벙커 C유와 원유의 크로마토그램

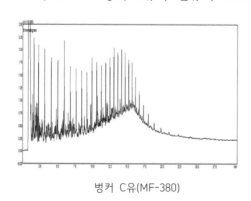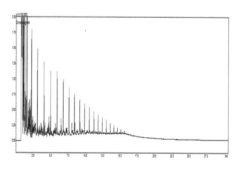

벙커 C유(MF-380)   아라비안 경질 원유(Arabian Light Crude)

<그림 1-3> 3.5% 벙커 C유의 풍화

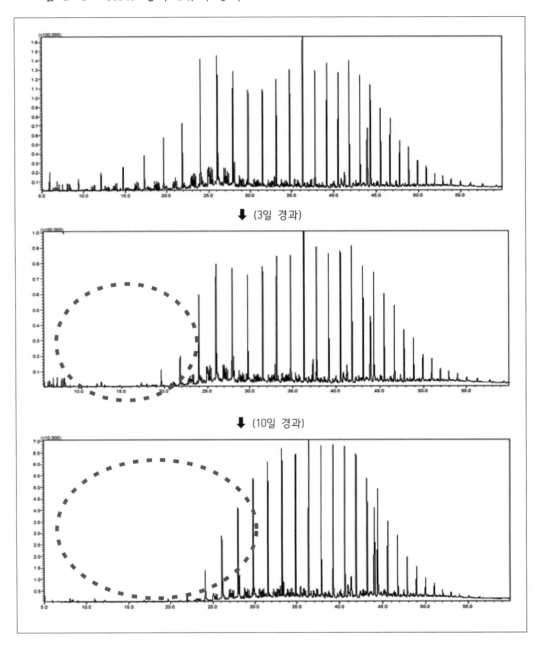

※ **시간이 지남에 따라 풍화로 인해 점선 안의 피크 부분이 거의 없어짐**(Over time, weathering almost eliminates the peaks in the dotted line)

<그림 1-4> 벙커 A유의 크로마토그램

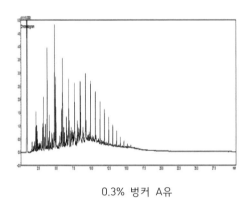 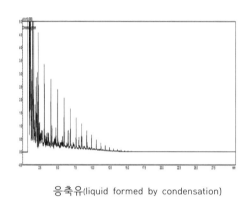

0.3% 벙커 A유   응축유(liquid formed by condensation)

<그림 1-5> 0.3% 벙커 A유의 풍화

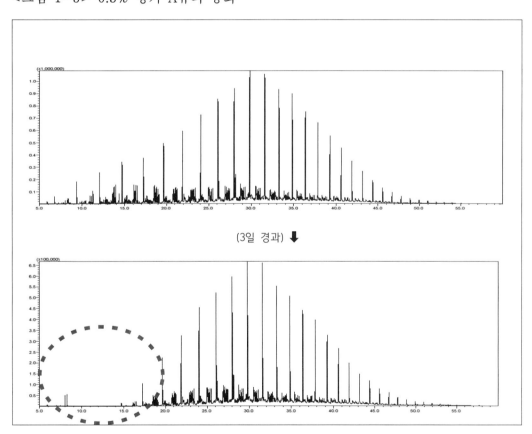

(3일 경과) ⬇

※ Over time, weathering almost eliminates the peaks in the dotted line

<그림 1-6> 0.3% 벙커 C유

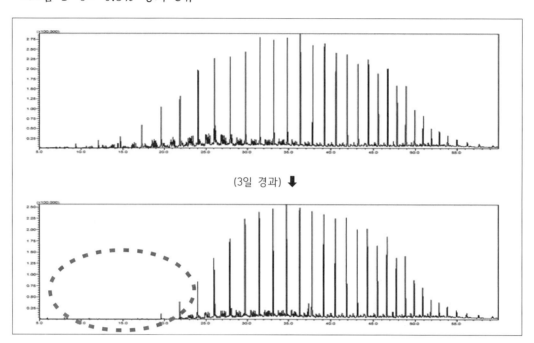

(3일 경과) ⬇

※ 각 Gas Chromatography 분석(분석 소요시간은 전처리 시간 포함 각각 **약 60분 소요**)

〔**Gas Chromatography 자료 출처**〕 해양경찰연구센터, 2017.

1.2 증발(Evaporative)

　　주로 햇빛에 의한 대기 온도와 기름의 휘발성에 의하여 증발속도와 증발량이 결정된다. 저비점(Low boiling point) 성분의 비율이 높을수록 증발은 쉬워진다. 확산면적이 클수록 경질성분이 빨리 증발하기 때문에 기름의 초기 확산속도도 증발에 영향을 미치게 된다. 풍속이 빠르고 온도가 높아지면 증발속도는 더욱더 빨라진다. 등유나 휘발유 등의 제품유는 유출될 경우 수 시간 내에 완전히 증발하는 반면, 중질 원유 등은 거의 증발하지 않는다. 휘발성이 강한 기름이 협소한 지역에서 유출되면 화재와 폭발의 위험이 있고 인화성이 큰 기름은 해면에서 유막을 연소시킬 수도 있다. 특히 1986년 1월, 부산 외항에서 '**유조선 진용호 침몰사고**'시, 유출된 벙커 C유를 오일펜스로 포집하여 외해로 예인, 연소시킨 사례가 있는데 사고 초기에 사고 선으로부터 유출된 벙커 C유 유막에 경유 심지(Diesel oil wick)를 유막에 투하, 예열하여 연소를 시도했으나 유막이 얇고 겨울철 바닷물의 냉각 효과 때문에 유출유 모두 연소시키기는 어려웠으나 기름 확산방지와 인근 어장피해를 최소화하는 데는 효과가 있었으나 부분 연소 후의 잔류물들은 기름이 연소재와 혼합되어 있어 수거하기 어려웠다.

1.3 확산(Diffusion)

기름유출 초기에 확산, 증발 및 분산이 발생하는데 이는 유출유의 움직임을 결정한다. 휘발유와 경유 등의 비지속성유는 비교적 확산이 빠르나, 벙커 C유 등 고 점도유는 확산이 느리다. 유출 후 고점도 제품유는 볼 모양, 선저폐수(Bilge) 등 저점도 폐유는 날카롭고 뾰쪽한 모양을 띠면서 확산하며 확산 속도의 변동은 해류, 조류, 풍속 등 현장의 기상 조건에 좌우된다.

<그림 1-7> 유종별 해상 확산 모양(Maritime diffusion shape by oil type)

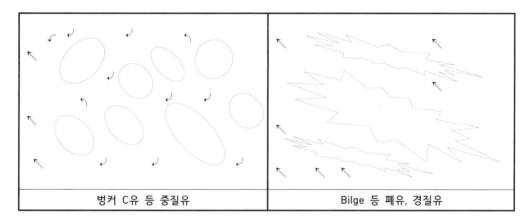

| 벙커 C유 등 중질유 | Bilge 등 폐유, 경질유 |

1.4 분산(Dispersion)

해면에서의 파도와 난류는 유막에 작용해 여러 가지 크기의 기름방울들을 만들어 낸다. 작은 기름방울은 현탁 상태를 유지하나 큰 것들은 해면에 다시 부상하여 다른 기름방울들과 합쳐져 유막을 형성하거나 얇은 막이 되어 퍼진다. 현탁 상태로 된 작은 기름방울들은 다시 수층에 분산되어 기름 표면적이 증가함으로써 생물분해나 침강 등을 증대시키게 된다. 자연 분산의 속도는 주로 기름의 성질과 해황에 좌우되나 파도에 의해 더욱더 빨라진다. 두께가 얇은 유막일수록 작은 기름방울을 형성하는데 분산 속도를 결정하는 주요 원인이 된다.

1.5 유화(Emulsion)

기름 속에 작은 입자상 물이 침투하여 기름의 부피가 팽창하고 갈색, 황색 또는 오렌지색으로 변색하면서 점도가 높아지는 현상으로 이를 Chocolate Mousse라고도 한다. 기름 중에는 수분을 흡수해 기름 중 유화(에멀젼: 이하 'Emulsion'이라 한다)를 형성하는 것들이 많은데 이렇게 되면 오염물질의 부피가 3~4배 정도 증가하게 된다. 이 Emulsion은 흔히 점성이 높아 기름을 분산시키려는 다른 작용을 더디게 만든다. 경질과 중질의 원유가 해면에 오래도록 남아 있는 것은 이런 작용 때문이다. 해황과 관계없이 대부분의 유출유는 급속히 Emulsion을 형성하는데 그 안전성은 아스팔트 성분의 농도에 의존된다. 기름이 수분을 흡수하면 색깔이 갈색, 오렌지색, 황색 등으로 변한다. Emulsion이 생성되면 파도 속에서 기름의 유동은 기름 중에 있는 물방울을 점점 작게 만들어 결과적으로 Emulsion의 점도를 크게 만드나 흡수된 수분량이 증가하게 되면 밀도는 바닷물의 밀도에 가깝다.

1.6 용해(Melting)

기름의 용해 속도와 정도는 그 조성, 확산 정도, 수온, 분산 정도 등에 의해 결정된다. 원유의 중질성분은 바닷물에 녹지 않는 데 반해 벤젠, 톨루엔 등 방향족 탄화수소와 같은 경질성분은 일부 용해된다.

1.7 침강(Sedimentation)

원유, 중질 잔유 등은 해양쓰레기에 부착되어 담수와 기수 중에 가라앉기도 한다. 극히 드물기는 하나 비중이 1보다 커질 수 있으며 풍화 잔류물 자체가 바닷물 중에 가라앉는 것도 있다. 대부분의 중질 연료유와 기름 중 Emulsion은 물론 베네수엘라산 원유와 같은 중질 원유들은 비중이 1에 가까워 부유물질이 조금만 부착해도 바닷물의 비중을 초과하게 된다. 해면에 겨우 떠 있는 상태의 기름의 움직임에는 온도도 영향을 준다. 모래 해안에 표착된 기름이 퇴적물과 섞인 후 바다로 씻겨 들어가게 되면 바다에 가라앉게 되고 모래사장에 기름 오염이 심하게 발생하면 대량의 퇴적물이 기름에 축적되어 밀도가 큰 타르 매트가 생긴다.

1.8 산화(Oxidation)

탄화수소 분자는 산소와 반응해 가용성 생성물로 분해되거나 산소와 결합해 지속성의 타르가 되기도 하는데 이들 산화 반응 대부분은 햇빛에 의해 촉진되며 유막이 존재하는 한 계속 일어나지만 기름의 소멸과 확산 효과는 풍화작용에 비해 미미하다.

1.9 생물분해(Biodegradation)

생물분해 속도에 영향을 미치는 요인은 수온, 산소, 영양염 등의 이용도이다. 미생물은 바닷물 중에 번식하고 있어서 생물분해는 유수 계면(oil water interface)에서 일어나므로 최고 수위선(high water mark)보다 윗부분의 해안에 표착된 기름은 분해가 매우 느리게 되어 수년 동안 남아 있을 수도 있다.

1.10 복합작용(Compound action)

기름이 일단 퇴적물에 스며들게 되면 산소와 영양염 결핍으로 분해속도는 현저하게 감소한다. 유출 초기 단계에서 확산, 증발, 분산, 유화, 용해 등의 작용이 가장 중요하지만, 산화, 침강, 생물분해 등은 기름의 최종적인 운명을 결정짓게 되는 장기적 작용에 해당한다.

1.11 표류(Drifting)

바람과 조류로 인해 유막은 해면에서 움직인다. 일반적으로 유출유가 균일하게 움직일 때는 바람의 진행 방향 쪽 전단에 있는 유출유는 두꺼운 기름층으로 형성되어 있어 유출량의 약 90%가 집중되어 있지만, 바람이 불어오는 방향(유출유의 후단부)의 유출유는 오염 면적은 넓은 대신 엷은 유막으로 형성되어 있어 유출량은 전체의 10% 미만에 불과하다. **코리올리 효과**(Coriolis Effect: 지구의 자전으로 인한 바람과 조류의 영향)의 크기는 위도에 따라 다르며 표류의 속도는 일정하지 않으며 조류와 바람이 유막의 이동에 미치는 영향은 다음 <그림 1-8>과 같다.

<그림 1-8> 조류와 바람이 유막의 이동에 미치는 영향

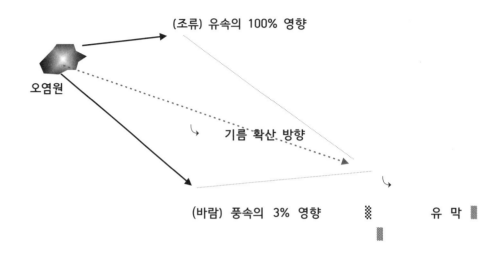

2. 해상유출유의 이동(Movement of Marine Spill Oil)

해상에 배출된 기름은 바람, 파도, 조류, 해류의 영향을 받아 확산 표류한다. 해면
상에 배출된 기름은 조류 등에 의해 표류하는 상태에서 바람의 영향을 받으며 유출유
이동 관련 조류와 바람의 관계식은 다음 <그림 1-9>와 같다.

<그림 1-9> 유출유 이동 관련 조류와 바람의 관계(Algae flows related to effluent
flow and wind)

$$\vec{V}(\text{유출유}) = \vec{V_1}(\text{유속}) + \vec{V_2}(\text{바람}) \times K$$

* K: 바람 계수(2~5%, 보통 3%)

〔이상 자료 출처〕 CEDRE, Brest, France. 《The effect of algae and wind on the movement of the
oil film》.

3. 해상유출유의 성질(property of Marine Spill Oil)

3.1 유출유의 소멸과 잔류(Disappear and Remain)

　　해상에 유출된 기름은 자체의 물리, 화학적 특성과 주변 해상조건에 따라 해면에서 없어지거나 남게 된다. 해상에 유출 초기 단계에서 유출유는 확산, 증발, 분산, 유화, 응고, 용해 등의 물리적 작용으로 짧은 시간에 변형되거나 소멸하는 과정을 거친 후 서서히 산화, 침전, 미생물 분해 등 장기간 반응으로 없어진다.

　　　　외해로 확산, 증발, 분산　　　　　　　　　　확산방지, 유화, 응고, 용해

3.2 유출유의 움직임 영향 인자(Factors affecting the movement of spilled oil)

　　풍화 등의 영향으로 해상유출유의 움직임에 영향을 미치는 주된 물리적 인자(Physical factor)는 비중, 증류특성, 점도, 유동점 등이다.

　　비중이란 어느 물질의 질량과 똑같은 부피를 갖는 표준물질과의 질량비를 말하는데, 비중 표시 방법으로는 **API도(141.5/비중−131.5)**가 널리 이용되는데 국내에서는 15/4℃도 이용되고 있다. API도는 미국 석유협회(API)에서 제정한 표시 방법이며 비중 15/4℃란 15℃의 석유 질량과 똑같은 부피의 순수한 물이 4℃에서 갖는 질량을 비교한 수치이다. 일부 원유 등을 제외한 기름의 대부분은 물보다 가벼우며 비중은 1 이하이고 순수한 물의 API도는 10이며 물보다 가벼운 통상적인 기름의 API도는 10보다 크고 경질유일수록 그 비중은 커진다. 원유의 API도는 경질원유 34 이상, 중질원유 30~34, 중질 원유는 30 이하이다. 중질 원유 유출시 기름의 온도 강하로 점도와 비중이 증가한다. 비중이 낮은 기름은 휘발성 성분이 많고 유동성이 높다.

기름 증류의 특성은 휘발성이다. 기름 온도가 높아지면 각 다른 성분들이 차례로 각각의 비점에 도달하여 증류되며 주어진 온도 범위 내에서 증류되는 모유(parent oil)의 비율로 표시된다. 기름의 점도는 유동에 대한 저항을 나타내는데 고점도유는 유동성이 낮지만, 저점도유는 유동성이 높다. 온도가 상승하면 점도가 떨어지므로 바닷물 온도와 기름이 햇볕으로부터 어느 정도 열량을 흡수할 수 있는가를 고려하는 것이 중요하다.

유동점(pour point)은 기름을 냉각한 때, 그것이 유동하는 최저 온도를 말한다.

Example

◈ 유출유 이동 예측 연습
(Example of predicting spilled oil movement)

Q. 유조선 A호는 부산 외항에서 침몰, 벙커 B유 900kl를 해상에 유출하였다. 당시 기상은 맑음, **북서풍** 6~8m/s, 조류는 **북동** 방향이다.

이때 해상유출유의 이동 방향을 예측하시오. ☞ **해답: '부록의 (표)' 참조**

(Oil tanker A sank in the outer port of Busan and spilled 900kl of bunker B oil at sea.At the time, the weather was fine, the **northwest wind** was 6-8m/s, and the Algae was in the **northeast direction.**

At this time, predict the direction of the marine spill. ☞ **Answer: See the 'Table in the Appendix'**

❖ 조류와 바람이 유막의 이동에 미치는 영향
(The effect of algae and wind on the movement of the oil film)

(조류) 100% / (바람) 3%

▶ Coriolis Effect의 크기는 위도에 다라 다르며 표류의 속도는 일정하지 않다.

제3장 방제계획

제1절 IMO 기름오염 대비 긴급계획 지침
(Manual on Oil Pollution, Contingency Planning)

1. 구성(Composition)

이 지침은 기름오염 대응조직을 구축하고 서로 다른 수준의 긴급계획을 준비하는 방법에 관해 개발도상국의 정부에게 기름오염대비 긴급계획 지침을 제공하고 있다.

2. 계획 수립을 위한 고려사항(Considerations for Planning)

2.1 계획의 목적(Purpose of the plan)

<목적>

◈ 「1990년 기름 오염대비·대응 및 협력에 관한 국제협약」(OPRC 협약) 제6조 (1)(b)에 규정한 「기름 오염 대비·대응을 위한 국가 긴급계획」 수립 요구에 따라 우리나라의 해양 기름 오염사고에 신속·효율적으로 대비 대응하기 위하여 관계행정기관이 상호 협조하는 범국가적 대응체제를 구축하고, 사고대비부터 방제 조치, 피해조사 및 복구까지 오염사고 처리와 관련 업무를 체계화함으로써 해양오염사고로 인한 피해를 최소화하고 국민의 건강과 재산을 보호하고자 하는 것임

2.2 계획 수립 및 실행 책임기관 지정(Designated as responsible for planning and execution)

지역 긴급계획은 해양오염사고 발생 시 사고 현장 대응 노력의 조정을 책임지는 지역기관에 의해 개발되며, 국가마다 다르기는 하지만 국토부, 해양부, 해양수산부, 환경부, 해상 보안부, 국가위원회 등이 계획의 수립 및 실행을 책임지고 있다.

2.3 대응조직(Response organization)

국가 긴급계획의 수립 이전에 OPRC협약을 충족시키는 국가대비·대응체계를 구축해야 하는데 이러한 국가체계는 여러 수준의 대응체계로 구성되어 있다.

2.4 사고 위험과 사고 다발 해역 명시(Accident Risk and Accidents in the Sea Area)

해양오염 대응능력을 결정하기 위해서는 사고 위험과 해양오염 취약해역을 명확하게 파악하는 것이 중요하다. 위험요소는 유조선과 일반 선박의 교통량, 항해위험, 정유공장 및 기름터미널의 위치, 해양의 기름탐사·생산시설, 해저 송유관 등이 있다.

2.5 보호 우선순위 결정(Determining which priority to protect first)

대형 해양오염사고에 있어서 유출된 기름의 해안의 접근을 방지할 수 있다고 확신할 수 없으며, 어떤 경우는 유출된 기름을 선택된 해안으로 유도하는 것이 유리할 수도 있다. 의사결정을 하기 전에 이해당사자 간의 협의 과정을 거쳐야 한다.

2.6 유출유 대응정책(Spill Oil Response Policy)

기름유출 대비·대응의 중요한 목적은 유출 사고로 발생하는 오염피해 손해를 방지·완화·복구하는 데 있다. 현장방제 요원과 방제대책본부 간에 오염피해추정 관련 정보를 효과적으로 전달할 수 있는 표준 보고절차를 마련해야 한다.

3. 방제조직

방제조직은 일정한 규모와 특성의 오염사고를 처리할 수 있을 정도로 모든 관계기관이 포함된 실행 가능한 운영조직이어야 하고 보다 광범위한 작업을 수행하기 위하여 확장 및 개편을 할 수 있어야 한다.

4. IMO 지침서상 국가방제계획(National Response Plan in the IMO Guidelines)

4.1 배경(Background)

유조선 등의 충돌, 좌초, 기름·연료유의 이송, 기타 해난으로 인해 해양오염의 위험을 지니고 있으며, 석유개발과 생산활동들에 의한 기름유출 위험이 크다. 이러한 오염은 휴양지, 해조류, 해양생물, 연안시설, 어족자원을 위협할 수 있다.

4.2 목적 및 목표(Purpose and goal)

기름유출대비 국가 긴급계획은 해양에 유출된 기름으로 인해 발생한 긴급사태에 대응하기 위해 공적·사적 자원을 포함하는 범국가적 대비 및 대응체제를 마련하는 것이다. 이러한 계획은 기름의 유출이나 유출위험에 대해 신속하게 효과적인 대응을 보장하는 것을 목표로 하고 있다.

4.3 계획의 범위 및 내용(Scope and content of the plan)

대형 해양오염사고의 경우에는 국가적 및 국제적 수준까지 확대하여 대응할 수 있는 단계적 대응체제이어야 한다.

4.4 용어의 정의(Definition of Terms)

- 대응(Response): 방제/해양오염을 방지·감소·감시·방제하기 위해 수행되는 조치들
- 대표기관(Lead Agency): 긴급계획에 의해 비상사태의 대응에 대해 총괄적으로 책임지도록 지정된 정부 기관
- 지원기관(Support Agency): 긴급계획에 의해 대응에 필요한 일정한 지원업무를 지정받은 기관
- 현장방제책임자(On-Scene Commander): 지역적 대응조직의 구성, 필요한 자원 투입의 조정을 책임지는 자
- 해양긴급사태(Marine Emergency): 유출된 기름에 의해 해양환경이 실질적으로 오염되었거나 오염될 긴박한 위험이 있는 재난, 사고, 특히 선박의 충돌·좌초사고, 석유의 굴착·생산활동에 기인한 폭발사고, 산업시설의 파손으로 인한 기름유출사고
- 국가 현장방제책임자(National On-Scene Commander): 국제적 대응에 특정 국가의 지정된 현장방제책임자
- 총괄 현장방제책임자(SOSC: Supreme On-Scene Commander): 국제적 대응에 있어서 주도 국가의 현장방제책임자. 주도 국가는 일반적으로 유출 사고가 발생한 해역을 담당하는 국가, 유출 사고가 국제적 해역에서 발생한 때는 가장 가까운 연안국

4.5 보고체계(Reporting system)

MARPOL 73/78의 제8조 및 의정서 Ⅰ에서는 선장 또는 선박을 책임지는 자의 보고요건을 규정하고 있다. 기름이 유출되었거나 유출될 가능성이 있는 해양긴급사태에 관련된 정보는 다수의 출처로부터 나올 수 있다.

4.6 기름유출 평가(Oil Spill Assessment)

해양 긴급사태에 의해 제기된 위험에 대한 신속 평가는 필수적이다. 실제 유출사고가 발생한 경우, 이용 가능한 기상학적·수로학적 자료 및 부유 기름의 이동예측을 이용함으로써 부유 기름의 감시를 위한 적절한 수준의 통제가 이루어져야 한다.

4.7 관련 기관으로부터의 지원(Support from Related Institutions)

긴급계획의 수립 및 실행단계에서 현장방제책임자에게 자원이나 기술적·과학적 조언을 제공할 수 있는 관련 정부 기관과 민간기관의 업무를 긴급계획에 명시해야 한다. 관련 기관의 지원에 있어서 고려되어야 할 항목은 다음과 같다.

- 기름유출 대응조직을 원조하기 위한 지원기관들의 공동작업 방법
- 지원그룹이 수행할 수 있는 조언, 평가책임 및 기술업무의 형태
- 지원기관의 작업을 방제 담당관에게 전달할 수 있는 조직적 연계수단
- 논쟁 또는 상충하는 의견을 해결하는 기구에 대한 필요성

4.8 해난구조 및 기름 이적 시의 고려사항(Marine rescue and oil transfer considerations)

선박사고의 경우, 선박의 상태 및 기름·연료유 탱크의 파손 가능성으로 인한 기름유출의 위험이 존재할 수 있으므로 해난구조는 복합적이고 통상적으로 구난 전문가의 자문이 필요하다.

4.9 해양오염 항공감시(Marine Pollution Aviation Monitoring)

고정익 항공기(동체에 날개가 고정되어 있는 항공기) 또는 헬기를 이용한다.

항공기에 탑재된 원격감지 장비는 이러한 감시업무에 효과적일 수 있다. 항공감시로 추적된 유출유의 이동 및 범위는 현장방제책임자가 취할 수 있는 적절한 조치에 도움을 제공하고 해안선의 전체적인 오염범위를 탐색하는 데 필요하다.

4.10 경보체제(Alarm system)

- 사고를 보고하는 자의 성명
- 관측 일시
- 위치(예: 경위도 또는 연안선에 관련한 위치)
- 오염의 출처 및 원인(예: 선박의 명칭과 형태 등)
- 유출된 기름의 형태 및 추정량, 추가 오염의 잠재성 및 가능성
- 전화번호(직장/자택) 또는 기타 연락 방법
- 관측된 세부사항
- 기상과 해상상태
- 사고에 대응하기 위해 취해졌거나 취할 예정인 조치

4.11 대응 결정(Response decision)

긴급계획에서는 다음의 사항을 고려하여 다양한 대책을 마련해야 한다.

- 가능하면 오염원으로부터의 기름유출을 방지 또는 감소시킴
- 해양 또는 연안 자원이 위협받거나 위협받을 우려가 없다면, 부유 유의 이동 및 형태를 지속해서 감시한다.
- 날씨로 인해 해상대응, 연안보호의 실행이 어렵거나 연안 자원이 이미 오염 시, 먼저 정화작업을 결정한다.
- 필요한 방제 요원, 장비, 기자재를 이동시킨다.

4.12 정화작업(Cleaning)

긴급계획에는 어떤 상황에서 어떤 정화기술을 사용할 것인지를 언급해야 한다. 일반적으로 유출된 기름의 차단 및 회수작업이 실시되지만, 어떤 상황에서는 유처리제 살포, 소각 등 다른 대응기술이 사용될 것이다. 해안방제를 위해서는 대규모의 인력과 장비가 소요되므로 인력과 장비의 확보방안이 명시되어야 한다.

4.13 연락체계(Communication)

긴급계획에는 현장방제책임자·현장과 방제작업에 관련된 선박·항공기 간 효과적인 통신을 위한 체계 및 절차가 마련되어야 한다.

4.14 회수된 기름과 오염물질의 수송 및 처리(Transport and disposal of recovered oil and pollutants)

긴급계획에는 회수된 기름과 오염물질을 수집·처리할 장소로 수송하기 위한 자원, 수집·수용에 사용될 장비 및 임시 저장소를 확보해야 한다. 회수된 기름의 최종처리는 회수유의 성분 및 오염도에 따라 결정된다. 정부는 관련 기관과 협의하여 적합한 최종처리장소를 긴급계획에 지정하는 것이 바람직하다.

4.15 오염지역의 복구와 유출 후의 감시(Restoration of contaminated areas and monitoring after spill)

정화작업이 완료되더라도 피해지역에 대한 복구가 필요할 수 있으므로 방제담당 기관이 환경, 관광, 수산, 연안 산업 및 항만을 대표하는 기관들과 협의하여 필요한

복구조치를 결정한다.

4.16 기록보존과 피해보상 준비(Record Preservation and Damage Compensation Preparation)

피해보상이 가능한 한 조속히 진행되기 위해서는 조치가 취해진 각 정화 위치, 동원된 인력 및 장비, 사용된 소모성 자재에 관한 정확한 기록의 유지는 필수적이다. 기록을 위한 표준양식이 긴급계획의 부록으로 첨부되는 것이 바람직하다.

4.17 정보 제공(Provide information)

효과적인 홍보활동은 방제 과정의 중요한 부분을 차지하므로 유능한 홍보담당관이 언론매체와 접촉하도록 긴급계획상에 지정하는 것이 바람직하다. 홍보활동에 필요한 적절한 공간과 전화선을 방제작업용과는 분리하여 별도로 제공하여야 한다.

4.18 긴급계획의 개정(Amendment of Emergency Plan)

긴급계획은 정기적인 연습이나 실제 사고로부터 얻어진 경험을 반영시키기 위해 주기적으로 재검토되어야 하고, 긴급연락망과 장비목록의 정기적인 갱신이 필요하다. 방제조직이나 정책에 영향을 미치는 조직상·법률상의 변화는 관련 긴급계획을 적시에 변경하여 반영하여야 한다.

4.19 방제훈련과 연습(Response drills and exercises)

방제훈련 및 연습에 관한 요건이 긴급계획에 명시되어야 한다. 선박·항공요원, 장비운영 요원, 해안정화 요원, 방제책임자 등을 포함하는 모든 수준에서의 훈련프로그램이 개발되어야 한다.

- IMO에서는 'IMO 모델훈련 및 훈련 교관 훈련지침서'를 마련하였다. 이 지침서는 3가지 수준의 훈련, 즉 방제작업자, 중간관리와 상급관리의 훈련에 초점이 맞춰져 있다.
- 도상 및 현장 방제연습을 모두 실시한다. 긴급계획의 실효성을 평가하기 위하여 긴급계획 주관기관이 자체 요원 및 자원에만 내부 방제연습을 한다. 외부 방제훈련은 다른 긴급계획들의 연계성을 점검할 기회를 제공한다.

5. 지역 방제 실행계획(Local Response Action Plan)

5.1 범위와 지리적 영역(Scope and geographical area)

계획에는 사고의 규모·특성 및 계획의 주무기관이 포함되는 사고의 형태를 정확히 정의하고, 계획이 담당하는 지리적 영역도 규정하여야 한다. 또한, 적절한 지원에 관한 규정이 참고로 마련되어야 한다.

5.2 대응 노력 증대와 추가적인 지원 요청 방안(Increase Response efforts and call for additional assistance)

대규모 유출위험이 제한된 항만 지역 내에 집중되는 지역에 대한 단일계획은 모든 지방대응계획을 포괄한다. 그러나 광범위한 임해공단 및 항만 단지와 같이 다수의 대규모 유출위험이 분산된 지역에 대한 각각의 항만계획이나 기름처리시설 계획이 지구계획이나 지역계획에 통합되어야 한다.

5.3 관련자의 의무와 책임(Responsibilities and Responsibilities of the Parties)

항만 또는 기름처리시설 긴급계획에서 관련자의 의무와 책임을 명확하게 규정하는 것이 중요하고, 경고 절차 및 운영센터의 통신·구성이 포함되어야 한다.

5.4 방제훈련과 지휘부 연습(Response Training and Command practice)

항만 또는 기름처리시설 긴급계획의 효과적인 시행을 위해 훈련은 가장 효과적인 방법이며 가용장비를 이용·유지하기 위해 장비운영자, 현장지휘자와 관리팀을 대상으로 정기적으로 실시되어야 하고 정기적으로 연습 되어야 한다.

각 연습 후에는 계획의 효율성 개선 및 수정·보완되어야 할 문제점에 대한 검증을 위한 평가가 이루어져야 한다.

〔참고자료〕 IMO, Manual on Oil Pollution, Contingency Planning

제2절 국가 긴급방제계획(National Contingency Response Plan)

1. 배경

1995년 씨프린스호 해양오염사고 이후 재난적 대형 해양오염사고에 대비하기 위해 국가방제 기본계획이 수립·시행되었고, 2007년 허베이스피리트호 사고 수습과정에서 나타난 지휘체계 및 관계기관 간 임무·역할의 불명확한 부분 등을 보완하여 2009년 4월 1일에 1차 개정, 그 후 운영과정에서 드러난 문제점을 점차 개선하고 있다.

◈ 해양경찰청장은 해양수산부령으로 정하는 오염물질이 해양에 배출될 우려가 있거나 배출되는 경우를 대비하여 대통령령이 정하는 바에 따라 해양오염의 사전예방 또는 방제에 관한 국가긴급방제계획을 수립·시행하여야 한다. 이 경우 해양경찰청장은 미리 해양수산부장관의 의견을 들어야 한다.
◈ 국가긴급방제계획은「해양수산발전 기본법」제7조에 따른 해양수산발전위원회의 심의를 거쳐 확정한다.
<개정 2009.2.6.> ※ **해양환경관리법 제61조**(국가 긴급방제계획의 수립·시행)

2. 성격

방제대책본부장(해양경찰청장)이 방제업무를 총괄·지휘하고 중앙사고수습본부장(해양수산부장관)은 부처 간 협조와 복구 및 피해보상 등을 총괄하며 해양오염방제에 관한 지휘·통제 권한을 방제대책본부로 일원화하여 국내외 인력이나 장비 등의 긴급동원·지원 및 국제협력을 강화하는 등 대형 해양오염사고 발생 시 범국가 차원에서 신속하고 효율적으로 대비·대응하기 위한 종합적인 집행계획이다.

<지역 긴급방제 실행계획의 주요 내용>

○ 국가 긴급방제계획의 지역별 실행을 위한 현장 집행계획
○ 해역의 특성, 방제기자재 동원, 방제방법 및 절차, 방제대책본부 설치·운영, 사고보고 및 통신체계, 방제 교육·훈련, 홍보대책 등 해역별 특성을 고려한 대비·대응 계획
○ 해안선 형태 및 연안 환경 위험정보 등의 방제 관련 정보가 데이터베이스화
○ 기름 오염, 유해화학물질에 대한 위험성 재평가 및 대응전략, 해역특성정보 및 자료, 방제조직 운영 및 방제조치계획, 방제자원의 동원 및 보급·지원 계획 등

〔표 1-2〕관계기관별 방제 관련 업무

기관	방제 관련 업무
해양수산부	◦ 해양환경 관련 정책업무 ◦ 해양환경관리법 등 해양환경 관련 법령 및 제도운영, 유류오염 손해배상 보장 관련 법령 및 제도운영, 해양환경기본계획의 수립·조정 및 총괄 등 법 제도적인 정책업무 총괄 ◦ 해역별 수질 기준설정 및 해양환경측정망 구축·운영, 해양오염방지를 위한 선박구조 및 시설설비기준설정, 항만 내 오염물질방지설비 설치 운용 등 ◦ 쓰레기 수거·처리, 오염물질투기 규제, 방치 폐선처리, 전복·침몰선박제가 등 항만·어항 내 오염방지대책 수립·시행에 관한 업무 ◦ 환경보전해역·특별관리해역지정 및 관리, 연안 역 관리, 어장정화·정비 및 적조대책, 갯벌 및 해양생태계 보전대책 등 해역관리업무 ◦ 위험물·특수화물 적재·저장 및 운송, 유류오염사고 손해배상업무 ◦ 해양환경관리공단 육성·지원
해양경찰청	◦ 해양오염 방제업무 총괄 ◦ 선박·해양시설과 조선소·정유소·발전소, 제철소 등 연안시설로부터의 기름 등 해양오염물질의 배출사항 감시·단속 ◦ 해양오염방지를 위한 선박 및 해양시설 등에 대한 출입검사 ◦ 해상에 배출된 기름 등 오염물질의 방제 - 방제장비 확보, 방제 교육·훈련 시행 - 국가방제기본계획 및 지역방제 실행계획 수립·운용 - 방제대책본부구성 및 방제지휘·통제 - 방제대책위원회 및 방제대책협의회 구성·운영 ◦ 유창 청소업, 방제업 등록·지도 ◦ 방제 자재, 약재의 형식승인 및 검정 ◦ 해양오염에 관한 시험연구, 감식 및 분석업무 ◦ 해양오염방지를 위한 계몽·홍보 ◦ 해양오염방지 관련 국제협력 업무
환경부	◦ 해양오염 방제 폐기물의 처리 ◦ 해수 수질 기준설정·환경보전 장기종합계획 수립·시행 ◦ 자연환경보전법에 따른 해양생태계 보호 및 습지보전법에 따른 습지보호 등 ◦ 육상으로부터 수질오염 유입 방지를 위한 폐수처리시설·하수종말시설 설치 ◦ 오수·분뇨·축산폐수 배출규제
지자체	◦ 해안방제 업무 ◦ 항만, 어항 등 공공수역에 폐선 방치, 유해물질 배출 폐기물 투기행위 규제 ◦ 육상 유입 쓰레기의 유입방지시설 및 폐유저장시설 설치 ◦ 육상으로부터 수질오염 유입 방지를 위한 폐수처리시설 등 설치 ◦ 해안 등 육상에 달라붙은 기름 오염방제 ◦ 해상에 부유 쓰레기 및 침적된 쓰레기 수거

〔표 1-3〕 방제업무별 소관 법률 및 관장기관

구분	업무	법률	관장기관
방제 조치	○ 긴급방제조치, 방제 청소업 등록 ○ 해안 및 항만부착 기름 방제조치 실시 ○ 해양폐기물 수거·처리, 퇴적오염물질의 준설	해양환경관리법	해양경찰청 지자체 해양수산부
	○ 항만 내 부유쓰레기 수거·처리	항만법	해양수산부 지자체
	○ 어항 내 부유쓰레기 수거·처리	어촌.어항법	해양수산부 지자체
	○ 전복·침몰·방치 또는 계류된 선박이나 방치된 폐자재 기타의 물건 제거	공유수면관리법	해양수산부
	○ 습지에서의 오염수거·처리사업	습지보전법	환경부 해양수산부
	○ 폐기물의 육상처리 기준·방법 및 업체 지정	폐기물관리법	환경부
해역 관리 계획	○ 해양오염방제대책수립	해양환경관리법	해양경찰청
	○ 환경보전해역 및 특별관리해역 지정 등	해양환경관리법	해양수산부
	○ 생태계보전지역지정 및 관리기본계획 수립 등	자연환경보전법	환경부
	○ 습지보전지역 지정 및 관리기본계획 수립	습지보전법	환경부 해양수산부
	○ 수산자원 보호수면 지정 및 육성수면 지정 등	수산업법	해양수산부
	○ 어장관리기본계획 수립 및 환경조사	어장관리법	해양수산부
	○ 해양개발기본계획 수립	해양개발기본법	해양수산부
	○ 연안정비계획 수립 및 정비사업 실시	연안관리법	해양수산부
	○ 항만기본계획 수립	항만법	해양수산부
	○ 해양환경보전종합계획 수립	해양환경관리법	해양수산부
	○ 폐기물처리기본계힉 수립	폐기물관리법	환경부

깨끗하고 아름다운 바다! 쾌적한 국토!

제3절 국가방제 기본계획(National Response Basic Plan)

('99.12.16. 해양오염방제대책위원회의 의결을 거쳐 '00.1.11., 국무회의 심의·확정)

< 법적 근거 >

1. 해양환경보전 관련: 해양환경관리법, 수산업법, 국가긴급방제계획, 방제대책본부운영규칙
2. 재해/재난 및 안전 관련: 재난 및 안전관리기본법, 민방위기본법, 해사안전법, 항만법
3. 해양오염국제협력 및 피해 배(보)상 관련: 기름오염대비/대응 및 협력에 관한 국제협약(OPRC 협약), 위험유해물질 대비 대응 및 협력에 관한 의정서(OPRC-HNS 의정서), 유류오염손해배상보장법, 선박 소유자 등의 책임 제한 절차에 관한 법률, 상법
4. 기타규범: 국가위기관리 기본지침(대통령 훈령 제318호), 대규모 해양오염사고 위기관리 표준, 실무매뉴얼, 해양안전 및 해양사고 등의 수습에 관한 규정(해양수산부 훈령)

---

1. 총칙

1.1 계획의 목적(Purpose of the plan)

< 계획의 목적 >

이 계획은 「1990년 기름 오염대비·대응 및 협력에 관한 국제협약」(OPRC 협약) 제6조 (1)(b)에 규정한 「기름 오염대비·대응을 위한 국가 긴급계획」수립 요구에 따라 우리나라의 해양 기름 오염사고에 신속·효율적으로 대비·대응하기 위하여 관계행정기관이 상호 협조하는 범국가적 대응체제를 구축하고, 사고대비에서 방제조치, 피해조사 및 복구까지 오염사고 처리와 관련 업무를 체계화함으로써 오염사고로 인한 피해 최소화와 국민의 건강과 재산을 보호하고자 하는 것임

1.2 적용 범위(Coverage)

(1) 이 계획은 「영해 및 접속수역법」에 의한 영해 및 내수와 「배타적 경제수역법」에 의한 배타적경제수역에서 발생한 오염사고에 적용함

(2) 이 계획은 "(1)"의 해역 이외의 해역에서 발생하여, "(1)"의 해역의 해양환경보전에 현저한 피해가 발생하거나 현저한 피해가 발생할 우려가 있는 오염사고에 대하여도 적용함

1.3 다른 계획과의 관계(Relationship with other plans)

(1) 이 계획은 「민방위기본법」에 의한 민방위 계획, 「재난 및 안전관리 기본

법」에 의한 국가안전 관리 기본계획, 국제협약에 의한 국제차원의 긴급계획 등과 조화를 유지하고, 이 계획들과 함께 오염사고에 신속하고 효율적으로 대응할 수 있도록 하여야 함.

(2) 재난적 대형오염사고 시, 이 계획에 규정되지 아니한 사항에 대하여는 「재난 및 안전관리 기본법」의 국가안전 관리 기본계획을 적용함.

◆ 「재난 및 안전관리 기본법」 제1조: 이 법은 각종 재난으로부터 국토를 보존하고 국민의 생명·신체 및 재산을 보호하기 위하여 국가와 지방자치단체의 재난 및 안전관리체제를 확립하고, 재난의 예방·대비·대응·복구와 안전문화활동, 그 밖에 재난 및 안전관리에 필요한 사항을 규정함을 목적으로 한다. [개정 2013.8.6.] [[시행일 2014.2.7.]][전문개정 2010.6.8.]

---

2. 기름 오염 방제체제(Oil pollution Response system)

2.1 방제체제 등(Response system)

(1) 오염사고로 해양환경의 보전에 현저한 피해가 있거나 피해를 미칠 우려가 있어 긴급방제 등 필요한 조치를 하기 위하여 「해양환경관리법」의 규정에 따라 해양수산부장관 소속 하에 '해양오염방제대책위원회'를, 해양경찰서장 소속 '지역 해양오염방제대책협의회'를 두며, 해양경찰청장 소속 하에 '방제대책본부'를 설치할 수 있다.

(2) 대형오염사고 발생 시 해양경찰청장이 방제대책본부장이 되어 지휘·통제

(3) 오염사고로 인한 인명과 재산의 피해 정도가 매우 크고, 그 영향이 광범위하여 정부 차원의 종합적인 대처가 필요하거나 이에 따르는 재난적 대형 오염사고가 발생한 경우에 해양수산부장관은 「재난 및 안전관리 기본법」 제15조의 규정에 따른 중앙정부 차원의 대책과 지원을 마련하기 위하여 중앙사고수습본부를 설치할 수 있다.

2.2 방제대책본부(Response Countermeasures Headquarters)

(1) 방제대책본부의 구성
   ① 방제대책본부장은 해양경찰청장이 되고
   ② 해양경찰청 소속 공무원과 관계기관의 장이 파견한 공무원으로 구성

(2) **방제대책본부장의 관장업무**

　① 방제작업계획의 수립·집행

　② 방제 동원 인력·장비 지휘·통제

　③ 방제방법의 결정

　④ 기타 방제조치에 필요한 사항

현장 지휘관의 지휘·통제

2.3 해양오염방제대책위원회(Marine Pollution Response Committee)

(1) 해양오염방제대책위원회의 구성

　① 위원장은 해양수산부 차관이 되고 부위원장은 해양경찰청장이 되며

　② 위원은 기획재정부·외교통상부·행정자치부·국방부·산업자원부·환경부·과학기술부·해양수산부와 국무조정실의 소속 공무원 중에서 그 기관의 장이 지명하는 3급 이상의 공무원과 해양오염방제에 관한 학식과 경험이 풍부한 자 중에서 해양수산부장관이 위촉하는 자로 하고 위원장, 부위원장 포함 15인 이내로 구성

(2) 대책위원회의 심의사항

　① 해양오염방제조치에 관한 제도개선대책 등에 관한 사항

　② 해양오염사고 시, 방제조치계획의 수립 및 그 시행에 필요한 인력·예산·물자·장비·처리시설 등의 지원을 위한 중앙행정기관 간의 업무조정에 관한 사항

　③ 지역 해양오염방제대책협의회와의 업무협조에 관한 사항

　④ 해양오염사고에 대비한 긴급방제대책의 수립에 관한 사항

　⑤ 제거하기 곤란한 조난선박의 인정 여부에 관한 사항

　⑥ 기타 방제와 관련 해양수산부장관 또는 위원장이 심의에 부치는 사항

2.4 지역 해양오염방제대책협의회(Regional Marine Pollution Response Council)

(1) 지역 해양오염방제대책협의회의 구성

　① 위원장은 당해 지역을 담당하는 해양경찰서장이 되고

② 위원은 당해 지역을 담당하는 환경관리청, 지방해양수산청, 해양경찰서, 해군 함대사령부, 시·도 및 시·군·구의 소속 공무원 중에서 그 기관의 장이 지명하는 공무원 1인 이상과 지구별 수산업협동조합의 임·직원, 해양오염사고 관련 선박 또는 시설의 소유자, 석유정제업체의 임·직원, 주민대표 등 지역 해양오염 방제업무와 관련이 있는 자 중에서 위원장이 위촉하는 자로 함

(2) 지역 대책협의회의 심의사항

① 해양오염사고에 대비한 방제조치계획

② 해양오염사고 시, 방제조치에 필요한 인력·물자·장비·처리시설의 지원에 관한 관계 지방행정기관 간의 업무조정

③ 해양오염방제에 관한 기술적 자문

④ 기타 방제와 관련하여 해양경찰청장 또는 위원장이 심의에 부치는 사항

2.5 중앙사고수습본부(Central Accident Prevention Division)

(1) 중앙사고수습본부의 구성: 중앙사고수습본부장은 해양수산부장관이 되고 각 부처의 차관으로 구성함

(2) 중앙사고수습본부장의 권한

① 오염사고의 수습이 효율적으로 이루어질 수 있게 오염사고 수습에 관하여 관계 중앙행정기관의 장이 수행하는 업무 총괄

② 관계 중앙행정기관의 장에게 행정 및 재정상의 조치나 기타 필요한 업무협조 요청

(3) 중앙사고수습본부 심의사항

① 피해시설에 대한 복구 및 피해보상 대책, 피해액 산정의 기준

② 재난수습 및 복구비용의 부담, 유사한 재난의 방지를 위한 예방대책

③ 기타 재난의 수습 및 복구에 필요한 사항으로 본부장이 부의 하는 사항

2.6 관계행정기관의 참여 및 협조(Involvement and cooperation of related administrative agencies)

(1) 중앙행정기관 간의 협조: 관계행정기관의 장은 소관 업무 및 관계 법령에

따라 오염사고에 대한 피해 최소화 대책을 수립·시행하고 대책위원회 참여 등 상호협력체제의 유지에 노력하여야 함

(2) 지방행정기관 간의 협조: 지방행정기관의 장과 지방자치단체장은 지역 여건을 고려하여 오염사고에 대한 피해 최소화 대책을 수립·실시하고, 지역 대책협의회 참여 등 상호협력체제의 유지에 노력하여야 함

(3) 관계행정기관의 협조: 해양경찰청장이 신속한 방제조치를 위하여 관계행정기관의 장에게 아래 사항을 요청하는 경우, 관계행정기관의 장은 특별한 사유가 없는 한 이에 협조하여야 함

① 행정자치부: 경찰·소방관서와 민방위대 등 방제 인력 동원

② 국방부: 군 장비 및 병력지원

③ 정보통신부: 통신기술 및 전기통신사업자를 통한 유·무선 통신설비 지원

④ 산림청: 방제용 항공기 지원

3. 오염사고의 대비에 관한 사항(Matters concerning the preparation of pollution accidents)

3.1 실행계획의 수립·시행(Establishment and implementation of action plan)

(1) 해양경찰청장은 오염사고의 대비·대응을 위하여 해역 실정에 맞는 지역방제 실행계획을 수립·시행하여야 함

(2) 지역방제 실행계획은 다음 사항들을 포함하여서 함

① 담당 해역 내 발생할 수 있는 큰 규모의 기름유출사고 상정에 관한 사항

② 방제를 위하여 필요한 방제선, 방제 기자재 확보 및 배치에 관한 사항

③ 위의 경우에 방제를 위하여 관계기관, 지방자치단체, 선박 및 해양시설의 소유자, 기타 관계자와의 연락 및 정보교환에 관한 사항

④ 위의 경우에 기름의 방제와 이에 수반되는 위험방지에 관한 사항

⑤ 기타 지역방제 실행에 필요한 사항

(3) 「해양환경관리법」의 규정에 따라 해안에 달라붙은 기름에 대하여는 그 해안을 담당하는 시장·군수·구청장이 필요한 조치계획을 수립·시행하되(2개 이상 시·군·구의

해안이 오염된 경우에는 시·도지사를 포함한다. 이하 같다) 「항만법」 제2조제6호의 규정에 따른 항만시설(수역시설을 제외)이 설치된 해안에 대하여는 그 시설을 관리하는 행정기관의 장이 필요한 조치계획을 수립·시행하여야 함

(4) 선박 소유자는 「해양환경관리법」의 규정에 따라 기름이 해양에 배출된 경우에 취하여야 할 조치에 관한 기름오염배상계획서를 작성, 당해 선박에 비치하여야 함

(5) 기름을 취급하는 해양시설의 설치·운영자는 「해양환경관리법」의 규정에 따라 기름이 해양에 배출된 경우에 취하여야 할 조치에 관한 해양시설의 기름 오염배상계획서를 작성·비치하여야 함

(6) 시장·군수·구청장과 항만시설을 관리하는 행정기관의 장이 수립하는 해안과 항만시설에 달라붙은 기름에 대한 조치계획 및 선박과 해양시설의 기름 오염 비상계획서는 지역방제 실행계획과 상충하지 않도록 수립하여야 함

3.2 관련 정보의 공유(Share related information)

(1) 해양경찰청장은 관계행정기관, 지방자치단체가 보유하고 있는 방제 관련 전문가와 기자재에 관한 정보를 수집·정리하고, 관계행정기관의 장 등의 정보 제공 요청시 관련 정보를 제공하여야 함

(2) 관계행정기관의 장과 지방자치단체장은 소관 업무 중에서 방제와 관련된 정보를 수집·정리하여 정보의 공유화에 노력하여야 함

(3) 방제와 관련된 정보에는 어장·양식장, 취수시설, 해수욕장, 갯벌, 조류·해양 포유동물의 서식지, 유적지 등에 관한 정보가 포함되어야 함

3.3 방제정보지도 작성(Preparation of map of disaster Response information)

(1) 해양경찰청장은 방제와 관련된 정보가 명시된 방제 정보지도를 작성하여 기름 오염에 민감한 요소의 판단, 방제방법 및 보호 우선순위를 결정하는 데 활용함으로써 기름 오염에 의한 피해를 최소화하는 데 노력하여야 함

(2) 관계행정기관의 장, 지방자치단체장, 관련 연구기관과 공공단체의 장 등은 방제와 관련된 자료를 제공하는 등 방제정보지도의 작성에 적극적으로 협조하여야 함

3.4 방제장비 확보 및 동원태세 유지(Securing control equipment and maintaining mobilization posture)

(1) 해양경찰청장: 해양에 배출된 기름을 신속하고 효율적으로 방제하는 데 필요한 방제정, 방제장비, 기자재 등 확보

(2) 지방해양수산청장과 연안 시장·군수·구청장: 「해양환경관리법」의 규정에 따른 담당 항만 및 해안에 달라붙은 기름에 대한 조치에 필요한 기자재 확보

(3) 해양환경공단·방제업자: 해양경찰청장의 지시나 선박 소유자, 해양시설 설치자 등이 위탁하는 방제조치에 필요한 방제선 및 방제 기자재를 확보·운영

(4) 선박 소유자, 해양시설 설치자 등: 「해양환경관리법」의 규정에 따라 배출된 기름의 방제조치에 필요한 기자재를 확보하여 비치

(5) 관계기관, 단체와 업체 확보 방제기자재는 항시 사용할 수 있는 상태로 유지

① 해양경찰청장은 해양경찰청 보유 장비와 관계기관·업체의 보유 장비를 동원하기 위한 동원체제 유지

② 방제장비를 항시 사용할 수 있도록 보수·유지관리에 노력

3.5 방제 교육·훈련 등(Prevention Education, Training, etc.)

(1) 해양경찰청장은 오염사고에 신속하고 효과적인 대응을 할 수 있도록 오염사고의 형태·규모, 기상·해상의 상황, 기름의 특성 등 다양한 조건을 설정하여 관계기관·업체와의 유기적 협조에 중점을 둔 합동방제훈련을 하고, 훈련 후에는 평가하여 문제점을 보완하여 대응체제 등을 개선하여야 함

(2) 지방자치단체장, 해양환경공단 등은 해양경찰청장이 실시하는 방제훈련에 적극적으로 참여하도록 노력하여야 함

(3) 해양경찰청장은 소속 공무원에 대하여 오염사고의 방제에 관한 교육하고, 소속 공무원이 선박·해양시설 등의 관계자에 대한 오염사고의 방지 및 대응에 관한 지도하게 하여, 해양환경 보전에 관한 인식 및 방제기술의 보급에 노력하여야 함

(4) 해양환경공단은 방제에 관한 교육·훈련사업의 실시로 방제 인력 육성에 노력하여야 함

(5) 선박 소유자, 해양시설설치자, 방제업 및 기타 관련 사업자는 오염사고에 신

속하고 효과적인 대응을 할 수 있도록 관련 종사자들에 대한 적극적인 교육·훈련하여야 함

3.6 국제협력체제 구축 등(Establish International cooperation system)

(1) 외교통상부 장관은 국제협력이 필요한 대형오염사고에 대비하기 위하여 해양수산부장관 또는 해양경찰청장이 추진하는 국제협력체제 구축이 원활하고 효율적으로 이루어질 수 있도록 협력하여야 함

(2) 법무부 장관, 보건복지부 장관과 관세청장은 신속한 방제를 위하여 외국에서 지원되는 인력과 방제장비의 신속한 출입국, 검역 및 통관에 협력하여야 함

(3) 해양수산부 장관은 외국에서 지원되는 방제용 항공기와 선박의 운항절차를 간소화하고 공항·항만시설의 이용 편의 제공에 협력하여야 함

3.7 통신체계(Communication system)

해양경찰청장은 방제대책본부, 방제작업현장, 항공기와 선박 간 등에 사용할 수 있는 통신방법의 지정 등 효과적인 통신체계를 구축하여야 함

3.8 사고신고 및 통보(Accident Report and Notification)

(1) 기름을 해양에 배출시켰거나 배출의 우려가 있는 선박이나 해양시설의 선장 또는 관리자, 선박이나 해양시설의 종사자 외의 자로서 기름의 해양배출 원인행위를 한 자 또는 해양에 배출된 기름을 발견한 자는 해양경찰청장에게 이용 가능한 신속한 통신수단을 이용하여 바로 신고하여야 함

(2) 신고접수체제 유지

　　① 해양경찰청장은 해양오염신고센터를 설치하여 24시간 운영

　　② 신속전파를 위한 비상연락체제 구축 운영

(3) 통보

　　① 오염사고의 신고를 접수한 해양경찰청장은 필요하면 관계행정기관의 장, 지방자치단체장 등에 관련 정보 통보

　　② 오염신고를 접수한 관계기관은 바로 해양경찰청장에게 통보

4. 방제실행

4.1 보호 대상에 대한 고려(Consideration of what is protected)

오염사고가 발생한 경우, 방제작업에 참여하는 관계행정기관의 장과 지방자치단체장은 사고 현장의 지리적 특성, 기상·해상의 상태 및 계절적 요인 등에 따라 다음 사항들을 먼저 고려하여 피해 최소화를 위한 효과적인 조치를 마련하여야 함

　　(1) 인명의 안전

　　(2) 사고의 악화방지

　　(3) 국민의 재산 보호 및 환경의 보호

4.2 현장상황조사(Field situation investigation)

　　(1) 해양경찰청장은 오염사고의 발생 신고를 접수한 경우에 더욱 상세한 현장정보를 얻기 위하여 오염사고가 발생한 장소에 선박 또는 항공기를 출동시켜 신속하게 현장상황을 파악하여야 함

　　(2) 해양경찰청장은 사고의 규모, 기름유출 확산상황, 기상 상황, 선박 교통 상황 등을 고려하여 사고의 영향을 평가하고 이를 방제방법 결정 시 반영하여야 함

　　(3) 해양수산부 장관과 지방자치단체장은 발생한 오염사고가 어족자원에 미치는 영향을 평가하여 어장보전시책 등에 반영하고, 환경부 장관과 지자체장은 오염사고가 야생동물에 미치는 영향을 평가하여 야생동물의 보호 시책에 반영하여야 함

4.3 방제방법 결정(Determination of Response method)

　　(1) 해양경찰청장은 입수된 모든 정보와 현장상황을 참작하여 배출 방지조치, 배출 감소조치, 배출된 기름의 확산방지조치, 배출된 기름의 이동·확산감시, 회수 및 수거조치, 유처리제 사용에 민감한 해역 보호조치, 현장 소각 등 여러 가지 대응방법들을 활용한 최선의 방제방법을 선택하여야 하며, 방제방법을 선택하는 데 필요하면 지역방제대책협의회와 방제기술지원단의 의견을 수렴할 수 있음

　　(2) 방제방법 선택 시 고려사항

　　　　① 가능한 한 배출원으로부터의 기름 배출의 방지 또는 감소를 위하여 밸

브 및 공기관의 폐쇄, 선체의 경사조정, 손상 탱크 내 기름의 이적 등 필요한 조치

② 배출원 부근해상에 오일펜스를 이용하여 배출된 기름의 확산방지

③ 방제선, 유회수기 등에 의한 기계적 회수, 유흡착재·유겔화제 등에 의한 물리적 회수조치, 유처리제에 의한 분산처리 등 상황에 따라 가장 효과적인 방법 사용

④ 유처리제는 어장·양식장 분포 등 해역특성을 고려하여 사용

⑤ 해양 또는 연안 자원이 위협을 받을 경우, 해상에서 오일펜스를 이용한 민감 해역 보호조치

⑥ 해양 또는 연안 자원이 위협받지 않거나 위협받을 우려가 없는 경우, 부유 기름의 이동 및 변화과정 지속적 감시

⑦ 기상 조건으로 인하여 해상에서 방제 및 연안보호가 어렵거나 연안 자원이 이미 오염된 경우, 해안 정화조치

4.4 응급조치 및 방제조치(First Aid and Response Measures)

(1) 오염사고가 발생한 경우, 「해양환경관리법」의 규정에 따라 방제조치를 하여야 할 자는 기름의 계속 배출의 방지와 배출된 기름의 확산방지 및 제거를 위한 응급조치를 하여야 하고, 배출되는 기름을 신속히 수거·처리하는 등 필요한 방제조치를 하여야 하며, 방제대책본부에 참가하여 방제작업계획에 관한 의견을 제시하는 등 관계기관과 유기적 협조를 하여야 함

(2) 방제조치를 하여야 할 자가 적절한 방제조치하지 않는다고 인정되는 경우에 해양경찰청장은 「해양환경관리법」의 규정에 따라 해당 방제조치를 하여야 할 자에게 방제조치를 명하고, 그자가 방제조치를 아니 하거나 그자의 조치만으로 오염의 방지가 곤란하다고 인정하는 경우 또는 긴급방제조치가 필요하다고 인정하는 경우에는 해양경찰청장은 「해양환경관리법」의 규정에 따라 관계기관의 협조를 얻어 필요한 조치를 하여야 함

(3) 해양경찰청장은 오염사고가 발생하여 방제자원의 동원이 필요한 경우, 자료화된 방제자원에 관한 정보를 활용하여 인력, 장비, 기자재 등 방제자원을 동원하여야 함

(4) 지방자치단체장은 담당 지역 내에서 오염사고의 방제작업에 참여하는 자원봉사자의 활동을 지원하여야 함

(5) 수거한 기름등폐기물 처리

① 환경부장관은 수거 기름등폐기물의 저장, 운반 및 최종처리에 대하여 지도와 감독

② 해양경찰청장은 수거한 기름 등의 저장·운반이 가능한 유조선, 부산, 육상 저장 탱크 등의 수용용량, 폐유처리시설의 처리용량 등에 관한 자료화된 정보를 활용하여 방제작업의 원활화 도모

③ 지방자치단체장은 수거한 기름등폐기물의 임시저장소를 제공

(6) 선박의 소유자 또는 선장이나 해양시설의 설치자 또는 관리자는 좌초·충돌·침몰·화재 등의 사고로 기름 배출의 우려가 있는 경우에는 「해양환경관리법」의 규정에 따른 배출방지 조치를 하여야 함

4.5 방제기술지원단(Response Technical Support Group)

(1) 해양경찰청장은 과학적·효율적인 방제업무의 수행을 위하여 관련 연구기관 등의 전문가로 오염방제에 관한 연구와 기술적 자문을 수행할 방제기술지원단을 구성·운영하여야 함

(2) 방제기술지원단은 오염사고가 발생하여 해양경찰청장의 요청이 있는 경우 유출량의 산정, 사고 선박의 처리방법, 배출된 기름의 확산예측, 방제방법의 선택 등의 과학적·기술적 사항에 대하여 자문하고 지원하는 데 노력하여야 함

(3) 해양경찰청장은 방제기술지원단의 현장방제기술지원 활동을 효율적으로 하기 위하여 숙식 제공, 자문료 지급 등 필요한 조치를 할 수 있음

4.6 방제작업자 등의 건강과 안전(Health and safety of Response workers)

(1) 노동부장관은 오염사고 현장 방제작업자의 건강과 안전상의 고려사항 등 안전·보건에 관한 자료·지침 등의 정보를 해양경찰청장과 지방자치단체장에게 제공하고, 방제작업 현장에서 안전지도 등에 협조하여야 함

(2) 오염사고 현장 담당 시·도지사 또는 시·군·구청장은 방제작업의 시행 시 필요한 경우 방제작업 현장의 의료 지원 및 사상자 후송업무 등을 지원하여야 함

4.7 해상안전의 확보 및 위험방지 조치(Secure marine safety and preventive measures)

(1) 해양수산부 장관과 해양경찰청장은 다음의 각호에 해당하면, 해상안전을 확보하기 위한 선박의 이동, 항행 제한 또는 조업 중지 등의 위험방지 조처하여야 함

① 오염사고 발생으로 새로운 해양사고 발생 위험이 있다고 판단되는 경우

② 방제작업의 원활한 실시에 방해가 된다고 판단되는 경우

(2) 해양수산부 장관과 해양경찰청장은 선박의 화재·충돌 등의 사고에 동반된 오염사고 발생 시에도 안전조치를 취하여야 함

4.8 어장·양식장의 보호 및 야생동물의 구호(Protection of fisheries and farms and relief of wild animals)

(1) 해양수산부 장관과 지방자치단체장은 해양에 배출된 기름에 의하여 양식장 등이 오염되거나 오염될 우려가 있는 경우, 어장·양식장 등의 보호 및 회복을 위한 적절한 조치를 마련하여야 함

(2) 환경부 장관과 지방자치단체장은 해양에 배출된 기름에 의해 야생동물에 피해가 발생한 경우, ① 기름이 부착된 야생동물의 세정, ② 기름부착에 따른 질병의 예방, 회복까지의 사육 등 야생동물의 구호를 위한 적절한 조치를 마련하여야 함

4.9 기록 및 자료 보존(Record and data retention)

(1) 방제에 참여하는 관계행정기관의 장과 지방자치단체장 등은 방제비용의 청구 등에 대비하여 다음과 같은 방제에 관련된 사항 및 자료를 기록·보존하여야 함

① 작업 위치, 동원된 방제 인력 및 장비, 사용 소모성 기자재에 관한 기록

② 시료의 채취·보관·분석, 관측된 환경피해에 관련된 자료 보존

③ 희생 야생동물 등에 관한 증거, 사진, 현장보고서 등의 보존 및 유지

④ 기타 방제작업에 관한 사항의 기록 및 관련 서류 보존

(2) 방제에 참여하는 관계행정기관의 장과 지방자치단체장은 같은 오염사고의 재발을 방지하고, 일반적인 오염사고 발생 시의 대응에 관한 경험을 축적하기 위한 자료로 활용하기 위하여 해당 사고의 원인, 오염 상황, 마련한 대책 등에 관한 사항을 기록·보존하여야 함

4.10 홍보(promotion)

（1）방제대책본부가 설치된 경우 방제대책본부장은 홍보담당자를 지정하고, 보도기관을 위한 별도의 공간과 통신수단을 제공하여야 함

（2）홍보담당자는 선박 교통안전, 인근 주민의 안전 확보 등 방제 관련 정보를 주기적으로 보도기관에 제공하여 효과적으로 방제작업이 이루어지도록 조치하여야 함

5. 보칙

5.1 사후관리(After treatment after an accident)

（1）해양수산부장관은 방제조치의 종료 후 필요하다고 인정되는 경우, 해양생태계, 어장환경 및 수질 등 해양환경에 대한 영향과 피해조사를 단계적·지속해서 실시하여 변화과정을 감시하고, 그 결과에 따라 보완대책을 마련하여야 함

（2）환경부장관과 지방자치단체장은 방제조치의 종료 후 필요한 경우, 야생동물에 대한 영향과 피해조사를 단계적·지속해서 실시하여 변화과정을 감시하고, 그 결과에 따라 보호 관리를 위한 보완대책을 마련하여야 함

5.2 조사·연구 및 기술개발(Investigation, study and technology development)

해양수산부장관과 해양경찰청장은 관련 연구기관의 장, 관련 산업체의 관계자 등과 협력하여 오염사고의 방지, 배출된 기름의 방제와 해양환경 보호에 관한 조사연구와 기술개발을 추진하여야 함

5.3 계획의 제·개정 절차(Establishment and revision procedure of plan)

（1）국가방제 기본계획의 수립은 해양오염방제대책위원회의 심의·의결을 거쳐 국무회의에 보고하여 확정하며, 이 계획의 개정은 해양오염방제대책위원회의 심의·의결을 거쳐야 함

（2）국가는 이 계획의 내용에 대하여 수시로 검토하고 필요하다고 인정되는 경우 개정하여야 함

제4절 지역방제 실행계획

1. 계획의 목적

해양오염으로부터 국민의 건강과 재산을 보호하고 해양환경을 보전하기 위하여 지역의 특성에 적합한 과학적이고 효율적인 방제조치에 필요한 사항들을 규정하여 체계적인 해양오염사고 대응조치 구축 및 방제조치를 실행함.

2. 수립 배경

지역방제 실행계획은 국가 긴급방제계획의 지역별 실행을 위한 현장 집행계획으로, 해양환경관리법에서 수립하도록 규정되어 있다. 우리나라가 '1999.11.9. 가입한 유류오염 대비·대응 및 협력에 관한 국제협약(OPEC 협약) 제6조에서 유류오염 대비·대응을 위한 국가 및 지역 체제를 갖추도록 하고 있어 국가방제 기본계획을 2000.1.11. 확정하고 동 계획의 실행을 위한 지역방제 실행계획을 수립함.

3. 계획의 구성

3.1 지역방제 실행계획 작성(Preparation of Local Control Action Plan)

IMO 및 미국·영국·일본 등 해양선진국들의 지역방제 실행계획을 비교·분석하고 해양경찰청 방제지침 및 이전에 작성된 지역실행계획의 실제 운용결과에 대한 개선사항을 반영하여 아래 구성항목에 따라 작성

　　(1) 총칙

　　　　국가방제 기본계획을 토대로 본 계획 관련 관계법의 제 규정을 평가·분석하여 목적, 해역의 범위, 체제 및 정책, 방제조직, 계획의 수정·보완에 대한 사항을 체계적으로 기술

　　(2) 지역평가

　　　　① 당해 지역의 지리, 환경, 해양생물, 산업, 기상, 해양 등의 특성을 방제정보수집지침에 따라 수집된 정보를 분석·평가하여 해양오염방제와 상관관계를 명확히 규정하되 통계치는 10년 이상을 적용

② 해양오염사고 위험을 당해 지역의 10년 이상 오염사고 통계와 해상운송량 등을 고려, 위험평가 기법을 활용하여 발생 가능한 최대유출량을 산출하고 대규모(1,000㎘ 이상), 중규모(100~1,000㎘), 소규모(100㎘ 이하) 오염사고의 발생확률을 산출하고 규모별로 발생확률이 높은 지역을 명시

③ 상기 3개 규모별 오염사고에 대한 유출유의 확산을 예측하고 피해를 받을 해안, 시설, 생물자원을 전산프로그램을 활용하여 일자별로 도시하고 분석·평가하여 결과를 기술

④ 지역평가 결과 방제전략 결정 및 방제계획 수립 시 고려사항을 제시

(3) **해양오염보고 및 통신**: 해양오염 신고와 보고·통보에 대한 의무와 책임을 명시하고 관계부서·관계자의 비상 연락망을 구축하여 방제조직의 지휘·통신이 확보될 수 있도록 체제와 통신망 운용사항을 규정

(4) **방제기자재 동원 및 보급**

① 지역 방제장비와 기자재 동원체제 확립 등 방제능력 확보방안을 제시

② 최대유출 사고 방제전략을 규정하고 이에 대응할 방제장비와 자재 단계별 동원계획을 시뮬레이션하여 원활하게 동원되도록 범위, 절차, 방법, 동원 수량 등을 구체적으로 기술(방제정보집과 연계)

③ 해양오염사고 방제조치에 드는 예산 운용 및 보급 물품의 공급을 위한 임무 분담, 보급소 설치·배정 등에 관한 사항을 기술

(5) **방제실행**

① 해양오염사고 발생 시 초동 단계에서부터 방제완료 시까지 관계 방제조직의 운영에 필요한 절차, 임무, 근무방법 등을 명시

② 현장상황조사 및 응급조치에 대한 방법, 절차, 기술 등

③ 합리적인 방제전략 결정 및 방제계획 수립에 대한 절차와 방법 등

④ 지역평가에서 제시된 해역의 특성을 고려하여 다음 방제조치사항에 대한 시행절차와 방법을 과학적인 입증자료를 토대로 구체적으로 명시

⑤ 해양오염사고 처리에 대한 보고·통보 및 행정 사항을 요식화

⑥ 기름유출사고에 따른 어장·양식장, 야생동물 보호 및 위험방지·안전, 보건에 관한 사항의 시행절차와 방법을 구체적으로 명시

⑦ 해역관리청에서 해안부착유의 방제작업을 원활히 할 수 있도록 IMO나 미국·호주 등 해양선진국 수준의 해안방제지침 제공

⑧ 전문기술과 고도의 팀워크가 요구되는 방제작업 전담 전문대응팀을 실제 현장에서 운용할 수 있도록 관계 법령·규정 검토 및 관련 업체와 협의를 통하여 구성, 사고 발생 시 동원·운용절차를 명시

⑨ 방제비용 청구를 위한 자료 확보 및 절차와 방법을 구체적으로 기술, 방제종료 시점 결정 및 절차와 방법을 과학적인 입증자료를 토대로 기술

<미래 방제 시행절차와 방법>

◈ 확산예측 및 감시, 확산방지 및 민감 해역 보호
◈ 지속적 유출방지를 위한 응급조치 방안, 방제장비개발, 유(油) 회수 전략 및 기술
◈ 유처리제 사용 결정 및 살포기술, 방제 우선순위 결정 방법
◈ 해안방제 방법, 지휘·통제 및 보급·통신망 확보
◈ 해상, 해안 회수 기름과 폐기물의 저장·보관·운송·처리 방법

---

(6) 방제 교육·훈련

방제 교육·훈련에 대한 관계 규정 및 관계기관, 단·업체 등의 업무를 검토·협의하여 교육·훈련 항목, 횟수 등을 규정

(7) 홍보

보도기관을 활용, 해양오염사고 방제 진행 상황 및 주민 협조 사항 등을 홍보하고 방제 방법 등을 공개

(8) 가상 해양오염사고 설정 및 대응 전략

지역평가에서 제시된 대·중·소규모 유출 사고의 가상상황을 설정하고 (3)·(4)·(5)·(7)에서 제시된 사항에 대하여 구체적인 의사결정, 선명, 지명, 장비명 등을 명시하여 시나리오로 작성

3.2 방제 관련 정보수집 및 방제정보지도 작성(Collection of information related to prevention and preparation of maps)

(1) 방제 관련 정보수집
방제 자료를 수집, D/B를 구축하고 방제 정보집을 작성

(2) 방제정보지도(Environmental Sensitivity Index Map) 작성

① 해안선의 형태, 해안 야생동식물 등 생물자원의 분포, 해수욕장이나 산업시설물의 취수구 등 사회·경제자원, 방제 기관과 방제 기자재 현황 등 기름유출사고로 인한 피해를 받기 쉬운 해안의 자원과 방제에 관련된 정보들을 정해진 색상의 기호와 선으로 전자해도에 표시

② 관내를 시·군, 읍·면 단위로 단계적으로 구분하고 해안의 형태와 지질의 특성에 따라 세분화, 환경 민감자원과 물류기지 설치장소 등 현장을 세밀하게 조사해 주요 항·포구별 접근방법과 함께 해안별 특징 및 경관을 사진으로 담는다.

③ 방제자원 현황, 비상 연락망 및 어장·양식장 등 해양오염사고 수습에 필요한 각종 정보를 부록으로 수록

(3) 해안선의 ESI(Environmental Sensitivity Index) 등급: **'부록의 〔표〕 해안선의 등급'** **참조**

3.3 지역방제 실행계획 부속서(Annex to Local Control Action Plan)
(1) 관련 자료 및 서식(Related materials and forms)
(2) 해안방제 자료표(Shoreline Response Data Sheet)
(3) 유처리제 사용지침(Dispersant Instructions)
(4) 해안방제지침(Shoreline Response Guidelines)

〔표 1-4〕 방제 정보집 수록 내용

구분	내용
해안선	해안선 길이, 하천.운하, 깊이가 얕은 바다
생물자원	염생식물, 포유류, 조류, 어류, 연체동물, 갑각류, 해조류, 기타
방제자원	방제 기관, 방제장비, 방제기자재
해양환경	조류, 조석, 해류, 기상
사회·경제자원	연안 자원: 어업권어업, 수산업협동조합, 어항, 어촌계, 종묘배양장, 육상양식장, 발전소
	친수공간 이용: 항만 관계사업, 유선·어선수, 해수욕장, 임해 공원, 계류장, 숙박 시설, 캠프장, 수족관
	항만시설: 항만, 부두, 석유류·유해 액체 물질 취급시설, 계류 부이, 해면 저목장
	천연자원 관리구역: 특정 구역

제2부

해양오염 대비 대응론

Theory of Marine Pollution Preparedness and Response

제1장 해양오염사고 대비 대응

제2장	해양오염사고 대응

제3장　방제장비

제4장 방제안전론

제1절 기름유출과 안전조치(Oil Spill and Safety Measures)

제1장 해양오염사고 대비 대응

제1절 방제조직

1. 조직체계(Organization system)

1.1 방제조직도(Organization Chart on Response)

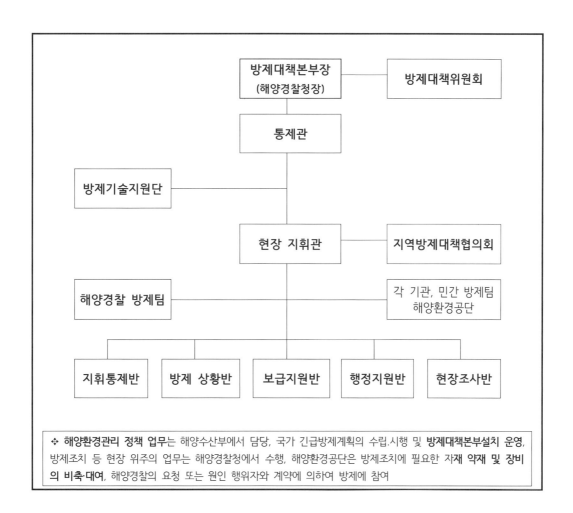

※ **해양환경관리 정책 업무**는 해양수산부에서 담당, 국가 긴급방제계획의 수립·시행 및 **방제대책본부설치** 운영, 방제조치 등 현장 위주의 업무는 해양경찰청에서 수행, 해양환경공단은 방제조치에 필요한 자재 **약재 및 장비의 비축·대여**, 해양경찰의 요청 또는 원인 행위자와 계약에 의하여 방제에 참여

1.2 구성 및 운영(Configuration and operation)

방제조직은 **상설조직**과 사고 시, 공동대응하는 **방제대책본부조직**으로 나눌 수 있다. 상설조직은 대형오염사고 대비 제도 및 체제구축, 방제능력 확충 및 방제훈련, 소량오염사고 방제 및 비용 징수, 24시간 상황 접수창구를 운용하고 방제대책본부는 해양경찰청장을 본부장으로 중, 대형 해양오염사고 시, 신속한 방제 대응

2. 방제대책본부 설치(Established of Response Countermeasures Headquarters)

2.1 설치장소: 해양경찰서 해상치안상황실 또는 별도 사무실

2.2 설치기간: 해상방제조치가 완료될 때까지(상황에 따라 본부장이 방제 기간을 조정)

2.3 주요기능: 방제전략 결정 및 방제작업 계획의 수립·집행, 방제작업에 동원된 인력·장비의 지휘 통제, 방제방법의 결정 및 방제조치에 필요한 사항

＜방제대책본부설치계획 수립＞

◈ 방제대책본부는 주로 중, 대형 해양오염사고 발생 시 신속한 방제 대응을 위해 대책본부명칭, 설치기간, 장소, 대책반 편성 및 반별 주요임무, 근무방법, 운영내용, 사무기기 임차, 통신 시설 가설, 방제업무용 차량임차 등 방제대책본부 설치계획을 별도로 수립하여야 한다.

---

3. 방제대책본부 운영(Operation of Response Countermeasures Headquarters)

3.1 지휘부 임무 및 운영(Command missions and operations)

(1) 방제대책본부의 임무

① 본부장은 방제대책본부의 업무를 총괄하고 방제대책본부를 대표하며, 방제작업계획의 수립·집행, 방제작업에 동원된 인력·장비의 지휘·통제, 방제방법의 결정 등의 업무를 맡으며 통제관은 방제대책본부장을 보좌한다.

② 현장 지휘관은 사고 현장상황 파악 및 평가, 방제조치 현장 지휘 및 보고, 방제진행상황 평가, 방제방법 개선 및 방제세력 배치조정 등의 업무를 맡는다.

〔표 2-1〕 해양오염사고 규모별 지휘부

구분	유출량	본부장	통제관	현장 지휘관
대형	지속성 기름(벙커 유, MF60, MF120, MF380, 중질 원유 등) 1,000㎘ 이상	해양경찰청장	방제국장	해양경찰서장
중형	지속성 기름 100㎘ 이상~1,000㎘ 미만	지방 해양경찰청장	방제과장	해양경찰서장
소형	지속성 기름 100㎘ 미만~30㎘ 이상, 또는 비지속성 기름 100㎘ 이상	해양경찰서장	-	해양경찰서 방제 과장

(2) 방제대책본부의 조직 구성

① 대형사고 시 가동하는 한시적 조직

② 정부·민간 단·업체 등의 공동 대응조직

③ 기관 및 단·업체 임무 분담

④ 방제전문가를 방제 현장에 신속히 투입

⑤ 대책본부, 방제팀, 기술자문단 등 편성

(3) 방제대책본부의 조직운영

① 오염사고 규모에 따라 신축적인 조직 운영

② 방제기술 자문, 방제작업, 계획 수립·운영, 보급지원, 재무팀으로 구성

3.2 방제기술지원단(Response Technical Support) 운영

(1) 과학적인 방제업무 수행을 위하여 해양경찰청장 또는 해양경찰서장이 기술·조언 요청, 기술지원 및 조언 요청을 받은 방제기술지원단 위원은 방제대책본부의 현장 또는 통신망 등을 이용하여 기술지원

(2) 방제기술지원단 운영규정의 유출유 이동확산 예측 등의 항목, 오염평가서에 의한 방제기술지원단 의견수렴 기술지원 및 자문

3.3 지역 해양오염방제대책협의회(Regional Marine Pollution Response Council)

(1) **개최 시기:** 해양환경에 미치는 영향이 크거나 피해를 줄 우려가 있는 경우

(2) **운영내용:** ① 해양오염사고에 대비한 방제조치계획, ② 방제조치에 필요한 인력·물자·장비·폐기물처리시설의 지원에 관한 관계 지방행정기관 간의 업무조정, ③ 해양오염방제에 관한 기술적 자문 및 행정적 협조, ④ 방제와 관련하여 해양경찰청장 또는 위원장이 심의에 부치는 사항

3.4 해양경찰 기동 방제팀(Marine Police Emergency Response Team)

해양경찰 보유 방제선 및 방제장비별로 민간인력, 운용부대장 비를 포함한 전문 운용팀 사전구성

3.5 해양환경공단(KOEM)

해양환경관리법 제96조에 따라 해양환경의 보전·관리·개선 및 해양오염방제 등을 효율적으로 추진함으로써 깨끗하고 풍요로운 해양환경을 조성하여 미래 녹색실현에 기여함을 목적으로 해양환경의 보전·관리·개선을 위한 사업, 해양오염방제사업, 해양환경·해양오염 관련 기술개발 및 교육훈련을 위한 사업 등을 담당하고 있다.

3.6 민간 방제팀 등(Private control team)

방제업체, 구난업체 등의 특성에 따른 전문팀(확산방지, 유출유회 수, 유출구 봉쇄 및 이적)을 사고유형에 따라 선별 동원할 수 있도록 사전 파악

4. 통신망(communications network)

· 지휘 채널, 보조 채널, 보조 통신 등

〔이상 참고자료〕 해양경찰청

<h1 style="text-align:center">제2절 외국의 방제조직</h1>

1. 미국(United States of America)

1.1 미국의 방제제도(US Response system)

미국은 1992년 3월 27일 OPRC 협약을 비준함으로써 OPRC 협약 채택 후 최초 가입국이 되었으며 **유류오염법**(Oil Pollution Act, 1990, 이하 'OPA '90'이라 한다) 제정 이전에도 **수질개선법**(CWA: Clean Water Act)에 의해 유류 및 유해액체물질에 관한 국가방제긴급계획(NCP)을 수립하고 있었다. 그러나 1990년 제정한 **OPA '90** 제4201조, 제4202조 및 대통령 집행명령(E.O No. 12777)에 근거하여 유류 및 유해액체물질에 관한 국가방제긴급계획을 새로이 작성하여 1994년부터 시행하고 있다.

(1) OPA(Oil Pollution Act) '90

대통령에게 유류 및 유해물질에 관한 긴급계획 수립 책임을 부여하고, 연방 및 주 정부와 관련 국가기관의 국가방제긴급계획에 따른 작업수행 의무를 부과하고 있으며 국가방제긴급계획에 포함되어야 할 사항은 다음과 같다.

- 수질오염 담당 연방정부·주·지방정부의 기구, 항구관리자, 협력기구들의 의무와 책임 사항
- 장비와 재원의 조달, 유지 및 저장
- 해안경비대(USCG)의 기동타격대(Strike Force)의 설치와 지정
- 유류와 유해물질 유출에 관한 감시 및 보고 체제 수립
- 국가방제긴급계획을 수행하기 위한 국가기관의 설립
- 유류와 유해물질의 검증, 저장, 확산, 처리에 사용되는 절차와 기술
- 주 정부와 협력하여 준비할 일정표

(2) **대통령 집행명령**(President's Executive Order)

대통령 집행명령에서는 국가긴급계획의 실행팀인 국가대응팀(NRT: National Response Team)과 동 팀의 지역대응부서로 지역대응팀(RRT: Regional Response Team)에 권한과 역할에 관한 규정을 국가긴급계획에 명문화하도록 요구하고, 국가대응팀 및 지역대응팀의 구성 및 의장에 관하여 구체적으로 정하고 있다.

(3) 국가방제체제(National Response system)

　　　　미국의 유류 오염방제체제는 관련 법령에 따른 국가대응시스템에 의해 3가지 조직구성요소인 국가방제팀, 지역방제팀, 현장방제책임자와 4가지 특수 집행요소인 국가기동타격대, 환경방제팀, 대민정보지원팀, 방제전문가가 국가방제센터를 중심으로 긴밀한 협조 하에 정책 수립 및 현장방제에 대처하고 있다. 국가긴급계획은 1968년 9월에 처음 개발되었으며, 1970년 6월에 국가방제팀, 지역방제팀, 현장방제책임자 제도가 갖추어졌고, 1971년, 1980년, 1982년, 1985년, 1990년의 개정을 거쳐 OPA '90의 제정으로 1994년 8월에 최종 개정되었다.

<OPA '90의 계기: Exxon Valdez호 사고>

◆ 1989년 3월 24일 알라스카, Exxon Valdez호(화물선, 88,420톤, 라이베리아) 해양오염사고 사고 당시 연어 어획량이 2,500만 마리에서 같은 사고 후 1,500만 마리로 감소하였고, 방제비용 12억 8천만 달러, 독수리 등의 피해보상이 75백만 달러에 이른다(주: 한국해양수산연수원, "해양오염사고 사례분석", 『해양오염방지관리인교육 과정』, 2004, p.237). 이 사고 후의 혼란 속에서 미국 의회는 1990년에 유류오염법 **OPA '90**을 통과시켰다.

1.2 국가방제기본계획의 주요 내용(Main Contents of National Response plan)

(1) 목적 및 목표

　　　　국가방제긴급계획(NCP: National Oil and Hazardous Substances Pollution Contingency Plan)은 유류의 유출 및 위험·오염물질의 방출에 대한 대비와 대응을 위한 조직체계 및 절차를 마련하는 것을 그 목적으로 하고 있다.

(2) 법적 근거

　　　　국가방제긴급계획은 1986년 슈퍼 펀드수정 및 재인가법(SARA: Superfund Amendments and Reauthorization Act)에 따라 수정된 1980년 종합환경배상책임법(CERCLA: Comprehensive Environmental Response, Compensation, and Liability Act) 제105조와 OPA '90에 의해 수정된 수질개선법(CWA) 제311(d)조에 근거하여 수립되었다. 이 계획은 환경청이 국가방제팀, 연방 재난관리청(FEMA: Federal Emergency Management Agency), 핵 조정위원회(NRC: Nuclear Regulatory Commission)와 협력하여 개발하였고, 개정책임도 환경청에 위임되어 있다.

(3) 적용 범위, 약어, 용어 정의 등

국가방제긴급계획은 미국의 가항수역, 해안선, 인접수역, 배타적 경제수역, 미국 통제 하에 있는 천연자원에 기름이 유출될 때와 미국의 공공부문에 위험을 초래하는 위험물질 및 오염물질이 환경에 유류가 반출될 때 적용된다. 참가자들의 책임, 국가대응조직의 효율적인 조정에 필요한 요건·절차·증서교부에 관한 규정은 국가방제긴급계획에 규정되어 있다.

1.3 방제 책임 및 조직(Response responsibility and organization)

(1) 일반적인 조직의 개념

연방 정부는 긴급계획 및 절차를 개발하며, 다른 수준의 계획·대비·대응 활동을 조정하고 사고 발생 시 이용할 수 있는 시설 및 자원을 파악하고 있고, 대응조직은 국가대응팀, 지역대응팀, 현장방제책임자, 정화계획관리자, 지역위원회가 있다.

(2) 국가·지역대응팀 및 구역위원회

국가대응팀(NRT: National Response Team)은 첫째, 유출이 지역대응능력 및 지역경계 초과 때, 둘째, 미국 공공위생·복지·환경·천연자원에 대해 실질적 위험 초래 때, 셋째, 국가대응팀 구성원의 요구 때에 긴급대응팀으로서 활동한다. 지역대응팀은 현장방제책임자(OSC: On-Scene Coordinator), 정화계획관리자(RPM: Remedial Project Manager) 또는 지역대응팀 대표의 서면 요청에 따라 유출 기간에 활동한다. 지역대응팀은 지역 차원의 통신체계, 절차, 지역방제계획(RCP: Regional Contingency Plan) 수립, 조정, 훈련, 평가, 대비 등의 업무를 수행하는 상설 지역대응팀(Standing RRT) 및 특정한 유출사고에 대한 작업상의 대응요건에 의해 역할이 결정되는 사고별 지역대응팀(Incident-specific RRT)으로 구분하여 운영되고 있다.

(3) 현장방제책임자와 정화계획관리자

기름유출현장에서의 각종 대응 노력을 지휘·조정한다. 현장방제책임자는 후속 정화조치가 요구되는 때는 정화계획관리자에게 연락한다.

(4) 통지 및 통신

환경청의 관리자와 연안경비대의 운영부서장이 수질 개선법과 종합환경배상 책임법에 따라 유류와 위험·오염물질의 유출로부터 미국의 공공위생·복지·환경을 보호하는 대응조치를 취한다. 연방의 주도 또는 지원기관은 방사성물질의 유출 때에 연방방사능긴급대응계획(FREEP: Federal Radiological Emergency Response Plan)에 의한 통지·지원절차를 준수하여 활동한다. 유류유출사고가 주, 지방 정부, 연방 기관의 능력을 초과하는 상황일 때, 대통령은 재난구호법에 따라 모든 연방의 재난관리지원 활동을 조정하는 연방 지휘자(FCO: Federal Coordinating Officer)를 지정할 수 있다.

(5) 대응개시를 위한 결정 및 특수조건들

현장방제책임자는 환경청과 연안경비대의 지역·지구장에 의해 사전에 지정되고, 정화관리계획자는 국가우선목록(NPL: National Priorities List) 장소의 정화조치를 관리하기 위해 주도기관에 의해 지정된다. 주도기관이 자체 현장방제책임자, 정화계획관리자에 대한 적절한 훈련을 제공하며, 지원기관은 현장방제책임자 또는 정화계획관리자의 요청으로 지원기관책임자(SAC: Support Agency Coordinator)를 지정할 수 있다. 지원기관책임자는 현장방제책임자 또는 정화계획관리자의 요청에 의한 자료·서류의 제공 및 검토, 기타 지원을 제공한다. 현장방제책임자 또는 정화계획관리자가 이용할 수 있는 **특수팀** 및 기타 지원기관으로는 **국가기동타격대**(NSF: National Strike Force), **환경대응팀**(ERT: Environmental Response Team), **과학지원조정자**(SSC: Scientific Support Coordinators), **해군 구난 관리자**(SUPSALV: United States Navy Supervisor of Salvage), **방사선 긴급대응팀**(RERT: Radiological Emergency Response Team), **지구대응그룹**(DRG's: District Response Groups), OPA의 Title I 규정을 이행하는 **국가오염기금센터**(NPFC: National Pollution Funds Center) 등이 있다.

(6) 기름유출 대응

현장방제책임자 또는 정화계획관리자는 유출현장에서 대응작업을 지휘하고 OSC/RPM가 FCO와 협력하여 OSC/RPM의 임무를 수행한다. 긴급지원기능(ESF: Emergency Support Functions)로 알려진 연방대응계획의 12개 부록을 통해 연방지원이 효율적으로 이행되며, EPA는 긴급지원기능 #10(위험물질편: 자연재해 또는 기타 재난에 의한 위험물질·유류 유출의 대비 및 대응에 관한 사항이 포함되어 있음)하의 활동을 조정한다.

(7) 작업자의 위생 및 안전

국가방제긴급계획하의 대응조치는 오염방지법 시행규칙에서 규정하고 있는

대응작업자 안전위생규정을 준수하도록 규정하고 있으며, 미국의 해양오염사고 국가
대응 체계는 다음과 같다.

〔표 2-2〕 미국 해양오염사고 국가 대응 체계

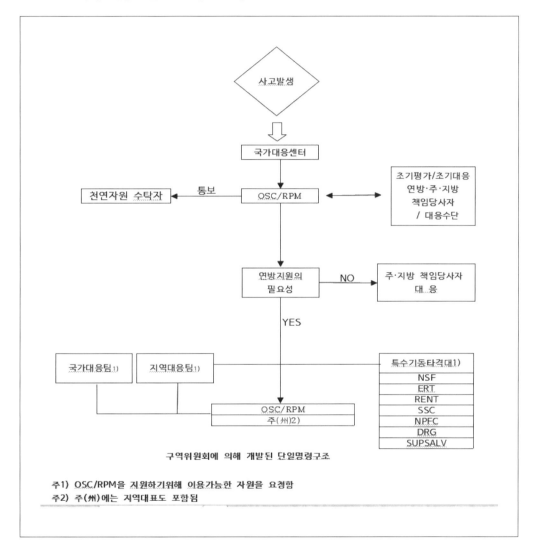

※ **국가기동타격대**(NSF: National Strike Force), **환경대응팀**(ERT: Environmental Response Team), **방사선 긴급대응팀**(RERT: Radiological Emergency Response Team), **과학지원조정자**(SSC: Scientific Support Coordinators), **국가오염기금센터**(NPFC: National Pollution Funds Center), **지구대응그룹** (DRG's: District Response Groups), **해군 구난 관리자**(SUPSALV: United States Navy Supervisor of Salvage)

(8) 공공정보 및 지역사회관계

사고가 발생한 때에는 사고의 특성과 진행 중인 손해경감조치에 관한 신속·정확한 공공정보를 제공해야 한다. 공공정보의 제공을 위해 연방·주·책임당사자의 지원을 동원하는 합동 정보센터(Joint Information Center)를 설립하고, 현장방제책임자 또는 정화계획관리자와 지역사회 관계 요원은 공공업무/지역사회 관계자원을 이용할 수 있도록 조정한다.

(9) 현장방제책임자의 보고

국가대응팀, 지역대응팀의 요구에 따라 현장방제책임자 또는 정화계획관리자는 취해진 제거작업과 조치에 관한 보고서를 국가대응팀, 지역대응팀에 제출한다.

(10) 연방기관 참여

국가방제긴급계획에 등재된 연방기관은 법적 명령 또는 대통령의 지시 때문에 유류유출 또는 위험·오염물질의 누출에 대한 연방차원의 대응·방지조치 및 손상된 천연자원의 복구·회복조치를 취할 의무를 진다.

(11) 주·지방·비정부 및 기타 관계자의 대응

각 주(州)지사(知事)가 지역방제팀 활동에 적극적으로 참여할 수 있는 주의 대표·사무소와 주의 대응작업을 지휘하는 주의 주도기관을 지정하고, 지방정부 및 지방·주의 공무원은 주 법 또는 주 대표 및 구역 대응계획에 의거한 지역대응팀 활동에 참여토록 요청 받을 수 있다.

1.4 계획수립 및 대비(Planning and Preparation)

(1) 계획수립 및 조정구조

미국은 유류·오염물질의 유출에 관련한 긴급사태에 대비한 활동을 위해 국가대응체제하의 3단계 긴급계획, 즉 국가방제계획, 지역방제계획, 구역방제계획을 수립하고 있다.

(2) 구역대응훈련(Area Response drills)

현장방제책임자는 관련 유조선과 시설 대응계획 하에 구역 방제계획의 담당 구역 내에서 어류·야생동물 대응능력을 포함하는 제거능력에 관한 소규모 훈련을 사전 통보 없이 정기적으로 실시한다.

1.5 유류유출에 관한 운영상의 대응단계(Operational Response Steps for Oil Spills)

(1) 단계별 대응

미국의 방제작업은 발견 또는 통지, 예비평가 및 조치개시, 봉쇄·대책·청소·처리, 서류 및 비용 회수 등 4단계로 구분되어 있다. 단계 Ⅰ(발견 또는 통지)에서 선박·시설 책임자와 관계자가 유출 사실을 국가대응센터에 보고할 수 없을 때는 유출된 해당 구역에 사전 지정된 연안경비대나 현장방제책임자에게 보고하고, 국가대응센터나 현장방제책임자에게 보고할 수 없는 때에는 가까운 연안경비대에 보고하여야 한다. 예비평가 및 조치를 개시하는 단계 Ⅲ에서 현장방제책임자는 책임당사자가 자발적으로 신속히 제거조치를 취하는 것을 허가할 수 있다.

(2) 국가 대응 우선순위

수색·구조 노력을 포함한 모든 대응 조처를 할 때는 인명안전이 최우선이고, 대응요원에 대한 안전보험에 가입해야 한다. 그리고 사고의 악화를 방지하기 위한 상황의 안정화도 중요하다. 사고 선박의 구난 및 시설·파이프라인·기타오염원의 안정을 위해 추가적 유출방지, 후속 대응 조치의 필요성 감소, 환경에 대한 악영향 최소화를 위한 유출원의 안정, 잔유의 이적 등 모든 노력을 기울여 문제의 심각화를 방지한다.

(3) 일반적인 대응 형태

현장방제책임자는 주지사와 협의하여 제거작업을 종료할 수 있고, 제거작업의 종료 때 유류유출책임신탁기금(OSLTF)의 제거기금 지원도 중지된다. 이러한 작업종료의 결정 이후에도 州 법 아래의 추가적인 제거조치를 할 수 있다.

(4) 공공위생·복지의 실질적 위협, 국가 중대 유출 및 최악의 유출에 대한 대응

공공위생·복지의 위협 여부를 결정하는 현장방제책임자는 유출의 규모 및 특징, 이러한 위협의 특성 등을 고려한다. 환경청과 연안경비대의 장이 육지구역·해역에 대한 국가 중대유출(SONS: Spill of National Significance)을 결정한다.

(5) 기금

유류유출책임 신탁기금은 일정한 조건에서 수질개선법(CWA sec. 311) 하에 수행되는 유류제거 자금으로 이용된다. 책임당사자는 수질개선법(CWA sec. 311(f)), 유류오염법(OPA sec. 1002), 연방법률에 따라 연방의 제거·손해에 관한 비용을 책임진다.

1.6 위험물질대응 및 천연자원 수탁자(Hazardous Substance Response and Natural Resources Trustee)

(1) 위험물 대응

위험물질이 환경에 유출된 때 및 공공위생·복지를 긴급, 실질적으로 위협하는 오염물질이 환경에 유출된 때, 종합환경배상책임법과 수질개선법(CERCLA와 CWA sect. 311(c))에 의해 위임된 대응범위를 결정하는 방법 및 기준을 제공하도록 규정하고 있고, 위험물질 발견 또는 통지, 제거 현장 평가, 제거조치에 관한 규정이 있다.

(2) 천연자원 수탁자

천연자원이란 미국에 속하거나 통제됨으로써 소유·관리·보전되는 토지, 어류, 야생생물, 대기, 물, 지하수, 상수도 등을 말한다. 대통령은 국가방제긴급계획관에 지정하며, 지정된 연방 공무원은 종합환경배상책임법(CERCLA sec. 107(f))과 수질개선법(CWA sec. 311(f)(5)), 유류오염법(OPA sec. 1006)에 따라 활동한다.

1.7 분산재와 화학약품의 사용(Use of Dispersants and Chemicals)

수질개선법(CWA sec. 311(d)(2)(G))에서는 환경청이 국가방제긴급계획수행 시 사용 가능한 유처리제, 기타 화학약품, 기타 유출유 완화 장치의 공정표를 준비하도록 요구하고 있다.

(1) 국가방제긴급계획 공정표 및 사용 권한

워싱턴 D.C.(컬럼비아 특별구)에 있는 미국 환경보호청 긴급사태 대응 부서로부터 국가방제긴급계획 공정표를 구할 수 있다. 지역대응팀 및 지역위원회는 국가방제긴급계획 공정표에 등재된 적절한 유처리제, 표면정화제, 표면수거제, 생물학적처리제, 기타 유류유출처리제 및 소각제를 자체 계획 활동의 한 부분으로써 바람직하게 사용해야 한다.

(2) 자료요건 및 약품의 공정표 표기

유처리제, 표면정화제, 표면수거제, 생물학적처리제, 소각제, 기타 유처리제, 완화제, 혼합 약품 등에는 약품의 종류에 따라 필요한 기술적 자료를 표기해야 한다.

2. 일본(Japan)

2.1 일본의 방제제도(Japan's Response System)

해양오염사고 시, 오염행위자 책임의 원칙에 의해 오염행위자가 일차적 방제책임을 지며, 행위자의 방제조치가 없거나 불충분할 때 **해상보안청**이 직접 방제 또는 **해상재해방지센터** 등에 방제명령을 지시하게 되며 해상재해방지센터는 해상보안청 장관의 지시나 선박 소유자의 위탁을 받아서 방제작업을 수행한다. 해상재해방지센터는 유회수선, 오일펜스 등 방제기자재를 보유하고, 해상재해방지를 위한 훈련 및 조사연구를 수행한다. 대형 해양오염사고 시, 방제에 필요한 대책 마련을 목적으로 정부, 지방공공단체, 민간의 관계자들로 구성된 **재해방지협의회**가 설치되어 있다. 동 협의회는 정보 연락, 인원이나 자재 동원, 방제장비의 정비, 방제 요원 교육 및 훈련 등의 업무를 수행한다. 한편 일본은 1995년 5월 '**해양오염 및 해상재해방지에 관한 법률**'(海洋汚染及び海上災害の防止に関する法律': 이하 '해양오염방지법'이라 한다)을 개정하고, 1995년 10월 17일에 OPIc 협약에 가입하였다. 개정 '해양오염방지법 및 동 시행규칙의 내용은 다음과 같다.

(1) 해양오염방지법의 개정 내용

① 사고 통보범위의 확대

개정 전 해양오염방지법은 선박에 대하여는 유류의 배출 또는 배출 우려가 있는 때, 해양시설이나 기타 시설에 대하여는 특정유의 배출이 있는 때에는 사고 통보의무를 부과하고 있었다.

② 유류 보관시설의 유류오염 비상대응계획 비치

500㎘ 이상의 유류 보관시설 및 150㎘ 이상의 유조선 계류시설은 유종의 종류에도 불구하고 비상대응계획을 작성하도록 하였다.

③ 해상재해방지센터의 의무 추가

OPRC협약의 규정에 따라 동 센터의 기존 업무에 해상방제조치에 관한 정보수집, 정리 및 제공 등 국내업무 제공과 해외의 해상방제조치에 관한 지도 및 조언, 해외에서 온 연수자의 해상방제조치에 관한 훈련시행, 기타 해상재해방지에 관한 국제협력 추진업무를 추가하였다.

④ 전국 유출유 방제계획 작성

기존에는 대형 유조선의 통행이 잦은 동경 등 6개 해역에 대해서 특정유를 대상으로 유출된 유류에 대한 방제계획을 작성하도록 요구하고 있었으나, 전국 해역에서 모든 유류에 대해 작성하도록 강화하였다.

⑤ 유출유 방제에 관한 협의회

임의의 해역에서 해역방제기준의 작성 및 훈련시행 등의 활동을 하는 자율적 단체인 유출유재해대책위원회와 협의회 조직에 대한 법적 근거를 마련하였다.

(2) 시행규칙 개정

① 통보내용(법 38조 4항 및 동 규칙 30조의4 제1항)

통보방법은 전신·전화 기타 빠른 방법으로 한다.

② 유류오염방지 긴급계획 작성 시설의 범위(법 제40조의2 및 규칙 제34조의3)

500kl 이상의 유류 보관시설 및 150kl 이상의 유조선 계류시설은 유종의 종류에도 불구하고 긴급계획을 작성하도록 하였다.

③ 유류오염방지 긴급계획서의 기술상 기준(법 제40조의 1 및 규칙 34조의 2)

계류시설 및 보관시설은 대응조직이 상시 존재하지 아니하고, 자재 보관창고가 육상에 위치하여 조직, 자재와 그 배치 및 동원요령이 필요하므로, 긴급계획서에 그러한 내용을 포함하도록 하였다.

(3) 해양오염방지법(海洋汚染及び海上災害の防止に関する法律) 재개정

러시아 선적 유조선 나호드카호 사고 유출유재해대책 관계 각료회의 산하에 설치된 "대규모 유류유출사고의 대응체제 프로젝트팀"은 나호드카호 사고 및 그 대응에 대하여 종합 검토 결과 유류오염사고 발생 때 즉시 대응체제, 관계기관의 긴밀한 연락, 개별 간 구체적인 역할 분담을 더욱 명확히 할 필요가 있다는 보고서를 발간하였다. 이 보고서에 의해 "유류오염사고에 대한 준비 및 대응에 관한 관계기관

연락 회의"의 구성원들은 기존 국가 비상대응계획을 개정해서 1997년 12월 19일 각의(閣議) 결정을 거쳤다. 이 각의 결정에 근거하여 해양오염방지법을 다시 개정하여 1998년 5월 27일부터 시행하고 있다.

① 센터에 대한 해상보안청장관의 지시범위 확대

영해 외에서 외국 선박에 의해 유류가 배출된 때에는 당해 외국 선박의 선장, 선박 소유자 등은 해양오염방지법 제39조제1항 및 제2항의 규정에 근거한 배출유 방제의무가 없으므로 해상보안청장관이 해양오염방제센터에 대해 유류오염방제조치를 하도록 지시할 수 없었으나 영해 외에서 외국 선박에 의해 유류가 배출된 때에도 센터에 방제에 필요한 조치를 하도록 지시의 대상 범위를 확대하였다.

② 관계행정기관의 장 등에 대한 해상보안청장관의 요청제도

유류 유출 시 우선 배출원인자가 일차적 방제 책임을 지지만, 대규모로 유출했을 때는 관계기관이 협력한다. 해상보안청 및 방지센터 이외의 관계기관이 방제 조처했을 때에는 **유탁손해배상보장법** 규정에 따라 방제비용청구가 가능하다.

한편, 대규모 해안오염을 일으킨 일본 나호드카호 사고현황은 다음과 같다.

<'97년 일본 나호드카호 사고, 대규모 해안오염의 원인>

◆ 러시아 선적 유조선 나호드카호(13,157톤)는 1997년 1월 동해상에서 항해 중 높은 파고에 의해서 선체가 절단되면서 벙커 C유 6,240㎘가 유출되어 일본 서해안을 오염시켰다. 사고 당시, 당해 해안 관할기관은 "해안에 기름을 부착시키지 마!"라고 하고, 해상을 관할하는 기관은 "해상에 기름을 확산시키지 마!"라고 하여 결국에는 대규모 해안오염의 원인이 되었다.[8] 중국 상해에서 벙커 C유 약 19,000㎘를 적재하고 러시아로 항해 중 1997년 1월 2일 02:50분 경 독도 동방 182km 떨어진 지점(수심 2,500m)에 침몰하였고 선수 부분은 전복된 채 표류하다가 1월 7일 13:00경, 일본 후꾸이현 미꾸니 해안 약 200m 지점에 좌초되었다.

2.2 일본의 국가방제긴급계획

(1) 계획의 목적

OPRC협약에서 규정한 유류오염의 대비 및 대응에 관한 국가체제를 정립하

---

8) Takahiro Hagihara, *"A Case Study on Response to Marine Oil Spill Incident in Japan"*, 『International Symposium on Oil Spill Preparedness, Response and Co-operation』, Incheon Korea, KCG ·KMPRC·KOSMEE, 2005, p.173)

고, 국제협약 실행, 해양환경 보전 및 국민의 생명·재산 보호를 위해 유출사고에 대해 신속·효과적으로 대응함을 그 목적으로 하고 있다.

(2) 유류오염사고에 대한 기본적 준비사항

① 관련 정보, 대응체제, 통신체제 및 기자재의 정비

(유류오염사고에 관한 정보의 종합적 정비) 해상보안청은 각종 분야의 전문가 및 방제기자재에 관한 정보를 일원화시키고, 관계기관에 동 정보를 제공하는 체제를 확립하도록 한다. 관계행정기관은 국내외 관련 정보를 수집 및 정리하고 환경 영향평가를 실시하여 대응조치를 마련한다.

(대응체제의 정비) 해상보안청은 유류오염사고에 대한 신속·정확한 대응을 위한 유출유류방제계획을 작성한다.

(통보·연락체제의 정비) 선박의 선장, 시설의 관리자 등이 오염사고를 즉시 관계기관에 통보할 수 있게 하려면 해상보안부서, 소방서, 경찰서 등은 24시간 정보수집체제를 확보해야 하며, 관계행정기관, 지방공공단체 등도 각 기관 내부 및 기관 상호 간의 연락체제를 정비해야 한다.

(관계 기자재의 정비) 선박 소유자 등은 해양오염 및 해상재해의 방지에 관한 법률에 따라 유출유류의 방제조치에 필요한 기자재를 선박 내 등에 비치하고, 해상보안청은 유류오염사고의 대응을 신속·정확히 실시하기 위해 선박, 항공기, 정보통신시설, 유출유류 방제기자재 등의 정비를 추진해야 한다.

② 훈련 등

관계행정기관, 지방공공단체 등은 유류오염사고의 형태·규모, 기상·해상, 유류의 특성 등 다양한 조건 설정 하에 시뮬레이션 훈련수법을 도입 및 연구하고 유출유류방제 관련 협의회를 활용하여 관계기관 상호의 유기적 협력에 중점을 둔 종합적·실천적 훈련하고, 훈련 후에는 평가하여 필요시 대응체제 등을 개선한다.

③ 인근 국가 등과의 협력체제

외무부는 국토교통성 및 해상보안청과 협력하여 인근 국가 등과의 유류오염사고 발생 때의 연락체계 강화 및 요청에 따른 기자재의 제공 등 해양오염에 관한 협력체제의 강화에 노력한다.

(3) 유류오염사고의 대응에 관한 기본적 사항

① 보호 대상에 관한 기본적 고려사항

유류오염사고에 대해서는 해양환경보전의 관점 및 국민생명·신체·재산 보호의 관점 양면을 고려하여 적절한 대응방책을 마련한다. 이때 각 해역 등의 정보 등에 따라 피해 발생을 최소화하는 조치를 마련한다.

② 대응체제의 확보

유류오염사고가 발생한 때 관계행정기관, 지방공공단체 등은 적절한 대응책을 실시하기 위한 각 기관의 대응체제 및 기관 상호의 협력체제 확립에 노력한다. 해상보안청장관, 담당해상보안본부장 또는 지방자치단체의 장은 유류오염사고의 규모 및 수집된 피해정보에 의해 자위대 파견요청의 필요성을 판단하고, 필요하면 **자위대법**의 재해파견규정에 의거 즉시 요청한다.

③ 유류오염사고에 관한 정보연락

유류오염사고의 발생 또는 발생할 우려에 관해 연락을 받은 해상보안청, 기타 관계행정기관, 지방공공단체 등은 정해진 연락망에 따라 사고정보를 통보한다. 필요에 따라 총리대신의 관저, 다른 관계행정기관, 지방공공단체 등에도 입수된 정보, 대응에 필요한 정보를 제공한다.

④ 유류오염사고의 평가

해상보안청은 유류오염사고 발생의 정보를 입수한 때보다 상세한 정보를 얻기 위해 순시선과 항공기를 유류오염사고 발생 장소에 신속히 파견하고, 필요에 따라 파견된 자위대기 등의 협조를 얻어 해당 사고를 조사한다.

⑤ 유류방제대책의 실시

유류오염사고가 발생한 때 해양오염방지법에 따라 응급조치를 마련해야 하는 선장 등 및 방제조치를 마련해야 하는 선박 소유자 등의 관계자에 의한 조치가 시행되도록 한다.

⑥ 기자재 등에 관한 정보의 제공 등

해상보안청은 관계행정기관, 지방공공단체 등의 요청에 따라 분야별 전문가 및 유출유 방제기자재에 관한 정보를 제공할 수 있는 체제를 확보한다. **통상산업성**에서는 석유사업자단체가 행하는 정비사업에 있어서 선박 소유자 등의 관계자 등으로부터의 요청에 따라 유출유 방제기자재에 관한 정보의 제공 및 기자재의 대출체제를 갖추고 **우정성**은 통신기기 관련 관계업계, 단체의 협력체제를 확보한다.

⑦ 방제작업실시자의 건강안전관리

환경청, 후생성 및 노동성은 방제작업이 시행된 때 유류의 성분, 표착 상황 등을 파악하고, 방제작업 때 건강상의 고려사항에 관하여 검토하고, 방제작업을 시행하는 관계행정기관, 지방공공단체 등에 대해 적절하게 정보를 제공한다. 방제작업을 시행하는 관계행정기관, 지방공공단체 등에서는 방제작업을 시행하는 자의 건강상 고려사항을 작업 현장에서 주지시키는 등 건강 안전관리를 위한 체제 정비에 노력한다.

⑧ 야생생물 구호 및 어장 보전대책 등의 실시

환경청은 유류오염사고에 의해 야생생물에 피해가 발생한 때에, 유류가 부착된 야생생물의 세정, 유류부착에 따른 질병의 예방, 회복까지의 사육 등의 야생생물 구호가 수의사, 관계단체 등의 협력 하에 원활·적절하게 실시되도록 한다. 수산청에서는 유류오염사고에 의해 어장 등이 오염되거나 오염의 우려가 있는 때에 필요할 때 유류의 회수 등의 보전 및 회복대책이 원활·적절하게 실시되도록 조치한다.

⑨ 해상교통안전의 확보 및 위험방지조치

유류오염사고의 발생으로 항로폐쇄 등에 의해 현장 주변 해역의 선박 교통이 혼잡하고 새로운 해난이 발생할 위험이 있거나 방제작업의 원활한 실시에 방해가 될 때, 해상보안청은 필요할 때 해양오염방지법 등에 의거 선박의 퇴거, 항행 제한 등의 조치를 마련한다.

(4) 관계행정기관 등의 상호협력 등

① 국제협력

관계행정기관은 소관 업무 및 관계 법령에 따라 유류오염사고에 대한 대비 및 대응에 필요한 시책의 종합적인 기획 및 추진, 관계 법령의 정비, 조사 연구의 추진 등을 적극적으로 실시한다.

② 지역적인 협력

관계 지방행정기관 등은 소관 업무 및 관계 법령에 따라 국가적인 협력에 의해 추진되는 시책과 밀접한 협력 하에 지역 실정에 따라 구체적인 대비 및 대응 시책을 추진한다.

（5） 조사 연구 등

　　① 관계행정기관은 유류오염사고 방지, 유출유류의 방제, 해양환경에 대한 영향의 방지에 관한 조사 연구, 기술개발을 필요할 때 민간과 협력하여 추진한다.

　　② 국가는 이 계획의 수정에 관해 수시 검토하고, 필요 시 수정한다.

〔표 2-3〕 일본의 국가 유류오염 방제체제(Oil Pollution Response System)

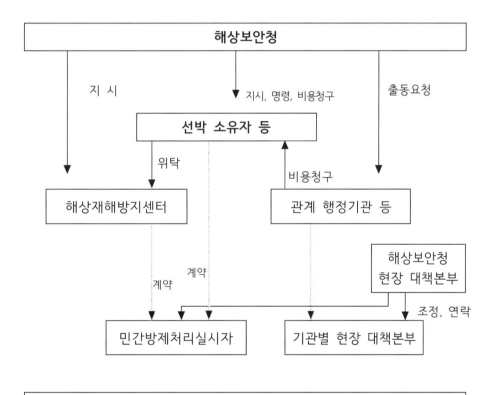

〔자료 출처〕 일본해상재해방지센터, 2017

3. 영국(England)

3.1 영국의 방제제도

(1) 유류오염 대비·대응 정부 및 민간 조직

　　　　유류오염 대비·대응부서는 해사·연안경비청(MCA) 산하의 **해양오염통제단**(MPCU, The Marine Pollution Control Unit)이다. 2001년 7월 환경교통지방부(DETR, Department of Environment, Transport and Regions)의 환경보호그룹과 야생동물 및 지방국을 식량농업부로 이전하였으며, 방제 기관 **OSR**은 기존 OSRL(Oil Spill Response Ltd.)과 싱가포르의 EARL이 2017년 합병, 석유회사 Exxon mobile, Shell, BP, Total 등 100여 개의 회원들의 분담금에 의해 운영되는 조직이다.

〔표 2-4〕OSR(Oil Spill Response Ltd.) 조직도

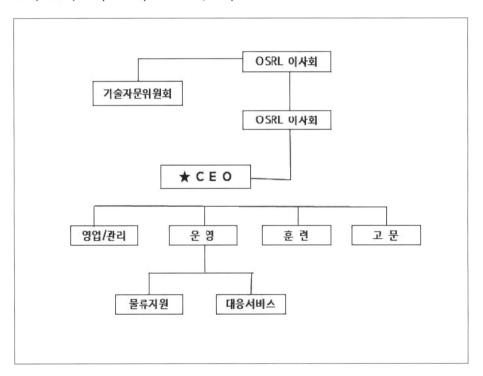

(2) 유류오염 대비 긴급계획의 종류 및 수립기관

영국의 유류오염사고대비 긴급계획은 국가방제긴급계획(NCP), 주 긴급계획 (CCP, County Contingency Plan), 지역긴급계획(SCP, Strict Contingency Plan) 및 항만 긴급계획(P/HCP, Port/Habour Contingency Plan)이 있다.

＜OSRL 방제, 유조선 'Prestige호' 사고＞

◈ 2002년 11월 15일 바하마 국적 Prestige호는 2002년 11월 13일 발트해 벤스틸스항에서 B-C유를 적재 싱가포르로 항해 중, 스페인 근해에서 선체 균열로 예인 중, 11월 19일 스페인 가르시아 해안 서쪽 방향 270㎞ 떨어진 해상에서 선체가 2등분되어 수심 3,500m 지점 침몰, 벙커 C유 6만 3천 톤 유출, **스페인과 영국 OSRL이 방제**(해변 140곳 오염, 바다새 1만 5천 마리 피해)

3.2 영국의 국가방제계획(U.K. National Response Plan)

(1) 개요

① 목적

영국의 국가방제긴급계획은 선박으로부터 유류나 기타 유해물질의 유출로 인해 생긴 오염으로부터의 위협을 최소화하기 위한 모든 오염방제활동지침을 말한다.

② 법적 근거

연안경비청의 **해양오염통제단**은 상선법(1995년) 제292조와 제293조(Sections 292 and 293 of the Merchant Shipping Act 1995)에 근거 해양오염과 관련한 주정부장관의 기능을 수행한다.

(2) 정책

① 국가방제긴급계획의 범위와 내용

이 국가방제긴급계획은 첫째, 유류오염에 관련 정부 부처와 기관들의 책임, 둘째, 그런 오염방제를 위한 정부의 광범위한 접근방안, 셋째, 유류오염사고에 대한 보고 및 대응에 따른 운영방안, 넷째, 해상에서의 선박에 의한 유류 및 유해물질 불법적 배출에 따른 처리절차, 다섯째, 유류오염정화비의 청구를 위한 처리절차 등을 포함한다. 이 계획은 근해개발이나 생산시설로부터의 오염은 포함하지 않는다.

② 주관기관의 책임

(유류유출대응) 선박 기인 유류 및 화학물질 유출방제를 위한 국가방제 긴급계획 유지, 선박기인 유류 및 기타 유해물질 유출보고를 감독추적하고, 근해오염 대응작업을 직접 수행, 유처리제의 저장, 항공용과 선박용 살포기 및 복구 또는 해상과 연안에서의 유류이동과 관련한 장비조달 및 보유, 유류유출량의 평가, 유류유출의 이동과 특성파악을 위한 항공원격탐사능력 및 컴퓨터시스템 보유

(지방정부와 항만 당국) 지역긴급계획에 대한 기준제정

(훈련과정 운영) 연안정화작업과 관리기술 훈련

(3) 해양오염대책

① 오염사고 보고

오염사고에 대한 보고는 연안경비대, 선박, 항공기, 어선, 유람선, 지방정부, 항만 당국, 인접 국가 및 기타 시민에 의해 이루어질 수 있다.

② 경보시스템

해양오염통제단은 하루 24시간 비상연락대기상태에 있으면서, 해양유류 유출사고가 발생하였을 시 즉각 경보 조치, 적합하고 정확한 대응 및 연안경비대와의 효과적인 커뮤니케이션을 유지하고 관련 기관들에 연락을 취한다.

③ 명령과 통제

총괄 지휘자(Overall Commander)는 해양비상시 오염방제작업의 지시에 대한 총체적인 책임을 진 자로서 유류오염통제단의 스텝 중 최상급자가 된다.

④ 유류 평가 및 감시

유류오염통제단은 오염사고 보고를 접수하면 오염으로부터의 위협사항을 신속히 평가한다. 실제적인 유출이 발생하면 유류오염통제단은 이동 경로를 예측하고 유류유출의 위치와 해양환경에 대한 위협 정도를 결정하기 위해 필요하면 현장에 계약된 원격탐사 항공기를 이용한다.

⑤ 해양오염 대응

선박으로부터의 소량의 폐유 불법배출과 같은 비(非) 재난적 유류유출과 관련된다. 유출 출처 파악과 고발을 위한 증거를 획득할 필요가 있다.

⑥ 해양오염 방제

(재난처리) 재난처리는 손상된 선박과 잔존 화물을 어떻게 안정적으로 이동할 수 있느냐에 달려 있다. 이와 같은 재난처리는 해양 안전처(MSA), 구조전문가와 국방부의 구조대원들의 도움을 받아 적합한 대응조치를 결정한다.

(해면의 유류 제거) 바다 표면상의 유류 제거를 위한 대응방법으로는 유처리제 살포작업과 기계적 유류 제거작업이 있는데, 유처리제 살포는 항공기에 의한 방법과 선박에 의한 방법이 있다.

⑦ 연안 오염에 대한 대응

연안 오염에 대한 책임은 원칙적으로 지방 정부에게 있지만, MPCU는 연안정화장비재고저장, 과학적·기술적 자문, 연안정화기술의 훈련 및 연구를 지원한다. 유류오염통제단에 의해 유지되는 지방정부용 연안 정화장비의 양은 영향받기 쉬운 연안에서 주당 5,000톤의 유류를 제거할 수 있다.

⑧ 공통 절차

(기록유지) 기록유지는 아주 자세히 해야 한다는 점을 고려하여야 한다.

• 대중용, 내부용 여부 작업보고서 준비의 기준	• 공공자금의 지출설명과 정당화
• 소요된 비용 회수를 위한 청구자료	• 정부나 언론의 질의 등에 대한 회신자료

(언론 대응) 주요 오염사고에 대한 정부의 대응은 언론매체 및 환경 비정부기구(NGO: Non-Governmental Organization) 등에 매우 예민하므로 정부의 조치에 대한 정확하고, 공정한 평가를 받을 수 있도록 이들에 대한 특별한 배려가 필요하다.

(장기적 대응작업) 대형 유류유출사고의 여파가 장기화하면 유류오염통제단을 지원하기 위한 보다 많은 스텝이 선발할 필요가 있다.

(일기예보) 구체적인 예보가 필요할 때 기상청의 협조로 앞으로 12시간 동안의 바람, 날씨, 시야 거리 및 해상상태 등과 같은 예보를 받을 수 있도록 한다.

(유류 표본의 채취 및 취급) 재난 관련 유출사고는 비교목적에 따라 재난으로부터의 표본을 채취하고, 이것이 어떤 화물과 벙커 연료에 적용하고 이 유류가 또 다른 출처로부터인지 예측한다.

〔표 2-5〕 주요 해양국가의 방제체제   범례 / ☐ 국가   ☐ 공단, 민간

국가별	방제조직	설치 근거	기능
우리나라	KCG 해양경찰청	· 해양환경관리법 제61조 등	· 해양오염 예방과 사고 조사 · 해양오염 기동방제 지휘, 통제
우리나라 KOEM	KOEM 해양환경공단	· 해양환경관리법 제96조	· 해양오염 예방, 방제 교육 · 해양오염 방제, 예선
미국	USCG 해양경비대	· OPA '90에 따른 국가 비상 계획 구성의무	· 해양오염 감시 · 해양오염 방제 지휘, 통제
미국 MSRC	해양유출 대응협회	· 테네시법 의거 설립 · OPA '90에 따른 요건 제공을 위해 방제자원 등을 갖춘 비영리회사	· 동, 서, 남부 지역별 긴급계획에 따라 방제작업 수행 · OPA '90에 의한 장비, 인력의 국제 지원
일본	MSA 해상보안청	· 국토교통성설치법 제41조, 해상보안청법 제1조 및 제25조	· 해양오염 감시 · 해양오염 방제 지휘, 통제
일본 MDPC	해상재해 방지센터	· 해양오염 및 해상재해의 방지에 관한 법률에 근거, 설립	· 직접/위탁 방제, '유회수선의 배치증명서' 발급
영국	MPCU 해양오염통제단	· 1984 해운법 등 · 해사·연안 경비청(MCA)소속	· 해양오염 감시 · 해양오염 방제 지휘, 통제
영국 OSRL	유류오염 대응회사	· 25개의 석유관련 회사로 구성 · 회원사의 소유로 비영리회사	· 정회원 사와 준회원 사의 방제업무
싱가폴	PSA 항만청	· 해양항만청법	· 해양오염 감시 · 해양오염 방제 지휘, 통제
싱가폴 EARL	동아시아 방제회사 (민간)	· 세계 5대 정유사로 구성된 비영리 사 · OPRC협약 지원 및 IMO비상 계획의 방제장비를 갖추기 위함	· 말라카, 싱가포르 해역·주변 해역 방제 · 비조합원 경우 정규조합원 승인 하에 수행
노르웨이	NPCA 오염통제국	· 오염방지법 (국가 방제시스템 구성 의무)	· 유류오염 비상체계 수행 · 비상체제 지휘, 감독
노르웨이 NOFO	(민간)	· 16개 석유회사로 구성 · 오염방지법 (비상 방제시스템 구성 의무)	· 5개 유전개발지역 Transrec System을 14개 운용·방제선 1천 톤 이상 보유

〔이상 참고자료〕 Takahiro Hagihara, "*A Case Study on Response to Marine Oil Spill Incident in Japan*",『International Symposium on Oil Spill Preparedness, Response and Co-operation』, Incheon Korea, KCG·KMPRC, KOSMEE, 2005./목진용·박용욱, 『유류오염사고대비 해안방제체제 구축방안』, KDI, 2001./한국해양수산연수원, "해양오염사고 사례분석", 『해양오염방지관리인교육 과정』, 2004.

4. 우리나라와의 차이점과 특징(Differences and features from Korea)

4.1 해양오염방제 업무 주무 기관(National Agency for Marine Pollution Response)

미국은 해안경비대, 영국은 해양안전청, 일본은 해상보안청, 중국은 국무원에서 방제업무를 통합 운영하고 있으나 우리나라 방제 관장기관은 환경부, 해양수산부, 해양경찰청과 지방자치단체 등으로 다원화되어 있다. 특히, 해양환경공단에 대해 업무를 지도·감독권과 긴급방제조치권이 해양수산부와 해양경찰청이 방제 제도적 측면에서 볼 때 분리 운영되고 있다. 일본의 '해양오염 및 해상재해의 방지에 관한 법률'(海洋汚染および海上災害の防止に關する法律)은 해양사고에 수반되는 해양오염 및 해상화재 등 재난적 해양사고를 한 개의 법으로 규제하고 해상보안청에서 그 업무를 전담하고 있고, 통상산업부에서 유출 유류 방제기자재의 정비사업 및 보급·계몽을 추진함[9])이 특징이다. 특히, 중국과 일본 등 인접국가 간의 해양환경관리는 국익과 해양오염의 영향에 밀접한 관계가 있다.

4.2 민간 해양오염 방제기구(Private Marine Pollution Response Organization)

미국은 1990년 설립된 비영리 기구 MSRC(Marine Spill Response Corporation; 해양유출대응협회)와 MPA(Marine Preservation Association; 해양보존협회)가 있다. MSRC(Marine Spill Response Corporation)의 모체는 1989년 설립된 프린스 윌리엄 유류 방제회사(Prince William Oil Spill Co.)이며 현재 지역방제센터 3개소를 운영하고 있다.

<미국 MSRC의 방제장비>

- ◈ 대형 방제부선: 18척(저장 용량 2,000kl~10,000kl), 소형 방제부선 68척
- ◈ 오일펜스: 489,849피트(149.3Km)
- ◈ 유회수 방제선 7척, 오일 스키머 200대 보유

일본 MDPC(Maritime Disaster Prevention Center: 해상재해방지센터)는 '海洋汚染および海上災害の防止に關する法律'에 근거하여 1976년에 설립된 인가 법인으로 기름유출

9) 海上保安廳, 『油類汚染事件への準備及び對應のための國家的な緊急計劃』, 1997, 拔萃

과 선박화재에 대응하고 있다. 중국은 CNOOC(China National Offshore Oil Corporation; 해상유전개발 국영회사)의 서비스부문 계열사 COES(China Offshore Environmental Service Ltd; 해양환경 보호 서비스유한공사)가 있다. 미국 MSRC는 모든 범주의 유류유출 대응능력을 갖추고 있으며 MPA와 서로 독립적으로 설립·운영되고 있다. 일본 MDPC는 해상방재(防災) 조치에 관한 업무 제공과 국제협력 추진업무를 맡고 있으며, 중국의 COES는 지난 2003년 중국 항만 내 입출항 물동량이 많은 7개 해역에 방제기지 설치를 완료하였다. 그 밖에 영국의 OSR(Oil Spill Response), 싱가포르의 EARL(East Asia Response Private Co. Ltd.; 동아시아방제회사) 등이 있다. 우리나라는 대형 해양오염 발생 시 오염물질의 확산방지 등 사고 초기 방제 대응을 해양경찰청과 해양환경공단이 대부분 담당하고 있는데 외국과 비교하여 해양오염방제 경험과 기술은 풍부하나, 방제선, 내화용 펜스(Fireproof fence), A급 HNS 보호장비 등 첨단 방제 장비확보가 열악한 실정이다. 한편, 우리나라, 미국, 일본, 중국의 해양오염 방제 기관의 소속, 직원, 임무, 주요 장비 등을 종합적으로 비교하면 다음과 같다.

〔표 2-6〕 韓, 美, 日, 中의 해양오염 방제 기관 비교

기관	소속, 직원	임무	장비	
한국 해양경찰청(kCG)	해양수산부 외청 경찰기관, 경찰관·일반직: 10,552명 ☞ **해양경찰법** [시행 '20. 2. 21.] [법률 제16515호, '19. 8. 20., 제정]	해양에서 사람의 생명·신체와 재산보호, 대한민국 국익보호, 해양영토 수호, 해양치안질서 유지(해양오염 방제, 해양경비 안전, 해상 교통관제, 해상 범죄 수사 단속)	경비함 290척 화학방제함 2척 방제정 39척 항공기 26대	
미국 해안경비대(USCG)	국토안보부 산하 군사조직, 현역: 42,047명 예비역: 31,000명 상비군 군속: 91,000명	해상밀수단속반(Revenue Marine Service)이 시초, 평시 국토안보부 소속, 전시 해군의 지휘를 받음. 해양에서의 인명구조, 환자수송, 국경지역, 해양에서의 밀입국자 이민자 수색과 체포, 범죄자 추적, 해양오염방지, 마약단속, 밀수단속, 쇄빙	대형함 244척 소형함 1,844척 항공기 204대	
일본 해상보안청(JCG)	국토교통성 산하 행정기관, 공안직: 13,626명	해상 여행, 해난구조, 해양오염방지, 선박항행 질서, 해상 범죄, 해상 범인 수사 및 체포, 선박 교통, 수로, 항로 표식, 해상의 안전 및 치안의 확보	대형함 65척 순시선 390척 항공기 83대	
중국 공안부 변방해양경찰(CCG)	국무원 산하 공안기관, 공안·행정직: 16,296명	해양환경보호법 집행, 영해선 관리, 해상 치안과 안전, 해상 돌발사건 대처, 해상 밀수·밀항·마약, 어업법 집행	대형함 102척 순시선 318척 항공기 27대	

〔참고 자료〕 해양경찰 백서(2019), 日本海上保安廳 백서(2018), United States Coast Guard, https://www.uscg.mil/(2019) / 김일평, 해양경찰(학)개론, 한울미디어(2019)

4.3 주요국의 국제법 수용과 방제동향(Trends in Acceptance and Response of International Law in Major Countries)

주요 연안국들은 MARPOL 73/78 부속서Ⅵ을 비롯하여 MARPOL 협약 부속서가 아닌, 독립된 협약인 선박 밸러스트수 관리협약 및 런던협약 '96의정서 등 새로운 환경오염물질 규제에 대비한 제도보완 및 대안 강구 등 국제적 추세를 적극 수용 준비 중이다. 선박 방오도료의 경우 대체물질개발과 함께 **프랑스, 미국** 등은 1980년대부터, **일본**은 1990년대부터 규제하고 있으며 **우리나라**는 1999년부터 규제하고 있다. 선박 기인 오염이 해양오염에서 차지하는 비중이 크기 때문에 대다수 국가는 선박 오염에 관한 규제를 국내법에 수용하고 있으며, 유엔해양법협약에 따른 일반적인 선박 오염 규제와 MARPOL 73/78 협약에서 규정하고 있는 구체적인 규제 내용을 함께 도입하고 있는 것이 보통이다.

미국은 1972년 제정된 'Federal Water Pollution Control Act'를 개편하여 1977년 'Clean Water Act' 체제로 이끌어 오는 한편, 유류오염사고에 대비하여 1989년 Exxon Valdez호 유류오염사고를 계기로 국가방제체제를 강화하고자 OPA '90을 제정·시행하고 있다.

캐나다 수산해양부는 지난 1997년에 제정된 해양법을 근거로 2002년에 '캐나다 해양전략'을 수립·발표한 바 있는데 우리나라의 '해양개발기본계획(Ocean Korea 21)'과 '해양수산발전기본법' 등이 그 대표적인 예이다.

중국은 '중화인민공화국 환경보호법'이 1979년 9월 13일 공포 시행된 이후 20년 동안 계속하여 '대기오염방지법·수질오염방지법·환경소음오염방지법·고체폐기물오염방지법·해양환경보호법' 등 환경 법률이 제정되었다.[10) 1982년에 해양환경보호법을 제정하였으며, 연안 건설공사로 인한 해양오염, 연안 석유 탐사 및 개발로 인한 해양오염, 육상 기인 해양오염, 선박에 의한 해양오염, 폐기물 투기로 인한 해양오염 등 거의 모든 종류의 해양오염원을 포괄적으로 규제하는 한편, '중화인민공화국 방지선박오염해역관리조례'(防止船舶汚染海域管理條例)를 통해 선박에 의한 해양오염을 별도로 규제하고 있으며 '中國 船舶 汚染海域管理條例'의 구성은 다음과 같다.

---

10) 文伯屛, "環境立法之 應當 體系 形成", 『中國環境報』, 中國社會科學院 法學研究所, 1999, 1面

┌─────────────────── <中國 船舶 汚染海域管理條例> ───────────────────┐

◈ 제1장 총칙, 제2장 일반규정, 제3장 선박 오염방지서류와 오염방지설비, 제4장 선박의 유류 작업과
유류 오수의 배출, 제5장 선박의 위험화물 운송, 제6장 선박의 기타 오수, 제7장 선박 쓰레기, 제8장 선
박을 이용한 폐기물 반출, 제9장 육상과 수중의 修(造)船과 인양 및 선박해체작업, 제10장 선박 오염사고
의 손해배상, 제11장 처벌과 장려, 제12장 부칙 등 12장 56개 조문으로 구성11)

└──┘

일본은 1967년 '선박의 기름에 의한 해수의 오탁 방지에 관한 법률'에 이어
1976년 '해양오염방지법'을 개정하여 해양오염과 해상재해 방지까지 포괄적으로 규제
하고 있고 선박 기인 오염, 해상소각 및 해상재난에 따른 선박 교통의 위험방지조치
등에 대해 규제를 하고 있으며, MARPOL 73/78에서 규정하고 있는 특별해역에 대한
규제기준을 별도로 명시하고 있는 것이 특징이다. 그리고 재해 발생 시 방재센터에
동경지사를 본부장으로 하는 **동경재해대책본부**가 설치되어 방재 기관의 책임자가 참
석하여 재해 응급대책의 실시에 필요한 심의, 결정, 지시한다.12) **호주**는 1983년
'Protection of the Sea'(prevention of Pollution from Ships) **'Act 1983'**을 제정하고
MARPOL 협약을 이행하기 위한 의무를 이행하고 있으며 이 법에 따라 선박으로부터
의 오염을 예방하기 위해 자국 선박들이 해양에 오염물질을 방출하는 것을 금지하고
있으며, MARPOL에서 요구하는 선박의 건조 및 장비 기준을 준수하게 되어 있다.

제3절 해양오염사고 대비

1. 지역방제 실행계획의 운영(Operation of Local Control Action Plan)

1.1 계획의 운영(Administration of the plan)

해양경찰서장은 지역방제 실행계획을 해양오염사고 시, 실제 적용할 수 있도록
운영·유지하고 계획 담당자(Assignment of planner) 정, 부를 지정한다.

---

11) 정영석, "중국의 해양수산 관련 법률체계 -해양정책 및 환경관련법-", 『해사법 연구』 제17권 제1호, 국제해사
    법학회, 2005
12) 日本海上保安廳, 『東京灣排出油防除計劃』, 1995

1.2 계획의 보완 및 수정(Complement and revise your plan)

(1) **내용 보완**: 사고 발생 또는 방제 훈련 시 지역방제 실행계획을 적용한 결과, 개선방안이 필요한 경우 **지역방제대책협의회**에 상정하여 심의·의결하고 해양경찰청장의 승인을 얻어 보완한다.

(2) **자료 수정**: 연 1회(1/4분기 중) 이상 변동사항을 수정

2. 해양오염 신고 및 통보(Marine Pollution Report and Notification)

2.1 오염신고 전화(Pollution Report)

해양오염 등 모든 재난신고 *119* 로 통합 운영(前, '각국 5050' 및 '122')

2.2 오염사고 대응 비상 연락망(Pollution Response Emergency Contact)

(1) 보고·통보처의 비상연락 유·무선 통신망 등을 파악유지

(2) 동원 방제선·작업선 등에 대한 휴대전화, VHF 등을 파악유지

3. 방제세력 동원체제 구축(Establishment of Response forces mobilization system)

3.1 장비 동원·운용체제(Equipment mobilization and operation system)

(1) 장비 동원에 필요한 민간 부대장비 사전파악 비상동원태세 확립

(2) 장비별 운용에 필요한 물품을 작성 관리, 디스크형 유회수기를 동원할 경우, 저장 용기 2세트, 8㎜ 로프 1롤, 유흡착재 3BOX, 경유, 유압유, 공구, 갈고리 등

(3) 장비별 운용책임자 지정 및 민간방제기술인력 파악유지

3.2 단계별 동원체제(Mobilization system by stage)

(1) **초동대응단계**: 당해 지역 해양경찰서 및 해양환경 공단지부의 방제선, 방제 기자재 동원(사고 규모를 판단, 필요하면 동원세력 조정 가능)

　(2) **지역대응단계:** 당해 지역 인접 해양경찰서, 관계기관, 단·업체 보유 방제선 및 방제 기자재 추가동원

　(3) **국가대응단계:** 전국 규모 방제세력 동원

　(4) **국제지원단계:** 인접 국가(NOWPAP 회원국) 지원 협조

3.3 방제 보급품 지원체제(Control Supply System)

　(1) 방제 자재, 피복, 음식료 등의 구입처 파악유지

　(2) 해·육상 연계가 쉬운 항·포구지역에 임시보급소 설치장소 선정

　(3) 폐유와 폐기물 수집·처리업체 파악유지(매년 1회 이상 파악 기록유지)

제4절 국가방제능력

1. 정의

　국가방제능력은 얼마만큼의 기름을 제거할 수 있다는 단순한 산술적 개념이 아니며, 방제전략 등에 따라 국가가 갖추어야 할 대응능력을 평가하기 위한 정책적 개념이며 우리나라에서 발생 가능한 최대 확률·최대 유출량에 대한 위험평가를 근거로 이에 대응하기 위한 국가의 정책목표로 설정된 지표임

2. 산정기준(Calculation Standards)

　미국, 캐나다, 일본 등 국가별로 방제정책 등에 따라 기준을 달리하고 있으나, 우리나라 실정에 맞게 산정기준을 재검토

3. 국가방제능력 설정 근거('07년 허베이스피리트호 사고 당시)

　· 가방제능력 2만 톤 확보를 목표('11년까지)로 민·관이 분담, 16,900t을 확보

　· 우리나라에서 운항하는 적재량 20만 톤급 유조선으로부터 유출 사고 시, 최대 확률·최대유출 예상량 6만 톤의 1/3인 2만 톤을 기계적으로 회수하는 것을 확보기준으로 설정함('97년 한국해양연구원 등 전문 연구기관의 용역 결과)

　· 유출량[13]의 1/3 회수, 1/3 자연 방산, 1/3은 흡착제거, 분산처리, 해안 표착 제거

4. 우리나라의 산정기준(Calculation Standards in Korea)

> ◈ 우리나라 연근해를 운항하는 최대 유조선 크기인 30만 톤급 유조선에서 사고가 날 경우 최대 6만 톤의 기름이 유출되는 것을 가정하여 "2만 톤의 유출유를 3일 동안에 해상에서 수거한다."라는 정책목 표 하에 **"국가 방제능력 2만 톤 확보"** 라는 정책을 수립 추진한 바 있다.[14]

유회수기의 용량을 기준으로 하여 일일 8시간씩 3일간 운용한 회수용량에 기계적, 실행적 효율과 동원율을 곱한 양

※ 회수용량 × 3일 × 8시간 × 기계적 효율 × 실행적효율 × 동원율

※ 허베이스피리트 사고 당시 유회수기 276대(해경 72, 해양환경공단 146, 기타 58)

5. 외국의 사례(A foreign case)

· 세계적 공통기준은 없음

· 미국: 유회수기 용량 × 24시간 × 0.2(기계적 효율)

※ 해역별 방제능력 산정

· 캐나다: 유회수기 용량 × 10일 × 10시간 × 0.2(기계적 효율)

※ 해역별 방제능력 산정(주요해역 1만 톤 방제능력 확보)

· 일본: 유회수기 용량 × 2일 × 12시간

※ 국가 및 해역별 방제능력 산정(유처리제, 유흡착재 처리능력 가산), 국가방제능력 30만 톤 발표

· 최근 '국가 방제능력 기준'을 해상기름 회수용량을 토대로 한 **'지역 방제능력 기 준'**으로 전환 추세

```
                              <지역 방제능력 산정식>
◈ 미국: 유회수기 용량 × 4일(방제일수) × 24(작업시간) × 0.2(기계적 효율)
◈ 캐나다: 유회수기 용량 × 10일(방제일수) × 24시간(작업시간) × 0.2(기계적 효율)
◈ 일본: 유회수기 용량 × 2~3일(방제일수) × 12시간(작업시간)
```

〔이상 참고자료〕 해양경찰청

---

13) IPIECA(International Petroleum Industry Environmental Conservation Association; 국제석유산 업환경보전협회) 위험평가 자료에 의한 유출량이다.

14) 해양경찰청, 『국가 재난적 해양오염사고 대응방안 연구』, 2004

제2장 해양오염사고 대응

제1절 초동조치

1. 현장상황조사(Field situation investigation)

```
━━━━━━━━━━━━ <현장상황조사> ━━━━━━━━━━━━
◈ 해양오염사고 신고 접수 시 종합상황실에 전파하여 항공기 및 사고해역과 가장 가까운 거리에 있는 함
정, 방제정 및 파출소 요원을 출동시켜 현장상황파악, 보고
◈ 사고 선박과 시설의 상태, 제원, 해상유출유 종류, 기름적재량, 유출량, 오염범위, 색깔, 유출상태, 이동상
태 등 확산상태, 응급조치사항, 수심, 기상, 지형특성, 피해대상물, 위험요소, 방제작업여건 등 파악
```

2. 해양오염 발생 보고 및 전파(Marine Pollution Occurrence Report and Propagation)

❖ 보고대상	⇨	해양사고에 의한 해양오염사고 발생 및 우려 시, 지속성 기름 200ℓ 이상 오염 사고, 기름 200ℓ 미만 오염사고인 경우의 보고대상: 유조선에 의한 오염사고, 피해 발생 및 사회적 물의가 예상되는 오염사고
❖ 보고방법	⇨	오염사고 보고는 상황실을 통하여 신속하게 해양경찰청에 초기 상황보고 후 진행 상황을 주기적으로 보고 ※ 30㎘ 이상 지속성 기름의 유출이 예상되는 사고
❖ 보고내용	⇨	사고개요, 사고선 선체·오염상태, 조치사항, 기상 및 해역의 특성 등
❖ 상황전파	⇨	**해양경찰서**는 지방해양수산청, 시·군 등 지방자치단체(필요한 시 지방환경관리청, 경찰. 군부대, 수협 등에 전파), **지방해양경찰청, 해양경찰청**은 청와대, 총리실, 해양수산부 등

3. 응급조치(1단계 동원)

· 가용 항공기 및 방제정, 경비함정 출동 조치(필요 시 해양환경공단에 방제 요청)

· 사고처리 필수 부서부터 비상소집

· 오염원으로부터의 계속 유출 방지조치

　① 선체 상태 파악 및 안전조치 방안(관계기관 협조)

　② 기름 등 오염물질 유출구 봉쇄

　③ 탱크 내의 기름 등을 다른 탱크 또는 다른 선박에 이적 조치

· 해상 유출유 확산방지 및 회수

① 사고 선박과 시설 주위에 확산방지용 오일펜스 설치

② 방제선 유회수기 이용 유출유 회수작업

제2절 방제전략

1. 방제전략 결정(Determine Response strategy)

━━━━━━━━━ <방제전략 결정 사례> ━━━━━━━━━

(사례 1) 원유운반선이 부두 접안 중 해상원유 부이와 충돌, 파이프라인을 파손 ➡ 기름유출 부위 봉쇄 및 오일펜스 다중 포위 전장 후 오염원에서 가까이에서 24시간 집중 방제('14.2. 여수 원유부두)

(사례 2) 갑작스런 돌풍으로 인해 해안으로 선박이 밀려와 좌초, 기름유출 ➡ 초동 방제 후 인근 해수욕장, 물새 서식지, 어장 양식장 등 오일펜스 유도 전장으로 민감 해역 보호('13.11. 울산 방어진항)

(사례 3) 좁은 수로에서 폐유 유출 ➡ 유막의 길이가 길고 폭이 좁아 해상방제가 곤란하며 유막의 이동 상태를 계속 감시하다가 해안 접근 유도 방제('03.9. 여수항)

(사례 4) 태풍내습으로 인해 소형 유조선이 항만 내에서 침몰, 벙커 C유 유출 ➡ 유회수 방제선 2척을 오일펜스 내에 투입하여 집중 유회수 작업과 유흡착재 투하로 기름제거('03.9.부산 북항 제4부두)

· **전략 결정요소**(Strategy determinant): 사고개요, 오염상황 및 확산예측, 민감자원, 오염물질의 특성, 해상조건 등 파악, 방제정보지도 활용, 오염평가서 작성

· **전략 주요항목**(Strategy Key Items): 기름의 계속 유출 방지대책, 유출유 확산방지 및 민감 해역 보호 대책, 회수·수거 방법, 유처리제 살포 여부, 위험방지·안전 및 보건에 관한 사항, 해안부착유의 방제방법, 회수·수거된 기름의 보관 및 최종처리, 방제세력 동원 범위, 보급지원 및 지휘·통신망 구축, 해상 및 육상교통 통제 여부 판단 등

2. 방제전략 시행(Implementation of Response strategy)

· 방제대책본부 회의에서 결정·시행하고 현장에서 신속 조치가 필요한 경우에는 현장 지휘관이 결정/방제대책본부 설치가 불필요한 오염사고는 현장 지휘관이 결정

〔표 2-7〕 방제전략결정 주요항목 및 결정사항

번호	항목	결정사항
1	· 사고선으로부터 기름의 계속유출 방지대책	· 오일펜스 2중 포위 설치
2	· 유출유 확산방지 및 민감 해역보호 대책	· 어장 양식장 등 보호
3	· 유출유 회수·수거방법	· VOSS형 회수·수거
4	· 유처리제 살포여부(선박살포, 항공살포, 이동식 살포 등 살포방법 검토)	· 선박살포, 항공살포
5	· 해안부착유의 방제방법	· 걸레 이용 닦아 내기
6	· 회수·수거된 기름의 보관 및 최종처리	· 탱크에 담기
7	· 방제세력 동원 범위	· 인근 확대 2단계
8	· 보급지원 및 지휘·통신망 구축	· CH 17
9	· 해상 선박통제 및 육상교통 통제여부 판단	· 선박 출입항 통제
10	· 안전 및 보건에 관한 사항	· 방독 마스크, 안전모

3. 방제상황보고 및 전파(Reporting and dissemination of the control situation)

· **상황보고**(해양경찰서 → 지방해양경찰청 → 해양경찰청과 관계기관·단체에 전파)

· **보고방법**: 상황실을 통하여 상황보고

4. 방제 지원 협조 요청사항

구분	협조 기관/요청 사항	요 청 내 용
방제 조치 지원요청	해양경찰청/지원확대 요청	- 방제 지원사항을 해경청에 보고(해경서) - 추가 방제 지원세력을 파견조치(해경청)
	관계기관과 유관업체/방제 지원 요청	- 관계기관·유관업체 보유 장비, 인력 지원 요청(지역방제 대책협의회), 방제대책위원회(해경청)
국제 방제 기술 협력	인접 국가/정보기술장비	- 사고 발생 및 관련 정보 통보 협조체제 유지: Fund, P&I 기술자문관 대상 정보 제공 및 동원 규모 선정의 합리성 설명 - 추가동원 필요성, 방제방법 선정 시 협의·조정
피해조사 진행 상황파악	보험사, 수협, 어촌계/피해조사	- 오염 피해지역 확인 및 시료 채취, 사진 촬영 등 증거 확보, 관계자 합동 피해조사 실시사항 등
방제 관련 자료 확보	내·외부/증거자료 확보	- 방제 자재 및 약제의 적응성 시험결과 및 사진 등 오염물질의 특성 및 경시변화 상태와 확산상황 등의 자료 확보 - 오염상태 및 방제작업 활동 사항 사진과 비디오 촬영 등의 증거자료 확보 - 중, 소형오염사고 시는 대응절차 중 해당 사항만 조치

5. 방제명령 및 조언 요청(Control orders and requests for advice)

· 방제의무자에게 해양환경관리법에 따라 방제조치명령

· 시·군, 해양수산청·군·경, 화주 등에 방제상황 전파/방제기술 자문 요청

제3절 방제조치

1. 유출유의 확산상황 파악(Identify the spill situation of spilled oil)

· 헬기 이용 해상오염분포 광범위 탐색

· 선박 이용 오염상태 파악

· 오염분포도를 관계 기관 및 방제선에 전달, 정보 공유

· 해양 및 해안오염 방제전략 수립, 하달

2. 유출유의 확산방지 및 민감 해역 보호(Prevention of diffusion of spilled oil and protection of sensitive areas)

· 오일펜스는 현장 실정에 맞게 선택하여 설치

· 환경 민감도가 높은 해역부터 우선순위를 정하여 보호

3. 유출유 회수작업(Spilled Oil Recovery)

· 해역의 특성을 고려하고 유회수기 및 유흡착재 사용은 현장 실정에 맞게 선택

· 유흡착재 사용 후, 기름 묻은 흡착재 미회수로 인한 2차 오염 방지

4. 유처리제에 의한 유출유 분산처리(Dispersion of Spilled Oil by Dispersant)

· **유처리제 사용 판단**(Determination of Dispersant Use)

(1) 현장 간이분산 시험법 활용, 유처리제 적용 여부 판단

(2) 방제정보지도 등 활용, 해양환경 민감 해역 파악

(3) 해양환경 민감인자, 피해회복속도, 경제적 이익 고려, 경제적 환경이득 분석

· **유처리제 살포**(Dispersant Spray)

（1）살포방법

  ① 방제 선박 살포: 이젝터형, 살포 붐

  ② 항공 살포: 이동형 살포 붐, 고정형 살포 붐

  ③ 이동식 살포: 동력 분무기, Back pack

（2）살포전략

  ① 오염지역을 나누어 항공기와 선박을 배치

  ② 유처리제 부족 시 두꺼운 유층부터 살포작업 실시

  ③ 유출유의 회수작업과 흡착제거 작업 시는 유처리제 사용금지

  ④ 유처리제 살포 후, 선박 스크루 이용 분산촉진

  ⑤ 엷은 유막은 유처리제 살포를 억제하고 자연 방산 유도

5. 방제조치 홍보 및 보도(Promotion and press)

· 방제대책본부 내에 공보팀을 두어 보도자료를 정기 작성·제공, 방제조치에 대한 인터뷰는 **신뢰성** 있게 **간단명료**하게 사실 그대로 보도될 수 있도록 한다.

※ **반드시 공보기능을 통해 인터뷰, 보도자료 배포**(관서장 승인)

제4절 해안오염 대응

1. 해안방제계획의 수립(Establishment of shoreline Response plan)

1.1 해안방제계획 수립 책임자

해안방제계획 수립 책임자는 지방자치단체의 장 또는 행정기관의 장이다.

> ◈ 해안의 자갈·모래 등에 달라붙은 기름에 대하여는 해당 지방자치단체의 장 또는 행정기관의 장이 방제조치를 하여야 한다. ※ 해양환경관리법 제68조 제 2항 신설 2011.6.15.>

1.2 주요 내용

(1) 해안방제조직의 구성 운영

(2) 환경 민감 자원과 오염위험도 평가

　　① 해안선을 따라 기름유출에 민감한 민감 해역을 미리 지도에 표시

　　② 환경 민감 해역은 기름이 유입되기 전에 미리 차단하거나 보호

　　③ 조류나 바람에 의하여 해양쓰레기가 많이 몰리는 곳 파악

　　④ 기름 해안부착 예측 모형화 등의 방법 검토

(3) 해안방제 우선순위, 방제 방법 선택

(4) 방제 인력 및 장비, 자재확보

(5) 방제통신망 및 보급·예산지원, 해안방제 훈련 일정

(6) 해안방제 실행

　　① 해안오염상황 확인 평가 및 전파

　　② 해안부착상태와 보호 우선순위에 따라 방제세력 배치 작업 시행

　　③ 현장지휘소 설치 및 지휘·감독체계 구축 등

2. 해안방제목표(shoreline Response targets)

2.1 해안방제 목표 설정(Set of shoreline Response targets)

(1) 해안방제목표 유형 및 고려사항

　　　보통 수작업이므로 인력과 장비, 시간이 필요하다. 환경 민감등급이 높은 해역과 해수욕장, 관광지, 철새 도래지 등에 우선 방제작업을 시작하며, 해안방제목표 유형 및 고려사항은 다음 [표 2-8] 과 같다.

〔표 2-8〕해안방제목표 유형 및 고려사항

방제목표 유형	고려 사항
방제 불필요	- 방제작업 시 생태계 피해가 커짐 - 파도가 세어 자연적 제거 용이 - 해안의 가치에 비하여 방제비용 소요가 비경제적
최소한 방제	- 주변 환경 민감해안으로 퍼질 우려
사고 전 수준	- 국가 지정공원, 수산양식 어장, 임해 음식점 등 환경 민감해안
사고 전보다 더 깨끗이	- 과거 기름유출사고 이력, 흔적 등이 남아 있는 곳 - 기름과 해양쓰레기가 혼합 오염상태

2.2 해안방제 대응 단계 설정

해안방제 대응 단계 설정은 다음 [표 2-9] 와 같이 3단계로 구분할 수 있으며, 필요 시, 해안방제전문가의 조언을 받는다.

〔표 2-9〕해안방제 대응 단계 설정

구분	방제대상	해안방제의 내용
1단계	두꺼운 유층	- 해안방제 필요 장비 동원 단계 - 유회수기, 펌프, 진공 트럭, 삽 등 기계적인 장비 필요 - 진공 트럭을 이용하여 직접 빨아들이면 매우 효과적(전문가 자문)
2단계	부착 기름	- 해안부착 기름과 기름 묻은 쓰레기를 수거하는 단계 - 필요한 시 유회수기, 펌프, 진공 트럭 이용(전문가 자문) - 인력에 의한 수거, 청소작업
3단계	종료 등 마무리	- 방제종료에 관하여 이해 관계자들과 논의하여 동의, 승낙 단계 - 유흡착재를 이용 닦아 내기, 기름 수거, 유처리제 사용(전문가 자문)

3. 오염해안방제계획 수립(Establishment of pollution shoreline Response plan)

3.1 현장 방제조직의 구성 및 임무 부여(Composition and task assignment)

(1) 팀의 인원은 10명 이내로 구성하여 팀장을 지정

(2) 팀별로 작업구역과 임무를 지정

(3) 임무 수행 가능한 범위 이내 작업량 지정

3.2 해안방제 팀장의 임무(shoreline Response Team Leader's Mission)

(1) 팀의 작업내용을 기록·유지하며 '해안방제 감독관'에게 제출

(2) 팀원에게 적절한 작업복과 개인 보호장구 지급

(3) 팀원들의 건강과 안전 사항을 감독

3.3 해안방제 감독관의 임무(Duties of shoreline Response Supervisors)

(1) 조명등, 삽, 양동이 등의 작업 도구 지급

(2) 작업원들의 화장실 적당한 휴식과 음식물 제공

(3) 차량은 감독관이 지정한 곳으로만 이동

(4) 작업이 끝난 후에 장비 정돈 및 인원, 차량의 출입통제, 언론 대응 등

3.4 감독관의 작업계획 수립(Planning of shoreline Response Supervisors)

(1) 방제의 대상과 범위설정, 팀원에게 적절한 설명과 공감대 형성

(2) 작업팀의 임무 지정 및 수행절차, 동원 장비 및 방제기자재

(3) 차량, 헬기 이동로 파악 및 수거 오염물질 임시저장소 확보

(4) 해안방제 총 작업 기간

3.5 작업계획 수립 시 고려사항(Considerations for work planning)

(1) 암벽, 자갈, 모래, 습지 등의 해안형태를 고려, 방제방법 선택

(2) 현장의 바람 상태, 조류와 파도의 상태, 온도

(3) 고조와 저조의 조석수 위 및 시간 등 방제 가능 시간대

(4) 동원 장비 및 방제기자재의 선택

4. 해안 부착유 방제(Response of oil attached to the shore)

해안 부착유는 「해양환경관리법」에 따라 지방자치단체 등 해역관리청에서 주관이 되어 실시토록 지역 방제체제를 구축하고 해양경찰서는 방제 총괄 통제와 방제에 필요한 해안방제기술, 장비, 자재 등을 지원한다. 해상과 해안이 동시에 오염된 경우에는 해역관리청과 해양경찰청이 협력하여 공동 방제조치를 수행한다.

5. 해안방제종료(End of work on Shoreline Response)

5.1 해안방제종료 결정(decide)

(1) 합리적 종료판단 기준

해안방제작업을 종료하기 위해서는 정부, 오염행위자, 보험사, 환경단체, 지역주민 대표 등 이해 관계자들과 종료에 대한 동의, **공감대를 형성**하는 것이 무엇보다 중요하다. 또한, 해양환경의 생태학적, 인간의 활용성 및 계절적 다양성 등 과학적, 종합적으로 고려하여야 하고 그 고려요소는 다음과 같다.

① 해안방제를 계속 진행하여도 환경적, 경제적 측면 등에 영향이 없는지

② 환경 민감 해역 등에 피해를 줄 만한 오염물질이 남아 있는지

③ 경제활동을 방해하거나 중단시킬 위험은 있는지

④ 해안의 여가활동에 시각적, 쾌적성을 방해하는지

(2) 해안오염평가기술(SCAT; Shoreline Clean-up Assessment Technique)

① 해양경찰청과 지방자치단체, 오염행위자, 보험사, 환경단체, 지역주민 대표 등 이해 관계자들이 포함한 해안오염평가팀을 구성·운영

② 과학적이고 합리적인 방제방법이나 방제종료 시기 결정 등의 기술적인 문제를 해결

③ 오염사고 초기부터 오염된 해안 전체를 조사하여 해안별 오염상태에 따라 적절한 방제방법을 제시, 방제작업 상태를 주기적으로 평가, 방제작업이 일정 수준에 이르면 방제대책본부에 방제작업 종료를 권고

④ 방제대책본부는 그 권고안을 검토하여 최종적으로 방제종료를 결정

(3) 해안 오염구역 모니터링

① 오염 정도(유종, 폭, 길이, 두께, 색상, 방제 필요 여부 등 상세 파악)

② 경시 변화상태(해안방제 시작 시점부터 현재 종료 판단 시점까지)

③ 청소계획 수립 필요성 판단(이해 관계자와 협의하여 판단)

5.2 기록 관리(Records management)

방제에 동원된 인력, 장비, 기자재. 소모품 명세서, 방제작업일지, 방제대책회의 회의록, 현장 방제 관련 서류, 방제 인력, 유회수기 등 장비사용 등에 관한 계약서 등 증빙자료, 공문서 일체

제5절 외국의 해안오염 대응

1. 미국(United States of America)

지역대응팀(RRT: Regional Response Team)에서 해안방제에 관한 지침서(Shoreline Countermeasures Manual)를 발간하고 있는데 이는 해안선 평가 절차, 해안선 유형과 민감자원들, 해안선지도 제작과 보호 우선순위, 기름의 종류 및 해안선의 종류에 따른 방제방법의 선택 및 각종 해안방제조치 등에 관하여 적시하고 있다.

1.1 해안선 평가(Shoreline assessment)

(1) **해안선 평가의 목적:** 해안에서 방제작업을 하기 전, 유종과 유량, 오염된 지리적 범위, 영향을 미친 해안선의 길이와 특징 및 유출원을 확인하여 해안선에 대한 유류의 영향을 산정하고 평가한다. 평가방법은 오염지역의 항공감시를 통한 평가와 현장답사를 하여 화학분석에 필요한 시료를 확보하고, 진입로나 방제작업 시행 가능성을 확인하여야 한다.

(2) **해안선 평가단 및 역할:** 현장방제책임자(OSC)는 해안선 평가단(SAG: Shoreline Assessment Group), 평가결과 검토단(SPRG: Shoreline Product Review Group) 및 기술평가단(TAG: Technical Assessment Group)의 지원을 받아 해안선을 평가하고, 그 결과에 따라 해안방제조치를 시행한다.

(**해안선 평가단**) 해안선 평가는 오염된 해안의 위치와 범위에 대한 평가뿐만 아니라 수행된 대책의 효율성을 판단하는 데 목적이 있다. 평가단(SAG)에는 연방현장 책임자(FOSC: Federal On-Scene Coordinator), 주(州)의 천연자원손해평가(NRDA:

Natural Resource Damage Assessment) 대표, 오염행위 당사자가 포함되어야 한다.

(**평가결과 검토단**) 평가결과 검토단의 임무는 해안선 평가단으로부터의 정보가 정확하고 일관되게 수집되었는지를 확인하는 것이다. 이들은 해안선 평가단이 놓쳤을 수도 있는 주요한 항목들이 문화적으로 또는 고고학적으로 중요한 지역과 같은 다른 자료원(지도, 데이터베이스)으로부터 평가 과정에 추가되도록 확인한다.

(**기술평가단**) 기술평가단은 유류로 오염된 해안선의 방제방법을 권고하고 우선권선정을 위한 자문을 제공하며, 제안된 방제대책의 효과를 검토한다. 기술평가단은 대안이나 대책과 기술의 수정안을 제안할 수도 있다. 구성원은 NOAA 수석 과학자문(Senior Scientific Advisor), 주 NRDA 대표, 연안경비대, 오염행위자로 구성한다.

(3) **해안선 평가 과정**: 방제조치의 종료는 연방 현장방제책임자가 결정하나, 기술평가단은 언제 해안방제를 종료할지에 대하여 권고할 수 있다. 즉, 기술적 평가단은 특정한 대책을 계속해서 사용하는 것이 어떤 대응 조치를 종료한 결과로써 발생할 피해보다 환경에 더 큰 피해를 가져오리라 생각되면 종료를 권고할 수 있다.

1.2 해안선의 유형과 민감자원들(Shoreline Types and Sensitive Resources)

(1) **내용의 개요**: 해안선의 유형, 파도와 해류에 노출되는 정도, 생물학적 생산성과 민감성 등은 적절한 처리 기술을 선택하는 데 주된 기준이 된다.

(2) **해안선 분류**: 해안선은 파도에 노출된 수직 절벽해안, 파도에 노출된 기반암 해안, 가는 모래 해안 등 13개 해안으로 분류하고, 해안선별로 특징, 예상되는 유류의 영향, 권장되는 방제조치 등으로 구분하여 설명하고 있다.

1.3 해안선 지도 제작과 우선순위 선정(Shoreline Mapping and Prioritization)

(1) **해안선 조사를 위한 지침**: 대부분의 오염사고에서 해안선 정화의 필요성 평가, 적합한 방제방법의 선택, 방제 우선순위의 결정, 시간에 따른 유류의 공간적 분포상황 문서화 등을 위해 해안선 오염의 범위와 정도에 대한 반복적이고 상세하며 체계적인 조사가 필요하다. 해안선 특징과 유류 오염 정도에 대한 정보를 얻기 위해 여

러 가지의 자료 조사 방법이 사용될 수 있다.

(2) **기초 조사:** 기초 조사의 주목적은 다양한 유형의 해안선에 유출된 유류의 범위에 대한 정보를 수집하고 이 정보를 해안선 방제작업을 위한 의사결정 과정에 투입하는 것이다. 그래서 조사팀은 반드시 오염 사건 전체에 걸쳐 일관성 있는 기법과 용어를 사용해야 한다.

(3) **분할 구역의 선택과 명명:** 일반적인 접근방식은 영향을 입은 지역을 구역으로 나누는 것이며, 기름으로 오염된 해안선의 구역들에 대한 상세한 관찰내용이 기록된다. 구역의 크기는 기름 오염의 정도와 해안선의 유형에 따라 다양하게 정해진다. 구역들은 해안선의 지형학적 특질(geomorphology)이나 기름 오염의 정도에 중대한 변화가 있을 때 정해져야 한다.

(4) **해안선 조사 양식:** 각 구역에 대해, 해안선 조사 평가 양식(Shoreline survey evaluation form)이 갖추어져야 한다. 모든 구성원들이 현장 자료를 수집한다고 하더라도 팀의 구성원 중 한 명은 양식을 완성할 책임을 맡아야 한다. 각 기름 형태의 규모에 대해 정확한 평가를 하는 것은 매우 중요하다. 표면의 기름에 대한 해안선 조사 양식에서 위치는 구역의 현장 스케치에서 정의된 지역에 숫자로 표시된다. 표면 아래의 기름은 도랑(trench)을 파고 그 깊이와 정도를 측정하여 기록하는 방식으로 조사한다. 각 도랑은 숫자를 매겨 그 위치를 스케치에 표시하고 기호를 이용하여 유류로 오염된 도랑과 깨끗한 도랑을 구별한다. 그 스케치들은 현장 조사 자료에서 매우 중요한 부분이다.

1.4 해안방제방법(Shore control methods)

지역대응팀의 지침서에는 지역대응팀이 이미 승인한 것으로 사용 시 별도의 승인을 요구하지 않는 방제 해안방제기법과 사용 전에 지역대응팀의 승인이 필요한 해안방제 방법으로 나누고 기술하고 있다.

2. 일본(Japan)

2.1 일본 국가방제 기본계획상 해안방제(Shoreline Response based on national control plan)

(1) 해안방제 대비 정보 및 기자재 정비: 일본은 국가방제 긴급계획에서 해상보안청을 비롯한 관계 행정기관에 유류오염사고 대비에 관한 기본사항을 규정하고 있다. 해안방제 관련 정보 정비를 위해 관계 행정기관에 해역별로 자연적·사회적·경제적 정보, 즉 수질, 저질, 어장, 양식장, 공업용수 취수구, 해수욕장, 간석지, 조류 도래지나 번식지 등에 관한 정보를 수집·정리하고 최신화할 의무와 동 정보를 관련 기관과 공유할 의무를 부여하고 있다.

(2) 해안방제조치: 일본의 국가방제 긴급계획은 관계 행정기관 공공단체와 항만관리자 등에게 선박 소유자 등 관계자가 해안에 표착된 기름을 제거하는 데 정보제공 및 협력할 의무를 부과하고 있다.

2.2 해역별 해상배출유 방제계획(Marine spilled oil Response plan by sea area)

일본 해양오염방지법은 해상보안청장에게 특정해역에 대해 배출유 방제계획을 수립할 의무를 부과하고 있다(법 제43조 2). 해상보안청장이 배출유 방제계획을 수립하여야 할 해역은 동경항을 비롯한 16개 해역이다(같은 법 시행규칙 제37조 6). 동경만 배출유 방제계획에서는 해상보안청이나 관계기관에 해당 해역에 있어서 필요한 수량과 질의 배출유 방제 자재의 정비의무를 부과하고 있다.

제6절 해안의 복원

1. 해안오염의 복원(Restoration of Shoreline Pollution)

1.1 갯바위 닦기(Cleaning of rock)

갯바위나 그 틈, 암반, 암벽 등에 비교적 두꺼운 기름층을 걸레 등으로 닦아 내거나 기타 손 도구를 이용하여 기름을 닦아 내는 수(手)작업을 말한다.

(사례) '03.4.2. 통영 유조선 V호(187t) 벙커 C유 유출 시, 암벽 부착유 걸레 사용 **닦아서 제거**
'03.9.12. 제주 화물선 B호(5,685t) 벙커 A유 유출 시, 서방파제 부착유 흡착재로 **닦아서 제거**

1.2 **파도세척**(Wave washing)

오염된 모래나 자갈층을 해안 하부로 이동하여 둑을 쌓아 부서지는 파도의 힘을 이용하는 방법이다. 파도의 힘으로 해안 상부로 이동하는 과정에서 모래 또는 자갈 사이의 기름을 부상시키고 입자끼리의 마찰로 부착된 기름을 제거한다.

1.3 **고온 고압세척**(High temperature high pressure washing)

방제 효과가 크지만 생태계 회복을 지연시키는 악영향을 초래할 수도 있으며 생태계 보전 측면보다 미관이 중요시되는 관광지나 방파제, 방조제 및 항만 안벽 등 인공구조물의 방제에 적용할 수 있다.

(사례) '03.9.14. 여수, 유조부선 K호(144톤) 벙커 C유 유출 시, 항촌해안 등 **자갈 세척**

1.4 **저압세척**(Low pressure cleaning)

대용량의 저압수를 이용하여 모래 및 자갈층에 침투한 기름이나 바위 밑에 갇힌 기름을 부상시켜 유흡착재 등을 이용하여 제거하는 방법이다.

1.5 **모래 갈기**(Sand tilling)

기름이 30㎝ 이내의 깊이로 침적된 모래 해안을 트랙터를 이용하여 갈아 이랑에서 부서지는 파도의 힘으로 침적유를 부상시키는 방법이다.

1.6 **수거**(collected)

해안오염 방제대응 제1단계의 방제기술에서 사용하는 방법이다.

1.7 통 세척(Tank Washing)

철제 폐드럼통 등 이동식 용기를 만들어 그 안에서 휘발유, 경유 또는 저온 또는 고온의 물을 이용하여 오염 돌, 자갈 등을 씻는 방법이다.

(사례) '98.1.15. 울산, 화물선 N호(4,400톤) 벙커 C유 유출 시, 간절갑해안에서 **통 세척**

2. 생물정화기술을 이용한 해안복원(Shoreline Restoration Using Biological Purification Technology)

2.1 생물정화기술의 정의(Definition of Biological Purification Technology)

생물의 활성을 이용하여 환경에 노출된 오염물질을 저독성 또는 해가 없는 물질로 전환하거나 이산화탄소나 물과 같은 무기질 형태로 변화시키는 기술

2.2 생물정화기술의 작용이론(Theory of Action of Bio Purification Technology)

미생물은 자연계의 유기물을 분해하여 균체(Microbial cells)를 형성하거나 탄산가스와 같은 무기물로 전환시킨다. 그 과정에서 생성되는 산물은 응집고분자화 과정을 거쳐 석탄, 석유와 같은 생체 유기물의 형태로 고정되기도 하며 이러한 산물은 생물에 의해 재이용되는 순환을 지속적 반복을 통해 생태계 균형을 항상 유지한다.

2.3 생물정화기술의 분류(Classification of biological purification technology)

(1) **자연정화법**(Natural Purification Method): 자연의 미생물 자정 능력을 이용해 생태계에 오염물질을 정화하는 방법이다.

(2) **생물자극법**(Biological stimulation method): 자연계에서 서식하는 미생물에 의해 오염 기름이 분해되는 과정에서 제한 요인으로 작용하는 질소, 인과 같은 무기 영양물질, 산소, 수분, 유화제 등을 첨가하거나 공급함으로써 빈 영양 상태에 있던 환경을 영양 상태로 조절하고 자연계에 존재하는 박테리아, 균류 또는 효모와 같은 토착성미생물의 대사활동을 촉진하는 방법으로 생물자극법 또는 생물활성법이라 한다. 이

방법은 기름 분해 미생물에 적합한 영양물질을 첨가하여야 하므로 환경에 대한 정확한 평가를 통해 제한 요소를 파악하는 것이 우선이며, 과잉적용에 의한 부작용인 부영양화를 주의하여야 한다.

(3) 생물접종법(Biological inoculation method): 생물활성법만으로 해결되지 않는 경우(기름 분해 미생물의 적절한 수가 존재하지 않아 제한 요인으로 작용)에 사용하는 방법으로써 오염된 기름에 적합한 기름 분해 미생물을 직접 투입·접종하는 방법이다.

3. 생태 복원 방향(Ecological Restoration direction)

3.1 갯녹음 해역관리(Subsea Desertification Management)

갯녹음은 해양오염 등 화학적 요인, 수온 상승 등 물리적 요인과 생물학적 요인 등 복합적인 현상에 의해 진행된다. 갯녹음 현상은 연안 생태계를 파괴하고 어장을 황폐화해 수산자원을 고갈시킴에 따라 바다의 해조류가 사라짐으로 인해 종의 다양성 감소, 바다의 이산화탄소 흡수 능력의 약화 등으로 인한 생태 및 환경학적인 문제점들을 일으키고 있다. 이에 대한 해결책으로 갯녹음이 발생한 연안 해역에 인위적으로 해조류 이식 및 포자 방출을 유도하여 바다숲을 조성하거나 해조류가 부착할 수 있도록 갯녹음이 진행된 바위에 붙어 있는 무절 석회질 조류를 닦아 내는 작업이 진행되고 있다. 하지만 무엇보다 중요한 것은 무분별한 난개발을 자제하고, 육상 오염물질들이 바다로 흘러 들어가는 것을 줄이기 위한 노력이 선행되어야 할 것이다.

3.2 인공 바다숲 조성(Artificial sea forest composition)

어류자원 증대, 생물학적 자원량 증가를 위해 기름 오염방지, 올바른 방제 방법 선택, 인공 바다숲 조성 등 생태 복원을 위한 다양한 조성기법을 활용해야 한다.

제7절 방제종료

1. 해상 및 해안 종합 방제종료 결정(Decision to end comprehensive sea and coastal control)

더 방제작업을 시행해도 효과가 없다고 판단되는 경우 방제지휘부에서 방제작업을 종료할 수 있으며 방제기술지원단의 조언을 받거나 피해자 등 이해 관계자와 방제종료에 대한 공감대 형성으로 지역방제대책협의회에서 방제작업 종료 시기를 결정한다.

2. 종합보고서 작성(Writing a comprehensive report)

해양오염사고와 관련 제반 사항 기록: 사고개요, 조치(구난, 구조, 방제 등), 동원세력 및 소요비용, 회의 개최 및 전문가 자문, 선체 및 피해조사, 유출량 산정, 사건 수사결과, 시차별 조치사항, 잘된 점, 잘못된 점, 개선방안, 건의사항, 교훈 등

3. 사후평가 및 문제점 개선(Post evaluation and improvement of the problem)

3.1 평가 방법(Evaluation method)

(1) 1차: 당해 해양경찰서에서 종합보고 시 첨부 보고
(2) 2차: 해양경찰청에서 종합평가 후 문제점 개선방안 마련

3.2 평가 내용(Evaluation contents)

(1) 해양오염 대비·대응 태세 확립의 적정성
(2) 초동조치의 신속·정확성
(3) 방제전략 결정 및 방제계획의 적정성
(4) 방제기술 적용의 적정성
(5) 기타 방제조치의 합리성 여부 등

제8절 해양오염 대비 대응론

1. 오염사고 대응 현황(Response to Pollution Accidents)

1.1 오염사고 대응태세와 사고예방(Responsiveness and accident prevention)

해양오염사고 신속대응을 위해 119 신고전화(국가 재난신고 전화 통합)를 운용하고 있다. 또한 전국 관계기관과 단·업체 등에서 보유하고 있는 방제장비보유현황을 전산화하여 유사시 신속동원체제를 확립하고 있다.

1.2 국가방제능력 확보(Securing national Response capability)

다양한 형태의 사고에 효율적 대응하기 위해서는 지속적인 교육과 실제상황을 가상한 훈련이 필요하다. 따라서 해양오염방지법과 국가방제기본계획에서는 방제 관련 기관이나 조직의 방제 교육·훈련을 의무화하고 있다. 앞으로 기름 또는 HNS 등으로 인한 대형 오염사고에 대응을 위한 장비확보와 방제교육·훈련이 필요하다고 하겠다.

1.3 국제협력체제 구축(International cooperation system)

해양오염사고는 이동성 및 확산성 등의 특성 때문에 발생된 한 국가에만 한정되지 않고 인접 국가에도 영향을 미친다. 대형 유출사고 발생에 대한 예측이 불가능한 상태에서 모든 국가가 대형 오염사고 대비태세를 갖추기엔 부담이 많아 대형 오염사고 대비·대응을 위한 국제적인 협력과 노력이 요구되므로 인접 국가에도 영향을 미치는 광역 확산성 해양오염사고 대응을 위한 민간방제기구차원의 국제협력도 중요하다.

※ 韓, 中, 日, 러시아 '北西太平洋地域 海洋汚染事故 防除협력체제(NOWPAP)' 참여 등

1.4 체계적인 방제실행(Systematic Response)

대형 해양오염사고 발생 시 해양경찰청장은 지역방제실행계획 절차에 따라 지역 방제대책협의회 및 방제기술지원단의 의견을 수렴하여, 인명의 안전, 사고의 악화방지, 국민의 재산보호 및 환경보호를 우선 고려하고, 신속한 현장상황의 파악 및 평가를 통하여 기름확산방지 등 합리적인 방제방법을 선택해야 한다.

2. 오염사고 대응의 문제점(Problems of responding to pollution accidents)

2.1 방제지휘체제 구축 미흡(Insufficient construction of Response command system)

1995년 7월 씨프린스호 사고 이후, 분산되어 있던 방제지휘·통제권을 해양경찰청으로 일원화하고, 범국가적 차원에서 해양오염사고에 대응하기 위한 국가방제기본계획 수립과, 해역 특성에 다른 해역별 방제실행계획수립 시행 등 선진국 수준의 방제체제를 구축하였으나 2007년 12월 허베이스피리트 사고 시, 사고수습과 방제지휘체제에 대한 문제점이 재(再) 도출되었다.

2.2 유처리제 중심의 원시적인 방제조치(Primitive Response measures)

씨프린스호 사고 당시 유처리제 중심의 원시적인 방법의 방제조치였다고 지적받은 바 있으나 허베이스피리트호 사고 방제 등에서 여전히 현장에서 NO, W.C. 이론이 정착되지 않고 있었다. 일부 방제선에서 유출 초기 유회수작업 전(前)에 유출유에 소화포를 살포하여 유회수 방제가 더디게 진행되었다.

2.3 재난적 오염사고 대응태세 미비(Poor Response to disaster pollution)

방제기본계획 등 선진국 수준의 체제는 구축하고 있으나 관련 부처들의 인식 부족 및 현장 적용훈련 미흡으로 계획에 따른 대응체제는 아직 확립되지 못하고 있다.

2.4 민간 방제기구의 역할 미흡(Insufficient role of private Response organization)

정부 차원의 지원체제 외에, 민간 방제기구의 역할 미흡과 민간 차원의 국제방제전문기관 간 지원·협력체제 구축이 절실하므로 정부와 해양환경공단·민간 방제업의 효율적인 합동 방제대응으로 해양오염으로 인한 피해를 최소화시키는 것이 중요하다고 할 것이다.

3. 개선방안(결론) 〔Improvement plan (conclusion)〕

- 방제의 전문화 과학화 -

(1) HNS 등 신 규제물질 방제능력 강화

(2) 유출 초기 'NO, W.C.(Water, Chemical) 이론' 정착 등 과학적인 방제조치

(3) 재난적 오염사고 대응 태세 확립

(4) 정부, 민간 방제기구의 방제역량 강화

(5) 방제작업의 전문화 과학화

※ 방제정보지도 작성 활용, 방제기술지원단 전문가그룹의 유출유 확산예측 및 해역특성에 적합한 방제방법 선택 등 전문화 된 방제

제3장 방제장비

제1절 방제선

1. 종류(Type)

구분	선박 톤수	내용
종합 방제선	300~1,000톤급	기름유출 사고 대응, 오일펜스 거치대, 스위핑 유회수 시스템 등을 갖춘 방제선
화학 방제선	500~2,000톤급	HNS 유출 사고 대응, 내화용 펜스, 화학보호복 등 HNS 대응 장비를 갖춘 방제선
오일펜스 전장선	100~300톤급	오일펜스 거치대 등을 갖춘 방제선
방제 부선	50~300톤급	방제 및 유출유 수거용 부선(Barge)
유 회수선	50~150톤급	주로 쌍동선, 선체중앙에 유회수장비를 갖춘 방제선
소형 방제선	5~30톤급	소형 유회수기, 방제 기자재를 갖춘 방제선
청소선	1~20톤급	해양쓰레기 등 폐기물 수거 장비를 갖춘 수거선

2. 운용(Operation)

· 해양오염 응급조치 및 방제작업
· 해양오염 예방 및 해상정화 활동
· 방제능력 향상을 위한 방제훈련 등 각종 교육 훈련

3. 임무(mission)

· 해양오염 발생 시 초동조치 및 방제작업 시행에 관한 사항
· 해양오염 예방 및 해상정화 활동, 직원의 교육 훈련시행에 관한 사항

제2절 오일펜스

1. 개요

해상 오염물질의 확산방지 및 포집, 해양환경 민감 해역 보호하거나 오염 피해를 예방하기 위해 설치하며, 이는 방제의 성공 여부를 결정한다. 종류로는 커튼형, 펜스형, 특수목적형 등의 **오일 붐**(Oil Boom; 이하 통칭하여 '오일펜스'라 한다)이 있다.

2. 구성

구성	역할
부력부 (Buoyant body)	- 수면으로부터 상단까지 높이, 크기에 따라 바람 영향을 크게 받는다. - 기름이 오일펜스를 흘러 넘는 것을 방지 또는 감소시킨다. - 외해에서는 높은 파도에 충분히 견딜 수 있어야 한다.
부력체(Flood)	- 수면에서 오일펜스를 보유시킬 수 있는 공기·부양재로 채워져 있다. - 파도의 요동에 견딜 수 있는 충분한 부력이 필요하다.
치마(Skirt)	- 펜스 밑으로 기름이 새어나가지 못하게 하기 위한 수면 하의 부분. - 치마가 길면 기름유출을 방지하는 데 유리하다.
장력 부재 (Tension)	- 오일펜스에 발생하는 수평 방향의 장력을 이겨 내기 위한 부재이다. - 섬유 벨트, 밧줄, 체인 사용, 펜스의 균형 유지와 기름을 차단한다.
밸러스트(Ballast)	- 치마의 하부를 수직으로 유지해 준다. - 밑자락 벨트의 추가 장력 부재의 역할을 한다.
닻 고리 (Anchor Point)	- 닻 밧줄과 계류 밧줄을 장치하는 고리이다. - 치마와 장력 부재에 부착, 강도 유지, 고리 주변을 보강한다.
접속부(Connector)	- 펜스의 각 끝부분을 서로 연결하는 부분이다. - 견인에 충분한 강도를 유지하고, 기름이 새지 말아야 한다.

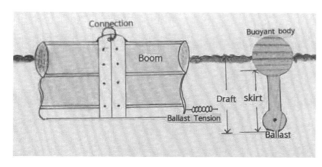

오일펜스의 단면도

오염 현장에 설치된 모습

3. 종류 및 분류

3.1 종류 및 기본 구조

종류	구조
커텐형(고형식, 강제·자동팽창식)	스커트가 유연한 재질로 구성
펜스형(울타리형)	스커트가 고정 또는 판넬로 구성
특수목적형(해안용, 내화형, 넷트형)	튜브 3개 겹침, 내화 부력제, 그물 눈 등

3.2 방제자재·약제의 성능시험기준에 따른 분류 ※ 근거: 해양경찰청 고시 제2008-4호

유형	본체부		접속부(㎝)	용도
	수면상 높이 ㎝)	물밑 깊이(㎝)		
A형	20 이상~30 미만	30 이상~40 미만	60 이상~80 미만	항만, 내해용
B형	30 이상~60 미만	40 이상~90 미만	80 이상~150 미만	연안용
C형	60 이상	90 이상	150 이상	대양용

4. 전장 방법

4.1 포위 전장(Encircling Deployment)

유출 초기 또는 단위 시간당 유출량이 상당히 많고, 바람 또는 조류의 영향이 적을 때 사용한다. 필요에 따라 이중, 삼중으로 전장하며, 작업선, 유회수선 등의 출입을 위하여 출입구를 설치한다. 만약 유출량이 적거나 육상으로부터 기름이 유출된 경우에는 사고 선박 또는 해안을 포위한다.

> **(사례)** '98.1.15. 울산, **화물선 N호(4,400톤)** 벙커 C 등 301t 유출사고 시, **다아아몬드형 포위전장**

4.2 포집 전장(Waylaying Deployment)

유출량이 많고 오일펜스가 부족한 경우에 사용된다. 바람과 조류가 일정하고 기름의 흐름이 일정한 장소에서 효과적이며, 조류가 강하고 좁은 수로에서 흐름이 바뀌는 장소에서는 흐름이 바뀔 경우를 대비하여 상황에 따라 반대 측에도 전장한다.

(사례) '88.2.24. 포항 영일만, **유조선 K호 침몰사고**, 벙커 C유 1,900여㎘ 유출사고

4.3 폐쇄 전장(Stagger Deployment)

하수 유입구, 국가산업시설 취수구, 항 내의 좁은 수로, 운하 등의 수로에서 유출 사고가 발생한 경우 수로를 폐쇄하여 기름의 확산을 방지하는 방법이다. 간만의 차가 심할 때는 오일펜스와 육상의 접속 개소에 틈이 생겨 빠져나가지 않도록 주의하고 필요에 따라 이중, 삼중으로 전장한다.

(사례) '03.9.12. 부산 북항, **유조선 D호(147톤) 침몰사고**, MDO 약 6.0㎘ 유출사고

4.4 유도 전장(Deflection Deployment)

유출량이 많고, 조류의 영향이 커서 유출유를 현장에서 포집하기가 어려울 때 오염군을 유도하여 전장한다. 오일펜스를 조류의 방향과 직각으로 전장을 하면 흐름의 영향을 받아 기름이 오일펜스를 빠져나가 회수작업이 곤란할 수가 있는데 유속이 빠른 수역에서 느린 수역으로 유도하며 양식장 등을 보호하고 오염군을 분리해 기름이 빠져나가는 것을 방지한다. 방제상황에 따라서는 이중, 삼중으로 전장한다.

(사례) '86.1.부산, **유조선 G호 침몰사고**, 벙커 C유 약 1,230kl 유출, **유도 전장** 유출유 소각

4.5 예인 전장(Towing Deployment)

수심이 깊거나 바람, 조류가 강하여 anchor를 사용할 수 없을 때 해면에 넓게 퍼져 있는 부유 오염군을 이동시키면서 포집하고자 할 때 J자형, U자형 또는 V자형 등으로 예인하여 설치하며 장력에 의한 펜스의 파손에 유의한다.

4.6 흐름 전장(Free-drift Deployment)

오일펜스를 anchor로 고정하지 않고 기름을 포위한 상태로 조류의 영향으로 흐르게 한다. 또한 오일펜스를 anchor로 고정하면 조류의 영향으로 기능상실 또는 수심

이 깊어 anchor로 고정할 수 없을 때 사용하며, 이동하면서 회수하거나, 회수하기 쉬운 장소로 흘러가게 유도하는 방법이다.

4.7 저인 전장(Dredging Deployment)

흐름 전장과 같은 형태로 펜스의 anchor 대신에 해저에 chain이나 추(pendulum) 등 저항물건을 설치하여 그것이 끌리면서 흐르게 하여, 펜스의 상대 속력을 감소시키는 방법이다. 이때 chain, pendulum가 암초 등 장애물에 걸리지 않도록 유의한다.

4.8 다중 전장(Multiple setting Deployment)

파도 등의 영향으로 단일전장만으로 기름이 빠져나갈 우려가 있을 때 이중, 삼중 등으로 전장 하며 오일펜스 간 간격을 유지하여 전장한다.

(사례) '95. 여수, **씨프린스호 사고**/'07. 태안, **허베이스피리트호 사고**/'19.12. 부산 북항, **부선 침수사고**

기타 해양 사고와 해양오염예방 유형별 전장 사례는 다음과 같다.

선체 파공선박 포위 전장('14.2.)

침수선박 다중 전장('19.12.)

하수 해상 유출구 폐쇄 전장('20.3.)

부산항 해양쓰레기 차단('20.5.)

<그림 2-1> 오일펜스 설치 방법

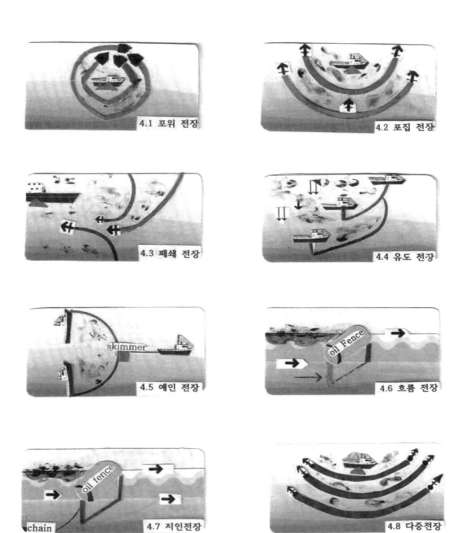

5. 유출유의 포집 회수기술(Techniques for waylaying spilled oil and Skimming)

'VOSS' 등을 이용한 유출유의 특수 예인전장, 포집전장 기술은 다음과 같다.

〔표 2-10〕 특수 예인전장, 포집전장 기술

「V O S S」형	방제선 1척이 예인선의 지원 없이 현 측에서 스위핑 암과 스위핑 붐을 전개하고 1~3노트로 전진 항해를 하거나 조류를 이용하여 유출유를 포집하면서 회수한다. 전개 폭을 너무 넓게 하면 스위핑 붐의 장력에 스위핑 암이 손상될 수 있어 조류의 강도와 항해속도에 따라 전개 폭을 조정한다. ※ Vessel of Oportunity Skimming System	
「J」형	방제 바지(Barge)의 펜스를 J자형으로 예인하여 유출유를 포집하며 Barge의 유회수기를 현 측에 내려 회수하는 방법. Barge에서 유회수기 예인 색을 조절하여 유회수기가 회수 포인트에 위치하도록 하고 펜스 설치팀장은 Barge에 탑승하여 예인선 등을 지휘 통제한다.	
「U」형	2척의 예인선이 펜스를 U자형으로 예인,유출유를 포집하여 회수하는 방법으로 유회수기 탑재 선박(Barge)이 필요하다. 펜스 설치팀장은 Barge에 탑승, 지휘 통제하며 Barge에서 유회수기의 회수 포인트를 조절한다.	
「V」형	유회수기가 장착된 쌍동선(Catamaran)과 2척의 예인선이 펜스를 V형(중앙 부분을 개방함)으로 예인하여 유출유를 포집하며 회수하는 방법이다. 브러쉬 스키머를 V형으로 운용하면 효율적이다. 펜스 설치팀장은 쌍동선(catamaran)에 탑승, 지휘.	

제3절 유(油) 회수기

1. 구성

구성	내용
회수부(Recovery section)	유회수 방식에 따라 다양한 형태로 제작되고 있다.
동력부(Power unit)	디젤엔진과 유압발생 장치로 이루어져 있으며 유회수부 및 펌프가 가동되도록 동력을 발생시킨다.
이송부(Transfer section) - 펌프(Pump), 호스, 커플링	회수유를 저장시설에 옮기는 장치이며 유회수부에 내·외장 형태로 되어 있다.

※ 유(油)의 물리적·화학적 특성을 변화시키지 않고 회수할 수 있도록 고안된 기계장치이다.

2. 종류 및 특성

2.1 흡착식 스키머(Oleophilic type Skimmer)

디스크식·벨트식·로프식·브러쉬식 등이 있고 디스크, 벨트, 로프 등 흡착성이 좋은 것의 표면에 묻어 올라온 기름을 스크레퍼나 와이퍼(wiper)에 의해 분리되어 저장 탱크에 모이게 한다. 점도가 매우 높거나 수면상에 응집된 에멀션 상태의 기름에서는 방제 효과가 없다는 단점이 있다.

> **(사례)** '03.9.17. 부산 북외항 화물선 A호(16,143톤, 모래 및 B-C유 442㎘ 적재) 좌초사고 시, **디스크식**

2.2 위어식 스키머(Weir type Skimmer)

저점도유에서부터 고점도유까지 적용이 가능한 트롤·접시형 위어·스크루 스키머(펌프형식: 스크루, 용량: 45㎥/hr) 등 다양한 형태로 개발되어 있고 비중차에 의해 기름이 해면에 뜨는 성질을 이용하여 기름만 회수기 안으로 흘러들게 한다.

> **(사례)** '03.12.23. 여수 월내동 부두 유조선 J호(4,061톤) 충돌사고 시, **위어식 및 방제선 스크린 belt**

(Trawl Skimmer) 회수능력: 50~100㎥/hr, 전진하면서 붐으로 유출유를 포집하여 흡입구 속으로 흡입, 유입 분리 회수하는 방식(Weir식). 그 **장점**은 파도와 조류에 강함, 회수폭이 넓고 회수량이 많음. **단점**은 회수율이 낮고 구조가 복잡, 부대장비가 많으며 부유쓰레기와 파손저항에 약하다.

- '95.7.23. 여천 소리도, **씨프린스호(원유, B-C유 5,031톤 유출)** 오염사고 사용
- '95.11.17. 여수 호유부두, **호남사파이어호(원유 1,402톤 유출)** 오염사고 사용

2.3 원심력식 스키머(Centrifugal force type Skimmers)

기름을 물과 함께 흡입하여 원심력을 이용하여 기름을 분리하며 싸이클론식·Vortex식·물 분사식 등이 있다. 물이 많이 회수되는 단점이 있으나 경시변화를 받은 '고점도 기름' 회수에 적합하며 짧은 시간에 많은 양을 회수할 수 있다.

2.4 진공식 스키머(Vacuum type Skimmers)

기름이 오일펜스에 포집되어 있거나 파도가 거의 없는 잔잔한 해면에서 효과적이며, 기름이 자연적으로 모일 수 있는 항구·만 등에서는 흡입방식의 진공펌프 차량이 적절히 사용되기도 한다. 파고가 높은 지역에서 사용하기 곤란하며 물과 기름의 접촉면에 일치하여야 하므로 흡입 호스 끝단을 넓혀 놓은 것이 많다.

2.5 패들벨트식, 트롤네트식 등(Paddle belt type, Trawl net type, etc.)

벨트를 경사지게 회전시켜서 기름을 회수하는 방식이나 그물을 양말 모양의 형태로 2개의 붐에 의해서 예인되는 트롤네트식 등 다양한 형태가 개발되고 있다.

(사례) '03.9.12. 부산 북항, 유조선 D호(147톤) 침몰, **MDO** 유출 사고와 '03.05.13. 부산 영도 봉래동, 유조선 H호(196톤) 타 선박과 충돌 선체파공, **벙커 C유** 유출 시, 당시 방제조합 청방선(belt Skimmer)

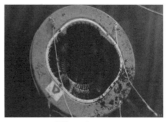

Disc type

Weir type

Centrifugal force type

3. 유회수기의 유형별 장단점

형식	장점	단점	type
흡착식 (Oleophilic)	. 함유율이 상대적으로 많음 . 구조가 간단하고 가벼움 . 크기, 종류가 다양	. 파고, 조류에 취약 . 중질유 등 흡잡물에 취약 . 회수량이 적음	디스크 브러쉬 케밥
위어식 (Weir)	. 단위 시간당 회수량이 많음 . 고점도유 회수에 적합 . 다양한 기름에 적용	. 함수량이 상대적으로 많음 . 구조가 복잡하고 무거움 . 수심이 얕은 곳에 작업 곤란	트롤 미니맥스 스크루
진공식 (Vacuum)	. 해안부착 기름 회수에 적합 . 설치 용이 . 얕은 물에서 작업 용이	. 구조가 복잡, 운용 불편 . 기름 회수효율이 제한적임 . 파도, 조류에 취약	스필박 스킴팩
원심력식 (Hydro cyclone Vortex)	. 다양한 기름에 적용 . 기계적 원리가 간단 . 적은 인력으로 운용	. 파도, 조류에 취약 . 가격이 저렴 . 쓰레기 처리가 곤란	사이클론 볼 텍스

4. 유회수기의 선정(Selection of skimmer)

사용 목적과 예상되는 작업조건을 확인한 후 크기, 강도와 조작, 취급, 관리의 용이성, 유출유의 경시변화, 점도와 부착성 등을 검토한다.

5. 유회수기를 이용한 유출유 회수기술(Technology for recovery of spilled oil using skimmer)

해상조건	회수방법	유의사항
조류 1Knot 이하 잔잔한 수면	◦ 디스크, 스크루, 브러시, 접시형 위어스키머 등 정지형 유회수기를 포위 전장한 오일펜스 내에 투입 회수작업 ◦ 브러시, 사이크로넷, 부유 벨트, 트롤스키머 등 전진형 유회수기는 오일펜스 외측 투입	◦ 유흡착재 및 유처리제 사용제한 ◦회수유 저장 용기 동원 ◦VOSS 또는 오일펜스와 연계한 U, V, J 시스템
해안, 부두, 해안에서 가까운 수심이 얕은 곳	◦ 디스크, 스크루, 브러시, 접시형 위어스키머 등을 육상에 설치, 포위전장 오일펜스 내 기름 회수작업 ◦ 해안, 암벽 세척작업 병행	◦유흡착재 및 유처리제 사용금지 ◦회수유 저장용기 동원
조류 1Knot 이상 해역	◦ 방제선 거치 전진형 유회수기 및 트롤, 트랜스랙 스키머 사용 회수작업 실시	◦VOSS, U, V, J형 시스템 운용 속력조절
협잡물이 포함된 고점도 기름	◦ 스크루스키머 및 진공 스키머등 사용 유회수 작업 실시	◦저유 바지등 용량이 큰 저장용기 동원

〔**이상 참고자료**〕 해양경찰청

제4절 유(油) 처리제(Oil Dispersant)

1. 특성

유처리제는 통칭 '유화제'라고도 하며 자정작용을 촉진하는 작용을 한다. 해상에 유출된 기름을 화학 및 생화학적 방법에 따라 처리하는 약제로 기름을 미립자화하여 유화 분산시켜 바닷물과 섞이기 쉬운 상태로 만든다. 그 종류에 따라 구성성분 및 조성비율의 차이가 있으나, 주로 용제, 계면활성제, 기타 첨가제 등으로 구성되어 있다.

1.1 계면활성제의 작용(Action of surfactant)

생물 독성이 낮은 에스테르(Ester) 형태의 비이온 계면활성제가 사용되고 있으며 다음과 같은 작용을 한다.

(1) 유화 및 분산 작용으로 물과 기름의 혼합용해를 쉽게 한다.

(2) 기름에 침투하여 기름의 표면장력이나 계면장력을 약화해 본래 물에 불용성인 기름에 스며들어 기름을 세분화한다. 세분된 기름방울은 활성제의 분자가 둘러싸서 미립자화한 안정된 유탁상태로 확산시켜 미생물 등에 의한 자정작용을 촉진한다. 따라서 생물독성시험 등 검정을 거친 형식승인품은 기름을 미립자로 유화·분산시켜 자연증발·산화 및 미생물 분해를 촉진시킴으로써 기름성분을 소멸시킨다.

유처리제 살포에 의한 기름 분산과정은 다음 <그림 2-2>와 같다.

<그림 2-2> 유처리제 살포에 의한 기름 분산과정(Dispersing process)

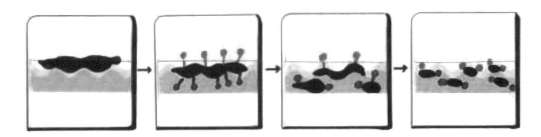

1.2 용제의 작용(Action of the solvent)

탄화수소 용제형 제품의 용제는 주로 광유지만, 수용제형과 농축형 제품의 용제는 물 또는 알코올로 되어 있으며, 계면활성제의 유동성을 높이고 기름에의 침투를 쉽게 한다. 최근 생산 유처리제는 독성 방향족 탄화수소를 거의 포함하지 않고 있다.

2. 효과

2.1 기름의 점성이 큰 경우(Very viscous case of oil)

점성이 약 2,000cSt를 초과하면 효과가 미미하고, 5,000~10,000cSt 이상이면 효과가 없다. 경질 연료유는 어떤 형태의 유처리제를 사용해도 무방하나 점성 2,000cSt 이상의 중질원유, 벙커 C유 및 풍화된 유류 등은 농축형을 사용해도 효과가 감소하며, 타르 등은 유처리제로 분산되지 않으므로 사용할 때 유의해야 한다. 생물독성시험 등 검정을 거친 형식승인품은 기름을 미립자로 유화·분산시켜 자연증발·산화 및 미생물 분해를 촉진시킴으로써 기름성분을 분산, 소멸시킨다.

2.2 표류하는 기름(Drifting oil)

표류하는 기름은 증발, 에멀션(Emulsion) 형성 등 풍화 과정을 겪을수록 분산처리가 어려우므로 유출된 후 경시변화 전에 유처리제를 사용하는 것이 바람직하다.

3. 종류 및 선정(Type and Selection)

· **수용제형**(Water-Based): 물에 희석하여 사용할 수 있으나 희석하면 분산효과가 떨어져 해안 보호 목적으로 미리 살포할 때 이외는 희석하지 않고 사용한다.

· **농축형**(Concentrated): 물에 희석하여 사용하며 파도의 영향 등 물의 에너지가 적어도 분산이 잘된다. 분산효과가 가장 우수하고 희석사용이 가능하므로 보관상 부피가 작다는 장점이 있으나, 제품 단가가 고가이다.

· **탄화수소 용제형**(Hydrocarbon): 희석하지 않고 사용하는 것은 항공기로 살포하여야 하나 농축형처럼 희석하여 사용하는 것은 선박으로 살포할 수 있다. 바닷물 염도와 수온에 따라 분산효과가 큰 영향을 받는데 점도가 높고 오염이 심한 곳에서 분산

효과가 우수하고 유동성이 높으나, 바닷물과 접촉하면 효과가 크게 떨어진다.

〔표 2-11〕 유종에 따른 유처리제의 선정(Selection of dispersant according to oil type)

유종	유처리제의 선정		
	수용제형	농축형	탄화수소 용제형
경유 등 경질 연료유 경질원유	◎ (사용 가능)	△ (사용 전, 검토)	◎ (사용 가능)
벙커유 등 중질 연료유 원유, 에멀견	△ (사용 전, 검토)	◎ (사용 가능)	△ (사용 전, 검토)
혼합된 원유 풍화된 유류	x (사용 불가)	△ (사용 전, 검토)	△ (사용 전, 검토)
중질원유 유출 초기 연료유 타르 상태의 유류	x (사용 불가)	x (사용 불가)	x (사용 불가)

4. 살포 방법(Spray Method)

4.1 NO, W.C.(Water, Chemical) 이론

<NO, W.C.(Water, Chemical) 이론>

◈ 해양오염사고 현장에서 'Early oil spill NO, W.C.(Water, Chemical) 이론'을 준수한다. 즉, 기름유출 초기에 물이나 유처리제를 해상유출유 위에 살포하면 기름이 분산되어 유회수 효율이 현저히 떨어지거나 회수가 불가하므로 유처리제를 유회수기로 유회수 작업을 하기 전에 조기 살포하면 안 된다. 우선, 유회수기로 기름을 회수한 후 확산한 일부 잔존 유(Residual oil)에 대해 유처리제를 사용, 분산작업을 해야 효과적이다.

※ 'Early oil spill NO, W.C.(Water, Chemical) 이론'은 저자(著者)가 주장하는 새로운 이론임을 밝혀 둔다.

4.2 선박 살포(Shipping spray)

(1) 살포 노즐의 폭이 좁으므로 주로 해안방제에 이용

(2) 유막 위에 정확히 살포하고 추진기(Ship propeller)를 이용 교반한다.

(3) 분사 노즐은 분사 각과 분사량이 일정하고 분사력이 강한 것을 사용

(4) 유처리제는 분산효과를 높이기 위해 희석하지 않고 사용하는 것이 좋다.

(5) 선박에 유처리제를 교반용 기계장치를 장착하면 분산효과를 향상할 수 있다.

4.3 항공 살포(Aviation spray)

(1) 펌프, 살포 노즐, 유처리제 탱크 등의 설비가 적정하게 갖추어져야 한다.

(2) 외해에 퍼진 유출유는 항공기를 이용하면 선박보다 신속히 살포할 수 있다.

(3) 농약을 살포하거나 산불 진화용 소형항공기 또는 헬기에 유처리제 살포 장치를 장착하여 해양오염방제 겸용으로 사용할 수 있다.

헬기 출동 대기

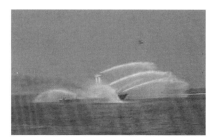
헬기와 선박 이용 살포

〔표 2-12〕 항공 살포 시 살포상황에 따른 적당한 유처리제 점도(Suitable dispersant viscosity according to the spraying situation during air spraying)

점도(살포 당시)	살포상황
60cSt 이상	◦ 항공 살포로 가장 적합하다.
30~50cSt	◦ 항공속력 160km/h 이하, 고도 10m 이하에서 적합하다.
30cSt 이하	◦ 분사액이 쉽게 흩어져 날리기 때문에 항공살포용으로 부적합하다.

(사례) '03.7.27. 파키스탄 카라치항 유조선 Tasman Spirit(45,603톤) 좌초 선체 1/2절단 사고: 원유 29,000t(67,532톤 적재) 유출, 8월 말까지 **선박(6톤) 및 항공(31톤) 유처리제 살포**

5. 사용 방법

5.1 해초지, 조간대, 모래 해안 등(Seaweed, Intertidal zone, Sand shore etc.)

(1) 해초지: 수중에 분산된 기름은 수면의 기름보다 물속에 잠긴 해초에 더 많은 영향을 줄 수 있으므로 가능한 수심이 낮은 곳에서는 유처리제 사용을 피한다.

(2) **조간대**(潮間帶; 해안(海岸)에서 만조선과 간조선 사이의 부분): 해안 가까이에서 살포하면 분산된 고농도의 유분으로 인하여 조개류를 오염시킬 수 있다.

(3) **조하대**(潮下帶; 연안의 간조선에서 수심 40~60㎝까지의 구역): 가리비 등 조개류 서식지 등에 부유하는 기름은 분산된 유분이 수중에 퍼져 기름에 대한 노출이 증가하므로 조하대 인근 해역의 유막에는 유처리제를 사용하지 않는다.

(4) **모래 해안**: 높은 파도에 노출되어 있으면 자연적으로 신속하게 기름이 제거될 수 있으며 기름이 묻었더라도 청소하기가 상대적으로 쉬우나 해상에서 유처리제를 살포하여 모래 해안을 보호하는 것은 때에 따라 매우 중요하다.

※ '03.4.2. 통영 유조선 **부양호** 모래 속의 벙커 C유는 **구덩이에** 모아 유흡착재 사용 **제거**

5.2 위락시설 및 관광지역(Amusement Facilities and Tourist Areas)

해수욕장, 보트 계류장 등 위락시설 및 관광지역은 대개 생물학적 차원에서는 중요도가 낮지만, 육지와 가까우므로 유처리제의 사용을 고려할 수 있다.

5.3 조류 서식지(Bird habitat)

기름 묻은 조류는 일반적으로 저체온증 또는 기름을 섭취하여 죽게 된다. 만약 기름이 알에 묻으면 부화율이 현저히 낮아진다. 유처리제는 분무액이 새들에게 날리지 않도록 가능한 한 멀리 떨어져 살포하여야 한다.

5.4 산호초(coral reef)

대부분의 유막은 물에 잠긴 산호초 위로 흘러가기 때문에 직접 영향을 주지는 않으나 가까이에서 유처리제를 사용하면 산호초에 기름의 노출을 증가시키고 유기체에 영향을 미칠 가능성이 있으므로 가능한 산호초 위나 가까운 곳에서는 유처리제를 사용해서는 안 된다.

5.5 어류(Fish)

일반적으로 물고기에 영향을 미칠 수 있는 수심이 낮은 지역이나 어장 부근에서는 유처리제 사용을 피한다.

5.6 자갈 해안(Gravel shore)

보통 생물생산력이 낮지만, 해안의 기름이 표면 아래로 스며들어 청소작업이 어려워지게 되어 해안을 보호하는 방제방안이 검토되어야 하며 직접 유처리제를 살포하게 되면 기름이 더욱 자갈 속으로 스며듦으로 주의해야 한다.

(사례)'14.2.15. **부산 캡틴반젤리스엘호**(화물선, 88,420톤) 벙커 C유 유출: **소매물도 자갈해안 보호**

5.7 해안가 숲(Forest)

해안가 숲에 기름이 유입되면 나무들이 죽게 되며 무척추동물이나 어류, 조류들의 매우 다양한 서식지가 없어진다.

5.8 해양 포유동물(Marine mammal)

포유동물(수달, 물개 등)의 털이 기름에 얼마나 취약한가에 따라 달라지며 동물의 털에 기름이 묻으면 결국 죽게 되므로 이들의 서식지를 보호하는 것이 중요하다.

5.9 갯벌(Foreshore)

식물의 뿌리 구멍이나 지렁이 굴, 게 구멍 같은 생물 통로가 있으면 기름이 만조와 간조 사이에 갯벌 속으로 스며들 수 있다.

(사례) 군산 소룡동 외항 산업시설 보일러실 **벙커 C유 Over-flow**사고('88년): **서해안 갯벌 보호**

5.10 양식장과 염전(Aquaculture and torsion)

해안선을 따라 구덩이를 파서 만든 못은 가끔 어류, 새우, 게 등의 양식과 염전으로 사용되고 있다. 파이프 밸브를 잠그거나 수문을 닫아 임시로 차단할 수 있으나 수문 가까이에 있는 기름을 가능한 한 빨리 제거하는 데 집중하여야 하며 유처리제를 살포하면 기름을 신속히 묽게 희석하여 밖으로 빠져나가게 할 수 있다.

5.11 바위 해안(Rocky shore)

파도에 노출된 바위 해안은 파도로 인해 기름이 신속히 제거되나, 폐쇄된 바위 해안은 상대적으로 생물 활동이 활발하고 자연적인 정화작용은 느리다.

5.12 습지 해안(Marsh Coast)

기름이 유입되면 기름이 빠져나오기 어렵다. 기름이 유입된 습지는 그 흡수 작용으로 방제가 어렵고 야생동물의 위협이 우려되므로 보호 우선순위가 매우 높다.

5.13 어류와 조개류의 양식시설(Aquaculture facilities for fish and shellfish)

어류와 조개류의 양식장 보호를 위해 이 인근은 유처리제 사용을 피한다.

> **(사례)** '02.8.31. 진해만 어선 신안호: 굴, 바지락, 피조개 양식장 등 330여 개 3,700ha **어장 보호**

5.14 산업시설(Industrial facility)

발전소, 정유공장 등과 같은 산업시설의 취수구 안으로 기름이 유입하여 시설에 피해를 주는 원인이 되므로 취수구 부근에서의 유처리제 사용은 피한다.

> **(사례) 태안 허베이스피리트호 사고('07.):** 태안 화력 취수구 산업시설 보호(오일펜스 1km)
> **통영 정양호 사고('03.):** 임해 제철소, 3개 발전소 등 임해 산업시설 보호(오일펜스 2.31km)

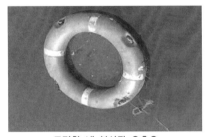

구명환 내 분산된 유출유

유출유 확산과 분산

제5절 유(油) 흡착재(Oil Absorbent)

1. 특성

흡수, 흡착으로 기름을 회수하는 물질로 유출량이 적거나 엷은 유막을 회수할 때 사용된다. 표면에 기름을 묻히는 것과 흡수하는 것이 있다. 흡착재를 대량으로 살포하려면 많은 노동력이 필요하고, 많은 폐기물이 발생하므로 방제작업 마무리 단계에서 사용하거나, 선박 접근이 곤란한 해역에 사용한다.

2. 종류

2.1 매트형(Mat type)

패드형(Pad type)이라고도 하며 오일펜스로 모아진 기름층 위에 투하하여 기름을 흡착시킨 후 수거하며 다양한 유종에 사용할 수 있고 적당한 크기로 잘려져 있어 사용하기가 편리하다.

오염현장에서 손쉽게 시용할 수 있고 재(再)사용이 가능하다.

2.2 붐형(Boom type)

오일펜스 대용으로 Boom type 여러 개를 연결하여 양식장, 해안선 등 굴곡이 있는 해역에 설치, 기름을 흡착 수거할 수 있다.

2.3 쿠션형(Cushion type)

점도가 높은 기름이나 두꺼운 유층이 있을 때 사용하며 서로 연결하여 사용하면 효과적이고 육지에 고정해서 사용하기도 한다.

2.4 롤형(Roll type)

두터운 유층이 광범위하게 분포되어 있거나 대량으로 해안선에 유입된 기름을 제거하는 데 사용하며 특히 해수욕장, 바위틈 등 민감지역에 기름이 부착되기 전 적당한 크기로 잘라 미리 깔아 둠으로써 오염지역을 보호할 목적으로도 사용한다.

3. 사용요령

> ◈ 유막에 정확하게 투하/투하된 것은 전량수거/수거한 것은 지정장소에 보관

3.1 매트형(Mat type)

주로 밀폐된 해역의 소량 기름 회수에 사용되며 흡수효율을 높이기 위해 일정 시간 동안 놓아 둔 후 수거하며 재사용이 가능하다.

3.2 붐형(Boom type)

기름을 회수하고 오일펜스 역할을 겸하는 이중의 목적으로 사용할 수 있고 엷은 유막에 효과적이다. 재질이 조밀하여 기름흡수가 제한된 제품은 붐을 회전시켜 작업 효율을 높이고 펜스로 사용하는 것이 좋다. 폐쇄된 해역에서는 기름 포집에 쉽게 사용할 수 있고 유회수기 뒤쪽에 설치하여 회수기에서 빠져나온 기름을 회수할 때 사용이 가능하며 엷은 유막의 경우 "U"자형으로 예인하면서 기름 회수가 가능하다.

3.3 쿠션형(Cushion type)

고점도유나 풍화된 기름에 효과적이며 육, 해상 양쪽에서 사용할 수 있고 조간대의 기름을 회수할 때 함께 연결하여 사용할 수 있다.

해안에 고정해 사용할 수 있으며 조간대의 바위나 자갈 해안에서 효과적으로 사용할 수 있고 오일펜스 내 겹쳐서 설치하여 바람이나 파고, 조류 등에 의하여 기름이 빠져나가지 않도록 사용하기도 하며, 폐기할 때는 플라스틱 용기에 넣어 처리한다.

3.4 롤형(Roll type)

매트형(패드형)과 사용방법은 같으나 적당한 길이로 잘라 사용할 수 있으므로 사용하기 쉽고 선박의 갑판이나 작업구역에 롤을 풀어서 작업하면 좋고 더러워지는 것을 방지할 수 있다. 수거할 때는 다시 감아서 간단하게 처리할 수 있다.

〔이상 자료 출처〕 해양경찰청

제6절 유(油) 겔화제(Oil Gelling Agent)

1. 특성

· 기름을 겔화(고형화)시키는 해양오염 방제 약제로 분말형과 액상형이 있다.

· 기름이나 탄화수소계 유기용제에 살포 시 일반적으로는 99% 이상의 액체 성분을 고형화시킬 수 있으나 다른 방제기자재보다 고가(高價)라서 사용을 기피하고 있다.

· 증점제로서 조제된 점조액(粘稠液)은 응력을 부여하면 유동한 데 비해, 겔은 큰 응력, 변형을 받으면 파괴된다. 이러한 파괴되기까지의 응력을 겔 강도로서 측정하여, 겔의 물성의 지표로 삼는다. 또 반복하여 겔을 압축하여 그 응력의 거동을 파악하는 것으로 겔의 특성 평가법(Texture Profile Analysis)이 자주 이용되고 있다.

· 최근 해외에서 적용되고 있는 유출유처리제로는 유출된 기름을 겔 상태로 만들거나 고형화시켜 수거하는 유겔화제 또는 유고형제(油固形濟)가 사용되고 있으며, 이 방법들은 바닷물 표면의 기름층에 살포한 후 교반하면 기름과 함께 겔화되거나 고형화되어 기름 오염 군을 그물 등으로 쉽게 제거할 수 있게 하는 특징이 있다.

2. 종류

· 아미노산계 유(油) 겔화제(Amino Acid Oil Gelling Agent)

· 솔비톨계 유(油) 겔화제(Solbitol Oil Gelling Agent)

· 분말상 유(油) 겔화제(Powdery Oil Gelling Agent)

3. 사용요령

· 벤젠, 톨루엔 등 탄화수소계 유기용제 및 기름 오염방제에 효과가 있다.

· 살포 시 해양생물에 대한 2차 오염 피해가 거의 없는 것이 특징이며 사고 선박 탱크 내의 기름을 신속히 고형화할 수 있다는 장점이 있다.

· 해양에 유출된 기름등폐기물의 특성을 고려하여 그 사용량 등이 최적화될 수 있도록 형식승인 유겔화제를 사용해야 하고, 오염현장에서 사용을 제한해야 하는 경우는 다음과 같다.

＜유(油) 겔화제 사용 제한 사례＞
(Examples of the use of oil gelling agents)

◆ 유출 초기 해상유출유가 고온(High temperature)이거나 열이 있는(have a fever) 경우
◆ 사고 현장에서 해상유출유를 유처리제로 분산작업 하고 있는 경우
◆ 유처리제에 의해 유 회수작업이 원만하게 이루어지고 있는 경우
◆ 사고 현장 기상 상황 등 해양조건으로 겔화된 유출유 회수가 어려운 경우

〔표 2-13〕 방제장비 동원 우선순위(Priority for mobilization of Response equipment)

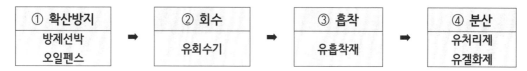

① 확산방지	② 회수	③ 흡착	④ 분산
방제선박 오일펜스	유회수기	유흡착재	유처리제 유겔화제

※ 사고 규모에 따라 상기 과정이 동시에 이루어지는 때도 있다.

제4장 방제안전론

제1절 기름유출과 안전조치

1. 기름유출사고 시, 안전조치사항(Safety measures in case of oil spill)

1.1 인명 및 선박안전의 확보를 위한 조치(Measures to secure human life and ship safety)

(1) 바로 *119*로 해양오염 신고, 각 직원에게 방제조치 임무를 지시한다.

(2) 연료유 수급작업을 중지하고 매니폴드(Manifold) 밸브, 탱크 밸브와 배관의 주 밸브를 잠근다. 가스 농도를 측정하고 호흡구 또는 보호복을 사용한다.

(3) 누출원 및 누출 원인을 확인한 후, 방제기자재 등을 사용하여 누출된 기름이 선 외로 배출되는 것을 최소화하여야 한다.

(4) 오일펜스를 설치하고 유흡착재를 사용하여 기름을 최대한 수거한다.

(5) 관할 당국(해양경찰, 지자체)의 승인 없이 유처리제를 사용하지 말아야 한다.

(6) 누출 원인을 밝혀내어 이를 제거할 때까지는 작업을 재개하지 말아야 한다.

(7) 필요 시, 방제업에 요청하고 수거 폐유와 방제자재는 방제업 등에 인도한다.

〔표 2-13〕기름·HNS의 해양유출 시, 위험 요인 등 비교

구분	기름	위험유해물질
안전 위험 요인	증기흡입, 금속 스파크, 유증기 등	가스폭발, 가스흡입, 피부화상 등
해상에서 움직임	부유	일부 부유, 증발, 용해, 침전 등
대응 기술/방법	발달/비교적 단순	'20년 현재 초보수준/비교적 다양
해양오염 식별	흑갈, 은, 무지개 색 등 오일 볼	주로 무색, 확산이 빠름, 식별곤란

1.2 화재 및 폭발방지를 위한 안전조치(Safety measures to prevent fire and explosion)

(1) 선박이 유출물의 풍상 측에 있도록 항로를 변경한다.

(2) 비필수적인 공기 흡입구는 폐쇄한다.

(3) 인화성 및 독성 증기가 거주 구역 및 기관구역으로 들어가지 않도록 한다.

(4) 소방설비 및 소화기를 준비하고 모든 발화원을 제거한다.

(5) 거주 구역 및 기관구역에는 정기적으로 가스누출 여부에 대해 검사를 한다.

1.3 해상위험방지·안전 및 보건·의료지원체제 확립(Prevention of maritime risk, establishment of a safety and health and medical support system)

(1) 기름유출사고로 발생할 위험이 있는 화재, 충돌 등 해양사고 및 방제작업 지장을 초래하는 위해 요소를 사전 제거하고 안전을 확보하여야 한다.

(2) 방제작업으로 환자 발생 및 안전사고 대비를 위하여 지방자치단체 등 관계 기관과 협조체제를 유지한다.

2. 기름 배출규제 조치(Oil spill regulation measures)

2.1 안전 우선 원칙 및 불가항력인 오염에 따른 예외(Safety first principles and exceptions due to irresistible pollution)

(1) 선박 또는 해양시설 등의 안전확보나 인명구조를 위하여 부득이하게 오염물질을 배출하는 경우

(2) 선박 또는 해양시설의 손상 등으로 인하여 부득이 오염물질이 배출되는 경우

(3) 선박 또는 해양시설 등의 오염사고에 있어 해양수산부령이 정하는 방법에 따라 오염피해를 최소화하는 과정에서 부득이하게 오염물질이 배출되는 경우

<선박으로부터 "선저폐수" 불법 배출 사례>
(Examples of illegal "bilge" emissions from ships)

◈ 요지: 선박 항해 중 선박으로부터 **선저폐수** 무단배출
◈ 내용: 00호(예인선)는 00항~00항으로 항해 중, 선내 **기관실 잡용수 펌프를 이용**하여 **선저폐수**를 해양에 무단배출, 해양환경관리법 위반, 벌금 부과

2.2 선박으로부터 기름 배출규제(Oil discharge regulations from ships)

(1) 선박(시추선 및 플랫폼 제외)이 항행 중에 배출할 것

(2) 배출액 중의 기름성분이 100만 분의 15 이하일 것(15ppm 이하)

(3) 기름 오염방지설비가 작동 중에 배출할 것

※ 다만, 「해저광물자원 개발법」에 따른 해저광물(석유와 천연가스에 한함)의 탐사·채취과정에서 발생된 생산수의 경우에는 기름 성분이 100만 분의 40 이하(40ppm 이하)에 해당하여야 한다.

3. 기름 기록부(Oil Record Book) ☞

·선박 운항 중 발생되는 유성 혼합물은 그 발생원에서 최종처리까지 그 과정 등을 명확하고 자세하게 기록한다.

※ 기록부 작성예시: 부록 〔자료〕 참조

· IMO/MEPC에서 국제협약으로 채택한 내용(MARPOL 73/78 부속서 Ⅰ의 제20조)에서 정한 형식으로 기록한다.

· 선박에서 발생되는 유성 혼합물인 빌지, 연료유 슬러지, 윤활유 슬러지 등 슬러지는 본선 발생량을 측정하여 이의 처리 과정이나 최종처분까지 정확히 기록해야 한다.

· 기름 기록부 C 코드는 슬러지 등의 처분 등 D 코드는 빌지 등의 처분 등을 기록하고 유성혼합물을 육상의 수용시설로 이송할 때에는 이송량, 처리비용, 이송 시간 등을 기록한다.

· 선박용 연료유나 윤활유의 적재 시, IMO/MPEC와 해양환경관리법에 따라 벌크(bulk)상태로 적재할 때는 그 양이나 특성 및 장소 등을 H 코드에 기록한다.

· 국적선은 오염방지 관리인과 선장이, 외국 선박의 경우에는 선장이 각 페이지마다 서명하고 **최후의 기재가 행하여진 날부터 3년간 선박 안**에 보존하여야 한다.

※ 선박의 안전 관련, 해양사고 등으로 인한 예외적인 배출(배출 시각, 위치, 배출 추정량 등)은 Oil Record Book **G 코드**에 기록한다.

제2절 HNS 유출과 안전조치

1. 위험 유해물질(HNS) 유출사고 시, 안전조치사항(Safety measures)

1.1 HNS(Hazardous Noxious Substances)의 정의, 종류

(정의) 인간·해양생물에 유해하거나 환경을 손상해 해양 이용을 저해하는 기름 이외의 물질(OPRC-HNS 의정서)

(종류) 국내 해상운송 HNS는 약 1,100여 종(세계 약 7,000여 종)이 있다.

〔표 2-14〕 HNS 성상별 종류, 품목 및 운송수단

종류	품목	주요 운송수단
가스류	LNG, LPG 등	LPG선, LNG선
액체 화학품	벤젠, 자이렌, 톨루엔 등	케미컬선
산적고체 위험물	유황, 석회석 등	벌크선
포장 위험물	니트로글리세린, 폭약 등	컨테이너선

1.2 유해액체물질의 분류(선박에서의 오염방지에 관한 규칙 제3조)

(1) X 류 물질: 해양에 배출되는 경우 해양자원 또는 인간의 건강에 심각한 해를 끼치는 것으로서 해양배출을 금지하여야 하는 유해액체물질

(2) Y 류 물질: 해양에 배출되는 경우 해양자원 또는 인간의 건강에 해를 끼치거나 해양의 쾌적성 또는 해양의 적합한 이용에 해를 끼치는 것으로서 해양배출을 제한하여야 하는 유해액체물질

(3) Z 류 물질: 해양에 배출되는 경우 해양자원 또는 인간의 건강에 경미한 해를 끼치는 것으로서 해양배출을 일부 제한하여야 하는 유해액체물질

(4) 기타(OS)물질: 해양자원이나 인체에 경미한 위해를 미치거나 해양의 쾌적성 기타의 적법한 이용에 현재로는 해가 없다고 간주하여 X 류, Y 류, Z 류 범주를 벗어난 것으로 알려진 물질

※ 잠정평가물질: X, Y, Z 류 및 기타물질로 분류되어 있지 아니한 액체 물질

〔표 2-15〕 HNS 관련 법규

해, 육상	법규 구분	분야	HNS 관련 개별법
해상	주관 법규	해양환경	해양환경관리법
	관련 법규	해상운송	선박안전법, 위험물 선박운송저장규칙 등
육상	주관 법규	안전/재난	재난 및 안전관리 기본법
	관련 법규	환경/관리	유해화학물질 관리법, 위험물안전관리법 등

2. 유해액체물질 배출규제 조치(Measures to regulate the emission)

· 선장은 유해액체물질기록부를 기록하여야 하고, X 류 물질을 운송하는 탱크는 예비 씻어야 하며 유해액체물질기록부에 기록한 후 선박검사관의 이서를 받아야 한다.

· 선박검사관은 작업이 시행되었음을 확인하였거나 예비 세정을 면제한 경우에는 유해액체물질기록부에 관련 사항을 기록하여야 하고 유해액체물질의 농도를 계측하는 것이 부당한 지연을 초래하는 경우로서 유해액체물질기록부에 탱크, 관련 펌프 및 배관계통이 비었다는 사실, 규정에 따라 예비 세정이 행하여 졌다는 사실, 그 예비 세정으로 발생하는 탱크세정수가 수용시설에 배출되었으며 탱크가 비어 있다는 사실 사항이 확인되어 기재된 경우 대체조치를 인정할 수 있다.

3. 유해액체물질 배출기준(Standard for spilling hazardous liquid substances)

· X 류 물질, Y 류 물질, Z 류 물질, 잠정평가물질의 잔유물 또는 이들 물질을 함유하는 선박평형수, 탱크세정수, 그 밖의 이들 혼합물을 해양에 배출하는 경우

＜유해액체물질 배출기준＞
◈ 자항선은 **7노트** 이상, 비 자항선은 **4노트** 이상의 속력으로 항해 중일 것
◈ 수면하 배출구를 통하여 설계된 최대 배출율 이하로 배출할 것
◈ **영해기선**으로부터 **12해리** 떨어진 **수심 25m** 이상의 장소에서 배출할 것

· 2007.1.1. 이전에 건조된 선박에 대하여 Z 류 물질, 잠정평가물질(Z 류 물질로 잠정 평가된 물질)의 잔유물 또는 이들 물질을 함유하는 선박평형수, 탱크세정수 또는 그 밖의 이들 혼합물은 수면하 배출 외의 방법으로 배출 가능

· X 류 물질, Y 류 물질, Z 류 물질, 잠정평가물질의 잔유물 또는 이들 물질을 함유하는 선박평형수, 탱크세정수 등은 정하여진 요건에 따라 배출, 예비 세정 또는 배출절차가 시행되기 전에 관련 탱크는 배출지침서에 규정된 절차에 따라 최대한 비워야 하며, 잠정평가 물질, 평가되지 아니한 물질 또는 이들 물질을 함유하는 선박평형수, 탱크세정수, 그 밖의 이들 혼합물은 해양에 배출할 수 없음.

4. 유해액체물질기록부(Hazardous Liquid Substances Record Book)

· 기재하여야 할 사항은 관련된 작업 후에 즉시 기록하여야 한다. 유해액체물질 또는 그러한 물질을 함유하는 혼합물의 배출사고 등은 배출의 상황 및 이유를 유해액체물질기록부에 기재하여야 한다.

· 각 기재사항에는 당해 작업의 책임자가 서명하고 각 면에는 선장이 서명하여야 하며, 산적유해액체물질에 관한 국제오염방지증서 등을 비치하고 있는 선박은 최소한 영어, 불어 또는 스페인어로 기재하여야 한다. 다만, 국내 항해에만 종사하는 선박은 한글로 기재할 수 있다.

· 선박 안에 보관함이 원칙이며 최후의 기재가 행하여진 날부터 3년간 선박 안에 보존하여야 한다. 지방해양수산청장은 선박이 우리나라의 항구에 있는 동안은 그 선박에 비치된 유해액체물질기록부를 점검할 수 있다.

〔표 2-16〕 국내, 외 주요 유해액체물질 사고사례

연도	장소	선명(시설)	유출물질	피해	
1947	미국 휴스턴	그랜드 캠프	질산암모늄	폭발 468명 사망	
1987	스페인 연안	카 손	질산나트륨	가스유출 23명 사망	
1993	한국 대산항	프론티어익스프레스	나프타	157명 구토, 호흡장애	
2007	한국 부산항	마리야	암모니아	질식, 1명 사망	
2013	울산 ⇒ 중국 (부산 인근)	마리타임메이지 (케미컬운반선, 29,211톤)	파라 자이렌 등 3종	화물 발화, 화염 발생 ☞ (사진)	

〔참고자료〕 해양경찰청

제3절 위험대비와 건강

1. 오염물질의 위험성(Danger of contaminants)

1.1 증기의 영향(Effect of steam)

(1) 유독성

제품유는 방향족 탄화수소를 내포하고 있으며 그 농도와 유독성 정도는 매우 다양하다. 원유 및 정제유는 건강에 유해를 줄 수 있는 유독성 복합화학물질로 주의하여 다루어져야 하며 일부 석유제품은 황화수소, 일산화탄소 등 독성 위험 가스가 내포되어 있다.

(2) 증상

① 현기증이 오고 무기력해지며 술에 취한 것처럼 발음이 정확하지 않다.

② 호흡 정지, 심장마비를 일으킨다.

(3) 사전 고려 요소

① 작업환경

- 환기 상태, 폐쇄된 공간에서의 작업, 지하 또는 저지대에서의 작업

- 기름의 인화점이 낮으면 가스 발생 위험이 크며, 주위의 온도가 높으면 위험성도 크다.

- 해상이나 대기 중에서는 원유의 독성으로 인해 방제작업에 큰 영향을 미치지 않는데 이것은 독성가스가 최대허용치에 달할 가능성이 희박하고 저농도로 희석되기 때문이다.

② 석유 가스의 물리적 특성

- 인화점이 낮아지면 위험 증가, 공기보다 무겁다.

(4) 가스의 인체 위험성

① O_2: 무색, 무취, 발화 가능, 폭발 가능/안전농도: 18% 이상

② CO_2: 무색, 무취, 중독성/안전농도: 1.5% 이하(비중 1.53)

③ CO: 무색, 무취, 무 중독성

(5) 준수사항

① 호흡 장비를 준비

- 가스가 남아 있을 것에 대비하여 필요하다면 호흡 장비를 사용한다.

- 현장 작업자들은 호흡 장비가 꼭 필요하다.

- 바람을 등지고 작업, 성분을 모르는 기체에 주의, 가스 존재 여부 확인

- 바람을 등지고 작업하고 가스, 증기, 연기의 흡입을 피한다.

② 기체의 독성에 유의

- 가스나 증기의 냄새가 없더라도 독성을 의심한다.

- 부두나 잔교 아래는 충분히 환기되기 전까지는 들어가지 않는다.

☞ **(폭발사례)** '19.9.28. 울산 염포부두, **케미컬운반선** S호(25,881톤) **폭발사고** 시, **작업자 8명 증기 흡입** 후송

〔출처〕해양경찰청

1.2 흡입(inhalation)

(1) 위험성

① 숨을 쉬면서 액체 입자가 폐로 넘어가면 심각한 문제를 초래할 수 있다.

② 기름은 증기나 분무로 폐에 흡입되는데, 작은 입자의 기름이라도 흡입하면 안 되며 펌프질 시 새어 나온 작은 액체 입자를 폐로 호흡하여 흡입하게 된다.

(2) 안전조치

기름 입자의 흡입이 예상되면, 필터링이 가능한 안전 마스크를 착용한다.

(흡입사례) '07.12. 원유선 H호의 **원유 유출사고** 시, 작업자가 **가스흡입으로 두통 호소**, 병원 후송

1.3 피부접촉(Skin contact)

(1) 위험성

① 방제작업 과정에서 얼굴, 손 등에 기름이 묻는 일은 아주 흔한 일이며, 기름이 건강에 미치는 위험 중 피부접촉으로 인한 위험이 가장 크다.

② 모든 기름은 모공이나 땀샘을 통하여 곧바로 피부층으로 흡수되기 때문에 피부병을 유발할 수 있다.

③ 피부가 직접 기름에 노출되면 즉시 다양한 증상이 나타나며, 오랫동안 지속해서 석유에 노출되면 암을 포함하여 여러 증상의 피부 장애가 나타날 수 있다.

④ 기름이 풍화되면 독성의 농도 및 종류가 증가하므로 주의가 필요하다.

(2) 안전조치

① 피부에 기름이 묻으면 비누와 물 또는 세정제를 사용해 빨리 씻어 낸다.

② 기름이 눈에 들어가면 바로 물로 씻어 내고 병원 진료를 받는다.

③ 작업 중에는 늘 보호복을 입고 찢어지거나 손상되었는가 자주 확인한다.

(피부접촉사례) '14.2. 여수, W호 **원유 900㎘** 유출 시, 작업자의 **얼굴 등 피부에 발진** 등 환자 발생, 후송

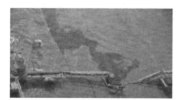

해양시설로부터 기름 확산

원유선·해양시설 간 충돌

〔사진 출처〕 해양경찰청

1.4 섭취(Intake)

(1) 위험성

① 기름이 묻은 손으로 음식을 먹거나 담배를 피울 때 부주의로 인하여 기름을 섭취할 수 있으므로 주의한다.

② 기름 수거 작업현장에서 음식물을 먹을 시 섭취 위험성이 있다.

(2) 안전조치

① 작업자들은 기름의 섭취를 방지하기 위하여 자주 비누로 손을 씻는다.

② 기름을 섭취하였다면 독성 치 확인을 위해 병원 진료를 받아야 한다.

③ 기름 수거 등 방제 작업현장에서는 될 수 있으면 음식물을 먹지 않는다.

2. 위험 대비와 건강(Risk preparedness and health)

2.1 화재·폭발(Fire·explosion)

폐쇄된 공간뿐만 아니라 개방된 공간에서도 휘발성이 높은 경질유의 증발 상태를 확인하는 것은 안전 측면에서 매우 중요하다.

(1) 원유 및 경질 연료유는 유출 초기에 화재·폭발 위험이 있다

원유 및 휘발유, 경질 연료유 같은 정제유가 유출될 경우, 유출 초기에는 유막 주위에서 가연성 기체가 발생하여 화재 및 폭발의 위험을 초래할 수 있다.

(2) 풍화된 기름은 화재·폭발 위험은 감소한다

시간이 지남에 따라 경질성분은 증발하여 소멸하고 기름이 풍화되면서 화재·폭발의 위험은 줄어든다.

(3) 화재·폭발방지

① 유출된 기름에 따라 화재·폭발의 위험성을 확인한다.

② 기름 종류별로 화재위험 결정, 방제작업을 연기할 것인지 평가

③ 가연성 기체 탐지, 바람을 등지면서 접근

④ 화재 발생 우려가 있는 곳은 가연성 기체가 사라지기를 기다린 후 작업을 시작, 폭발탐지기로 가연성 기체를 탐지하고 화기 접근 금지

⑤ 특수 재질이 아닌 드라이버, 망치, 렌치 등의 일반적인 손 도구들도 스파크를 발생시킬 수 있으므로 주의한다.

(화재·폭발사례) '19.09. 울산 염포부두, 케미컬운반선 S호(25,881톤) 폭발사고, 선원 3명 2도 화상, 병원후송

2.2 보호 장비(Protective equipment)

(1) 보호 장비의 종류

귀마개, 헬멧, 보안경, 장갑, 장화, 상하 일체형 작업복, 구명복, 호흡 장비

(2) 보호 장비의 착용

① 소음이 심한 장비 근처에서는 귀마개, 머리를 보호하기 위한 헬멧

② 눈을 보호하기 위한 적절한 안경, 최소한 보안경 착용

③ 기름이 묻거나 피부가 노출되는 것을 줄이기 위한 방유장갑 착용

④ 안전화(발가락 부위에 안전강철이 있고 직물 재질의 바닥 밑창)

⑤ 기름이 피부에 묻는 것을 방지하기 위한 상하 일체형 방유작업복

⑥ 해상, 연안 등 물 위에서 작업하거나 갑문, 부두 등 물가에서 작업할 때 모든 작업자는 꼭 구명복을 착용한다.

⑦ 추운 지방이나 기상상태가 불량한 곳에서 작업할 때는 방한복을 착용한다.

⑧ 해안방제작업 중에는 일반적으로 호흡기 보호 장비가 필요하지 않다.

2.3 주민의 안전(Residents' Safety)

(1) 어떠한 해안방제작업 활동이라도 공공의 안전에 소홀히 해서는 안 된다.

(2) 인근 주민들이 안전거리를 유지하도록 한다. 즉 작업자나 장비가 이동하고 움직이는 데 방해받지 않은 필요한 작업공간이나 안전거리를 결정하여야 하고, 가연성 또는 유독성 기체가 발생하여 퍼질 가능성을 고려하여야 한다.

(3) 자원봉사자들은 방제숙련도가 떨어지므로 안전한 작업을 맡겨야 한다.

(4) 주민들이 오염지역으로 접근하는 것을 방지하기 위해 경찰에 협조를 요청

(5) 만약 기자나 사진사들이 오염지역 안으로 들어오는 것을 허락할 때는 그들이 원하는 장소에서 지켜야 할 안전 주의사항에 관한 교육을 시행한다.

2.4 자연적인 위험성 대비(Natural risk preparedness)

모든 해안은 형태별로 독특한 특성과 위험성을 가지고 있으므로 현장 작업자들은 우선 그 작업환경에 익숙해지는 것이 중요하다.

(1) 야생동물

<방제작업 주위의 위험 동물에 주의>

① 방제작업 지역이 위험한 동물(예; 독사)의 서식지일 경우도 있으며 사소한 불편만 초래하는 동물이라도 사람에 따라 위험에 빠질 수 있다.

② 벌에 쏘이면 알레르기 반응을 일으킬 수 있으므로 사소한 일이라도 현장 책임자에게 보고하여야 한다.

<임의로 동물의 구조 또는 세척작업 금지>

① 야생동물 등을 구조하거나 씻어 줄 때는 전문가들의 지원을 받아야 한다.

② 기름에 오염된 동물들은 스트레스를 받은 상태라 사나워져 있으므로 만지면 위험하다. 일반 작업자들은 이러한 동물들을 다루어서는 안 된다.

(2) 바위, 절벽 등 위험 해안

해안별로 그 형태는 매우 다양하며 해안별로 특별한 주의가 필요하다.

① 바위 또는 안벽해안은 매우 미끄럽고 뾰족하다. 이런 형태의 해안에 작업하는 모든 작업자는 미끄럼 방지 장화를 신어야 한다.

② 점토질의 절벽, 늪, 갯벌로 된 해안 역시 걷기가 어려워서 작업이 어려우므로 적당하고 간편한 작업복을 입어야 한다.

③ 선박에서 절벽해안을 청소할 때 선장은 암초를 피하면서 선박을 절벽 가까이 안전하게 조종할 수 있는지를 검토하여야 하고 현장 지휘자는 절벽해안 청소가 안전하게 작업이 가능한지 검토하고 작업자들의 구명복 착용을 의무화하여야 한다.

④ 절벽 위에서 작업 때는 적절한 안전띠와 안전로프를 연결하여야 한다.

(3) 위험 해상 작업

① 해안선 근처의 해상이나 수로에서 작업할 때는 항상 구명복을 착용한다.

② 위급 시 구조가 가능하도록 혼자서 작업하여서는 안 된다.

③ 해역에 따라 강한 조류, 큰 파도, 조석 등이 생기는 곳에서는 안전로프를 연결하여야 한다.

(4) 기상 불량 시: 작업 전에 기상을 미리 점검하여야 한다.

※ 방제작업 능률을 감안, 덥고 추운 기상(작업 능률 저하)**에서는 작업시간을 탄력적 운영**

2.5 방제작업별 안전과 건강(Safety and health for each Response operation)

(1) 유처리제를 사용할 때

① 항상 보호 안경과 고무장갑을 착용하고, 유처리제 분무액을 흡입하지 않도록 보호 마스크를 착용하여야 한다.

② 유처리제 취급 후에는 항상 손과 얼굴을 비누로 씻어야 하고, 음식물을 먹으면 반드시 손을 씻어야 한다.

③ 오래된(10년 이상) 유처리제는 변질성이 우려되므로 사용을 제한한다.

(2) 증거 시료를 채취할 때

① 안전 장구를 갖추고 깨끗한 장갑을 착용한다.

② 선박이나 시설의 직원, 이해 관계자가 입회하도록 한다.

③ 사고 현장에서 시료를 채취할 때는 풍상 측에서 채취한다.

④ 안전에 유의하고 기상상태가 나쁠 때는 좋아질 때까지 기다려야 한다.

2.6 방제작업 전후 행동요령(Action tips before and after Response)

(1) 해양오염사고 발생하기 전

① 오염사고 관련 행정기관 및 관계 업체의 비상연락망을 미리 알아 둔다.

② 방제기자재, 응급약품, 비상식량 등의 생필품은 미리 준비한다.

③ 해양오염사고 시, 보상을 위한 소득 증빙자료를 사전에 확보한다.

④ 오염사고 목격 시 119, 행정안전부, 지자체 등에 신고한다.

⑤ 주민들은 관계기관의 현장 안전관리 계획 등의 지시에 따라 행동한다.

⑥ 방제물품 등을 배부 받고 해양오염사고에 대응하는 교육을 숙지한다.

⑦ 마스크와 안전복 등을 착용, 충분한 휴식을 취하며 안전사고에 주의한다.

(2) 해양오염사고 발생 시 행동요령

① 위험지대에 거주하는 경우 신속히 대피하며, 대피할 때에는 방독면, 물수건, 마스크 등으로 호흡기를 보호하고 우의나 비닐로 유류에 노출되지 않도록 한다.

② 대책본부 설치 및 재정, 물품, 인원 등 사고수습을 지원한다.

③ 해양오염사고 발생 상황을 인터넷 등을 통해 수시로 파악하고 전파한다.

④ 오염된 지역 내에서는 식수나 음식물은 먹지 않는다.

(3) 조치 완료 후

① 오염사고로 인한 피해의 경제적 손실 여부를 점검하고 보상을 청구한다.

② 추가 이상 징후 발생 시 즉시 신고 조치한다.

(4) 해양오염사고 발생 시 인적 피해를 최소화 방안

① 위험지대 거주하는 경우 신속히 대피하며, 호흡기를 보호한다.

② 어린이, 노약자를 먼저 대피시켜 오염원으로 인한 피해를 최소화한다.

③ 오염된 지역 내에서는 식수나 음식물을 먹지 않는다.

3. 방제안전을 위한 준수사항(Compliance for Response Safety)

· 방제 실행 중 통신장비를 점검하고 늘 휴대한다.

· 방제작업 도구를 해안에 내버려 두지 않는다.

· 작업자는 적절한 방제 안전복을 착용하고 다른 사람의 눈에 잘 띄어야 한다.

· 차량의 통로는 깨끗이 유지하고 야간에도 눈에 잘 띄는 표지판을 설치한다.

· 폭발 위험이 있는 곳은 스파크가 발생하지 않은 특수 재질의 장비를 사용한다.

· 유해화학제품을 취급할 때는 그 독성에 적절한 안전장비를 사용한다.

· 만약 사고가 발생하면 즉시 눈, 신체를 적절히 물로 씻어 낸다.

· 작업 도중에도 방제장비의 정상 작동 여부를 점검하고 적절히 닦아 준다.

· 작업반장은 인명 안전사고가 발생하였을 경우 그 처리 절차를 숙지하여야 한다.

※ '119 안전센터'에 구급차 요청 → 해안 감독관에게 보고 → 병원으로 이송

· 방제용 펌프, 유회수기의 작동방법이나 안전사항을 미리 숙지하여야 한다.

〔이상 참고자료〕 해양경찰청 해양오염방제, 행정안전부 국민재난안전포털

— 제3부 —

방제행정실무

Response Administrative practice

제1장   증거확보와 회수 폐유의 처리

제2장   방제명령과 비용징수

제3장 문서관리

제1장 증거확보와 회수 폐유의 처리

제1절 오염현장 증거확보

1. 증거확보의 필요성(Necessity of securing evidence)

해양오염으로 인한 피해에 대해 정당한 보상과 배상을 받기 위해서는 사고 초기에 오염 사실에 대한 증거자료를 충분히 확보하여야 한다. 오염현장의 시료 분석을 통해 오염물질의 화학적 구성성분을 알 수 있으므로 오염혐의자를 특정하여 압축조사로 행위자를 색출할 수 있다.

2. 증거 시료의 판정(Judgment of evidence samples)

채취한 시료가 혐의 선박이나 시설에서 채취한 시료의 분석결과와 일치한다면, 그 선박이나 시설이 오염행위자임을 뜻한다. 해상에서 채취한 시료와 오염원에서 채취한 시료가 일치한다는 것을 입증하며, 분석결과 판정법은 다음과 같다.

<증거 시료의 분석결과 판정법>
−Analysis result judgment method of
evidence sample−

◈ **동질 물질:** 두 개의 크로마토그램이 일치하는 경우(Homogeneous substance)
◈ **유사 물질:** 경시변화 등에 의한 저 비점 성분의 변화, 유처리제, 페인트 성분 등 이물질 혼입에 의한 차이 이외에는 크로마토그램이 일치하는 경우(Similar Substances)
◈ **판정 불능:** 경시변화 영향 또는 이물질의 다량 혼입으로 판정할 수 없는 경우(Impossibility to judge)
◈ **이질 물질:** 두 개의 크로마토그램이 서로 다른 경우(Heterogeneous substance)
◈ **불검출:** 크로마토그램에 피크가 검출되지 않는 경우(Non-detection)

<그림 3-1> 기체 크로마토그래피에 의한 시료 분석

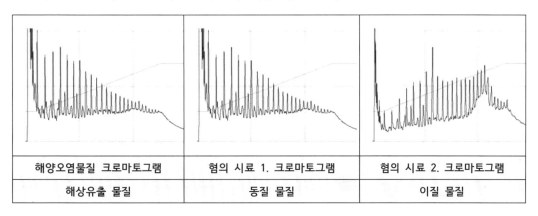

해양오염물질 크로마토그램	혐의 시료 1. 크로마토그램	혐의 시료 2. 크로마토그램
해상유출 물질	동질 물질	이질 물질

〔자료 출처〕 해양경찰연구센터

3. 증거 시료 채취절차(Evidence sampling procedures)

3.1 시료 채취절차(Sample Collection Procedure)

증거 시료는 법정증거로서 매우 중요한 역할을 한다. 오염행위자를 밝혀내어 해양오염 피해에 대해 정당한 보상과 배상을 받게 한다. 기름 또는 유해액체물질이 해상에 유출되면 증발하기 쉽고, 풍화되면서 그 특성이 변화하기 때문에 가능한 유출즉시 시료를 채취해야 하며, 시료 채취 및 보관 과정은 다음 표와 같다.

〔표 3-1〕 시료 채취 및 보관 과정(Sample collection and storage process)

증거 시료 채취 ➡ 증거 시료 봉인 ➡ 식별 라벨표시 ➡ 증거 시료 보관

3.2 시료 채취장소(Sampling place)

대형 유출 사고의 경우에는 오염된 해역이 광범위하고 오랜 기간 방제가 필요하므로 주기적으로 시료를 채취하는 것이 바람직하다. 왜냐하면, 거의 같은 시기, 같은 장소에서 또 다른 유출 사고가 발생하였을 때 모든 사고 책임이 대형사고 행위자에게만 떠넘겨질 우려가 있기 때문이다. 그 사례로 1995년 씨프린스호 사고 당시 해양오

염사고 10일 후(1995.8.3.)에 인근 해역에서 '여명호(138t) 기름유출사고'가 발생하여 오염지역이 일부 중첩되는 일이 벌어졌다. 유출된 기름이 다른 지역으로 이동하면 다른 기름과 섞이기도 한다. 시료 채취는 유출이 의심되는 모든 탱크, 즉 유조선 내의 각 화물탱크, 연료탱크, 빌지 탱크 등에서 모두 채취하여야 한다. 사고 당시 혐의대상이 되는 오염원이라면 선박이나 해양시설 등 가능한 한 모두 조사하여야 하고 현장의 기름을 대표할 수 있도록 모든 오염원으로부터 각 시료를 채취하고 선박은 각종 기름 탱크별로 시료를 채취한다. 유출유 시료의 분석과정은 다음 **<그림 3-2>**와 같다.

<그림 3-2> Spill Oil Sample Analysis Process

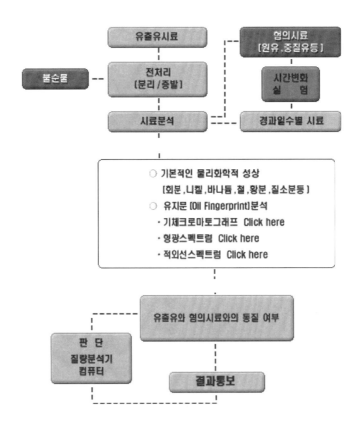

〔자료 출처〕 해양경찰연구센터(2016)

4. 증거 시료 채취방법(Evidence sampling method)

해상으로 유출된 기름과 유해액체물질은 확산성과 휘발성 등이 있어 증거 시료 채취에 세심한 주의가 필요하다. 최신 분석기법에는 매우 소량의 시료(0.1g 이하)가 사용되기 때문에 기름 시료는 25㎖(약 한 숟가락) 정도만 있어도 분석할 수 있다. 시료의 양이 극히 적은 경우는 펄프 섬유 등에 흡착시켜 채취할 수도 있다. 유해액체물질 시료는 무색이 많아 그 냄새를 인지하여 채취해야 하는데 인체 건강과 보건에 영향을 줄 수 있으므로 특별히 유의해야 한다. 유해액체물질 시료는 보통 2L 이상 채취해야 시료 분석이 가능할 수도 있으므로 바가지 등으로 용기에 담아 채취한다.

뜰채, 갈고리가 달린 긴 막대기, 시료를 담을 용기, 소독 비닐 팩, 흡착재, 시료 라벨과 유성 필기구 등 다양한 시료 채취 도구를 미리 준비한다. 준비된 도구가 없을 때는 유리, 테플론, 스테인리스강 등으로 만들어진 깨끗한 용기를 사용하여야 하며, 특히, 플라스틱은 기름과 접촉하면 기름의 성분을 변화시킬 수 있으므로 사용해서는 안 된다. 시료 채취 도구 준비 및 채취 방법을 사전에 숙지하고 규정에 따른 시료 번호 부여 및 채취 일시 등 주요 사항 표시, 봉인, 밀봉하여 냉암소에 안전하게 보관, 증거로서 실효성 있는 시료를 분석실로 보낸다.

4.1 시료 채취도구(Sampling tool)

(1) 시료의 변질을 방지할 수 있는 마개가 있는 시료 용기

(2) 시료 채취할 때 오염을 방지하기 위한 비닐장갑

(3) 유출유가 소량인 경우, 시료를 채취하기 위한 섬유 펄프

(4) 시료 표시용 라벨 및 유성 펜

4.2 시료 표시 내용(Display contents of sample)

(1) 시료 번호와 시료의 명칭, 시료 채취 일시 및 장소

(2) 해상 유출유 또는 혐의 대상 오염원 이름, 시료의 양

(3) 시료 채취할 때 입회자 또는 확인자, 채취자 이름과 서명

(4) 시료 채취 방법 등 참고사항

4.3 시료 봉인(Sample seal)

오염원을 대표할 수 있도록 2개 이상 복수로 시료를 채취하고, 시료의 공증을 위해 입회자 또는 확인자를 선정하여 시료 봉투에 채취자, 입회자, 확인자 등의 서명 또는 날인을 받아 봉인한다. 이러한 절차는 시료 변조 등의 조작을 막는 데 필요하며 채취자, 입회인, 확인자가 서명하여야 한다. 시료의 증발량을 줄이기 위해서는 시료 용기 입구를 밀봉하고 마개를 덮고 나서 마개 주위도 밀봉하는데 용기의 마개 재질로는 유리, 테플론, 스레인레스강 등이 적당하다.

4.4 시료의 보관(Sample storage)

생물에 의한 변화는 노르말 파라핀 성분이 이소 파라핀이나 나프텐계 성분보다 빠르므로 기체 크로마토그래피 분석에 영향을 줄 수 있다. 생물에 의한 영향을 가장 받기 쉬운 시료의 형태는 유화된 기름(에멀젼), 물속에 녹아 있는 기름, 바닷물 표면의 부유물과 함께 혼합된 기름이 이에 속한다. 타르 볼과 같은 고상의 기름은 비교적 변화를 적게 받는다. 시료 보관온도가 0℃ 이하일 경우에는 기름 성분 중에서 왁스분이 석출되어 분석 결과에 영향을 줄 수 있으므로 4℃ 이하의 어두운 곳에 보관하여 산화 및 생물에 의한 변화를 방지하고 밀봉 용기에 보관하여 휘발성 물질의 증발을 방지해야 하고 시료 보관용 냉장 장치 또는 보관창고는 잠금장치를 한다.

4.5 시료의 발송 및 법적 요건(Shipping of samples and legal requirements)

시료 담당자는 주기적으로 시료를 채취·분석하여 증거물로 채택될 수 있도록 대비하여야 한다. 따라서 시료를 채취할 때는 '시료 채취확인서'를 작성하여 시료 채취 과정에 참여한 모든 사람의 서명을 받아 시료와 함께 분석실로 보낸다. 시료는 인편으로 분석 요원에게 직접 전달하는 것이 바람직하나 우편물 확인증을 발급하거나 우편물 수령 서명이 필요한 등기우편 또는 이와 유사한 방법으로 시료를 발송하여도 법적 효력이 있다. 어떤 특수한 상황에서도 분석 결과가 증거로서 신뢰성을 갖도록 기름의 시료 채취와 보관에 주의하는 것이 중요하다. 분석목적을 위해서는 250㎖의 시료로 충분하나, 때에 따라서는 수㎖의 시료로도 분석이 가능할 수도 있다.

4.6 시료 채취자의 안전과 관계자 입회(Sampler Safety and Participation)

사고 현장에서 시료를 채취할 때는 안전장비를 착용하고 바람 부는 방향에서 채취한다. 안전에 유의하고, 기상 상태가 나쁠 때는 좋아질 때까지 안전한 곳에서 기다려야 한다. 선박이나 시설에서 시료를 채취할 때는 그 선박의 선원이나 시설직원과 피해 주민 등 **이해 관계자를 입회**시킨다.

제2절 회수 폐유의 처리

1. 회수된 오염물질의 종류 및 성상(Types and nature of recovered pollutants)

방제작업 후, 회수된 폐유와 폐기물의 처리는 중요하다. 회수된 폐유와 폐기물을 잘 처리하면 2차 오염을 방지할 수 있기 때문이다. 오염원으로부터 일단 기름이 해상에 유출되면 그 기름은 폐유가 되며 그 폐유는 시간이 지남에 따라 풍화작용을 받아 '고점도유'가 된다. 원유, 중유, 윤활유 등의 지속성 기름은 시간이 지나면서 풍화작용으로 '고점도유'로 변화한다.

회수된 폐유는 기름 중에 해양쓰레기가 섞여 있는 예도 있으며 Emulsion 형태로 물을 포함하고 있다.

해안부착유는 모래, 나뭇조각, 해초, 고형화된 타르볼 등이 수거되는데 고형물을 포함하고 있고 재생용으로 사용하기 어렵기 때문에 각 다른 처리방법이 필요하다.

선박으로부터 폐유 유출   회수된 각종 폐기물

2. 폐유의 회수와 저장(Waste oil recovery and storage)

2.1 해상방제 시 회수와 저장(Recovery and storage at sea Response)

해상유출유를 회수할 경우 폐유에 물의 함유량이 많으면 문제가 따르며, 회수된 폐유에 포함된 물의 함유량은 유회수기의 선택 및 기름이 해상에 유출된 경과 시간에 따라 달라진다. 유출 초기 생 기름일 경우 변질되기 전이므로 회수하기 적합하나 시간이 지날수록 회수가 어렵다. 유출 초기 제품유 상태의 기름은 대부분 회수가 가능하지만, 시간이 지나면 기름이 유화되어 유수 분리가 어렵기 때문이다.

(1) 이적용 선박

방제용 부선(Response Barge) 등 충분한 용량의 저장 탱크를 갖춘 회수된 폐유를 이적할 선박을 준비한다. 이때 회수된 폐유의 양이 어느 정도 될 것인지 추정하는 것이 중요하다.

(2) 플로팅 탱크(Floating Tank)

이적용 선박에 저장 탱크 용량이 충분치 않을 때는 회수한 기름을 다른 선박이나 다른 탱크(Tank)로 이적하여야 한다. 다른 선박으로 기름을 이적하려면 기상이 양호하여야 한다. 플로팅 탱크는 내유성 재질인 PVC 또는 고무류이다. 대형 플로팅 탱크는 회수작업에 유용하지만 다루기 어렵고 회전하는 스크루에 손상되기 쉬우며 부두에 걸려 찢어지기 쉬울 뿐만 아니라 선박에 적재하면 용량이 커서 선박의 안정성을 위협할 우려가 있으므로 작업할 때 주의하여야 한다.

2.2 해안방제 시 회수와 저장(Recovery and storage in Response to shoreline)

해안에서 기름 회수작업을 할 때의 기본적인 문제점은 나무, 플라스틱, 모래 등의 쓰레기가 회수된 고형화된 폐유는 삽이나 갈퀴 등을 이용하여 인력으로 수거하여야 하며 기름을 담을 마대가 필요하고 액체 상태의 기름이라면 해안에서도 회수기 사용이 가능하며 회수된 폐유를 저장할 구덩이, 드럼, 탱크 등의 저장시설이 필요하다.

(1) 폐기물 마대 또는 가방: 기름이 부착된 나무, 플라스틱, 모래 등의 해양쓰레기는 2차 오염이 되지 않도록 대형 자루(일명 'Tone bag') 또는 가방에 담아 해양환경공단 또는 방제업체 등에 인계한다.

(2) 임시 저장 탱크: 플라스틱, 고무 등의 유연한 재질로 만든 저장 탱크는 두 종류가 있는데 알루미늄이나 강철 프레임이 있는 형식과 프레임이 없는 형식이 있다. 저장 용량은 보통 5~15㎥/h이며, 배수 밸브가 부착된 것도 있다.

(3) 컨테이너 및 비닐을 깐 구덩이: 대량의 회수된 폐유를 저장할 수 있는 시설이다. 구덩이의 크기는 폭 2m, 깊이 1.5m가 넘지 않아야 한다. 이 크기는 사람이 구덩이에 빠져도 혼자서 나올 수 있는 크기이다. 만약 구덩이에 기름을 며칠 동안 저장하면 커버를 씌워 우천 시 넘치지 않도록 하여야 한다.

(4) 공 드럼 및 플라스틱 통: 200 L들이 드럼이나 플라스틱 통은 임시 저장 탱크로 적합하며 만약 인력으로 운반하고자 한다면 작업 시 넘치지 않도록 가득 채우지 않는다.

3. 회수된 폐유의 분리 기술(Separation technology of recovered waste oil)

회수된 폐유에 물 함유량이 많으면 처리하기 어렵고 비용도 많이 들기 때문에 기름을 회수할 때나 회수한 기름은 수분의 함량을 최소화하여야 한다.

3.1 중력 분리(Gravity separation)

해면으로부터 회수된 폐유는 보통 물을 분리하는 것만으로 쉽게 처리가 이루어질 수 있으며 기름과 물의 유성혼합물은 비중 차에 의하여 자연적으로 상부는 기름, 하부는 물로 분리된다. 나무, 돌, 모래 등의 해양쓰레기를 기름과 분리하는 데도 중력을 이용한다. 자연적으로 물과 기름이 분리되는 속도는 온도와 기름의 비중에 따라 달라지는데 온도가 높고 비중 차이가 클수록 분리가 빨라진다. 회수 장치나 탱크에서 중력에 의해 분리하는 경우가 많으며 물은 탱크 밑으로 제거하거나 펌프로 배출한다. 쓰레기는 시간이 지나면 자연적으로 분리되는데 큰 물체에 기름이 묻었을 때는 고압 세척기로 씻어 낸다.

3.2 Emulsion

불안정한 Emulsion은 보통 80℃까지 가열하면 분해되며 중력으로 물과 기름을 분리한다.

따뜻한 기후이면 태양열로 충분할 수 있으나 비교적 안정된 Emulsion일 경우 Emulsion 파괴제 같은 화공약품을 사용, 점도를 낮춰 펌프로 수송하기 쉽게 한다.

3.3 가열(heating)

회수된 폐유를 가열하면 분리 속도가 빨라진다. 일부 기름저장 탱크는 가열코일(Heating Coil)을 내장하고 있지만, 만약 기름이 유화된 상태라면 물과 기름이 잘 분해되지 않는다.

3.4 원심분리기 이용(Use of Centrifuge)

원심분리기 또한 물과 기름을 분리하는 데 매우 효과적이며 성능이 60~80㎥/h가 좋다. 성능이 좋지만 비싸고 취급이 힘들다. 선박에서 사용되는 소형 유수 분리기도 있지만, 이 목적으로는 적합하지 않다.

3.5 레미콘 장치의 이용(Use of ready-mixed concrete device)

Emulsion화된 기름은 레미콘 같은 장치로 모래와 충분히 혼합시키면 Emulsion이 파괴되어 기름과 물을 분리하여 회수할 수 있다.

3.6 용제 및 저압 호스 사용 기름 분리(Solvent and oil separation using low pressure hose)

오염된 해안은 물로 씻어 내거나 경유 등의 적당한 용제를 사용하여 기름을 녹여 내는 방법을 사용한다. 저압 호스를 사용하여 임시 저장 피트의 쓰레기를 물로 씻어 내리면 기름을 분리할 수 있다.

4. 회수된 폐유의 이송과 운반(Transfer and transportation of recovered waste oil)

4.1 해상방제 시(Marine Response)

외해에서 기름 회수는 기름을 선박이나 플로팅 탱크에 저장하였다는 의미이다. 회수된 폐유를 부두로 싣고 오면 트럭이나 다른 탱크에 적재하는데 그 운반비용이 비싸다. 적재·양하 과정에서 유출 가능성이 있고 운반 차량 확보가 곤란할 때도 있다.

4.2 해안방제 시(In Response to shoreline)

　　유연한 재질의 임시 저장 탱크에 저장하여 진공 트럭에 옮긴다. 만약 트럭이 방제 현장까지 접근할 수 없으면 트럭이 진입할 수 있는 곳까지 비닐을 깐 구덩이나 임시 저장 탱크를 추가로 설치, 방제 현장에서 트럭이 있는 저장 탱크로 1차 펌프질하여 이송하고 폐기물은 마대에 담아 운반한다. 방제 현장이 오지이거나 도로가 없어 트럭, 중장비 등 방제 차량 접근이 곤란할 때는 헬기를 이용 운반한다.

5. 회수된 폐유의 최종처리(Final treatment of recovered waste oil)

　　수거된 기름과 폐기물의 최종처리는 「폐기물관리법」에 따라 적법하게 처리한다. 회수된 폐유를 저장하거니 처리하는 데는 관계법을 준수하는 것이 중요하며 관계법에 위반되는 기름의 저장과 처리를 할 때는 정책적인 결정이 필요하다.

5.1 임시 저장(Save temporarily)

(1) 저장소 설치

　　　일시적으로 저장하여 처분하려 할 때 저장소를 설치한다. 해안방제작업 시는 먼저 해안의 배후에 임시저장소를 설치하고 나중에 최종처리장으로 옮긴다. 생태계 보전을 위해 주변 식물을 베어 내거나 제거하지 말아야 한다.

(2) 고점도유 저장

　　　기름 양이 많을 때는 가능한 기름 묻은 쓰레기와 구분하여 저장하고 처리·처분방법도 구별한다. 상온에서 기름을 펌프로 수송할 수 있다면 밀폐형 탱크에 저장할 수 있고 회수된 폐유를 대량으로 저장할 때는 기름이 고형화되지 않도록 주의한다.

(3) 저장 웅덩이(Pit)

　　　전용 저장 용기가 없을 때는 저장 웅덩이를 만들어 사용한다. 흙으로 단단하게 만든 한 축대벽이나 고밀도 폴리에틸렌 또는 적당한 내유성 재료로 내장한 웅덩이를 만들어 사용하며 기름을 완전히 제거한 후에는 웅덩이를 메우고 될 수 있는 한

원상으로 복구해야 한다.

(4) 비닐포대

플라스틱제 포대는 햇볕에 노출되면 손상을 입어 내용물이 나오기 때문에 저장용보다는 이동용으로 사용하는 것이 좋으며 최종처분 이전에 내용물을 처리할 경우 비닐포대는 비워서 별도 처분하여야 한다.

(5) 분리저장

임시저장할 때는 기름을 물과 폐기물과 분리하여 이동량을 줄이는 것이 바람직하다. Emulsion은 파괴하여 물과 분리하고 쌓아 놓은 모래나 쓰레기로부터 스며 나온 기름은 저장장소의 주변에 파 놓은 구덩이에 회수하며 또 채로 걸러 타르 볼(Tar Ball)과 깨끗한 모래를 분리한다.

5.2 회수된 폐유 최종 처리방법(Final disposal method of recovered waste oil)

(1) 재활용(Reprocessing)

재활용은 가장 이상적인 처리방법이기 때문에 회수한 기름은 처리하거나 연료유와 혼합하여 재생할 수 있는지 먼저 검토하여야 하고, 회수된 폐유에 쓰레기나 모래 등이 섞이지 않았다면 재활용할 수 있으며 기름을 외해에서 회수하였을 때만 가능하다. 회수된 폐유는 정유공장, 저유소 등에서 재활용할 수 있고 회수된 폐유를 재생하거나 연료로 사용하려면 정유회사나 폐유처리업체, 발전소, 시멘트 공장 등과 접촉한다. 회수된 폐유는 펌프로 수송될 수 있어야 하고 고형분이 적어야 한다.

(2) 재생(Reclaiming/recycling)

폐유를 재생하려면 쓰레기나 모래가 5% 이하로 섞여야 하며 염분 함유량은 0.1% 이하여야 발전소의 기름보일러 연료로 사용할 수 있으며 기름의 질이 소각할 수 없을 정도이면 도로를 포장하는 아스팔트에 섞어 사용한다.

(3) 소각기 이용 소각처리(Burning Techniques)

회수된 폐유를 재생할 수 없다면 소각기로 소각처리 할 수 있으며 기름을 소각기로 소각하려면 유해연기나 소각재가 발생하지 않아야 하고 소각기는 송풍기를 갖추어 연소실에 충분한 산소와 공기를 공급할 수 있어야 한다.

(4) 안정화(Stabilization)

소각처리가 어렵거나 배기가스가 과도하게 반출된다면, CaO와 섞어 안정화할 수 있다. 이 방법은 회수된 폐유에 타르 볼의 함유량 비율이 낮아야 하며 생석회와 폐유를 섞으면 비교적 안정화 상태로 굳어져 기계적인 처리가 쉬워진다. 생석회나 기름과 생석회 혼합물은 매우 위험하며 피부나 호흡기에 화상을 입을 수 있다. 이 혼합물 저장 용기의 위아래에는 비밀 막을 깔아 폐유가 흘러나오지 않도록 한다.

(5) 직접 처리(Direct Disposal)

기름재생이 가능하지 않으면 회수된 폐유를 간단히 구덩이에 메우는 방법이다. 매립 시 기름 성분은 20% 이하여야 한다. 이 처리 방법은 환경에 가장 유해하며 가정, 농장, 산업용으로 지하수를 사용하는 지역에서는 적용할 수 없다.

(6) 미생물 처리(Biodegradation)

폐유는 미생물에 의하여 분해할 수 있다. 생물 처리는 일정량의 물이 있고 기온이 10℃ 이상인 지역에서 적용하며 미생물 처리를 원활히 하기 위해서 기름이나 폐유를 사용하지 않은 토양 위에 뿌리는 방법이 있는데 토양의 면적을 충분히 확보하여 면적당 살포할 기름의 양을 보통 100t/2,500㎡ 정도로 낮춘다.

(7) 자연 방산 유도(Leaving oil spill untreated)

경유 등은 확산과 휘발성이 강하므로 통상적으로 자연 방산을 유도한다.

(8) 현장 소각(In-site burning)

① 소각 방법

해면 위의 기름 오염군에 '경유 등을 묻힌 예열용 심지(Preheating wick with diesel oil etc.)'를 사용하거나 직접 기름 오염군에 불이 붙을 수 있는 조건이어야 한다. 유출된 기름이 유화되지 않은 생 기름(Raw oil)일 것과 유막의 두께가 2㎜ 이상이고 기상 조건이 적당해야 한다. 기름이 지속해서 불에 타게 하기 위한 조건은 가연성 물질일 것, 산소공급이 충분할 것, 연소 부분의 온도가 매우 높을 것, 해면 위의 기름이 소각될 때 바닷물 온도가 낮으면 연소 부위의 온도가 낮아진다. 기름이 유화된 상태에서는 기름이 타기 전에 기름 속의 물이 증발하여야 기름이 연소한다. 이때 많은 에너지가 물을 증발시키는 데 소모되며, 연소 부위 온도가 낮아진다. 따라서 현장 소각은 생 기름일 경우에 가능하다. 유막의 두께가 두껍더라도 바닷물 온도가 낮으므로 기름을 연소시키기는 쉽지 않으며, 바닷물과 직접 접촉하지 않는 연소물질을 보충하여야 한다. 기름을 계속 소각시키기 위하여는 높은 온도가 필요하다. 따라서 기름을 쉽게 연소시키기 위하여 유막 위에 겔(gel)화된 휘발유나 등유를 뿌린 후, 점화기를 이용하여 기름을 점화시키기도 한다. 기름을 밀집 시 펜스를 이용하고 보통 불에 견딜 수 있는 내화용 펜스를 사용한다. 내화용 펜스의 재질로 스테인리스 스틸은 적합지 않으며, 강철 망을 넣은 세라믹 재료를 사용하는데 기름을 소각시키는 데 사용되는 펜스는 세라믹 재질의 펜스라 하더라도 보통 한 번밖에 사용하지 못하며 값이 비싸다.

　　② 현장 소각의 장, 단점

　　　　회수된 폐유의 저장이나 처리가 필요 없고 기름 회수량의 비율이 높은 장점이 있지만, 2차 오염(대기오염)을 유발한다는 단점이 있다. 기름을 해면에서 직접 소각시킬 경우 검은색 연기가 발생하고 연소물질은 CO_2와 H_2O이지만, 기름의 종류, 연소온도, 산소공급량에 따라 유독물질이 발생하기도 한다. 연기나 배출가스가 건강에 미치는 영향이 다른 방제작업보다 많다.

<해양오염사고 현장 소각 사례>
-Cases of incineration of marine pollution accidents-

(우리나라) 1986년 1월 2일, 부산 외항에서 **유조선 '진용호'가** 침몰하여 벙커 C유 약 1,230kl 유출사고 시, 부산해양경찰서는 방제정 및 경비함정을 동원해 벙커 C유 오염군을 오일펜스로 포집하여 부산항 외해 안전해역으로 유출유를 예인, 유막을 경유 심지로 예열하여 소각 방제하였다.

(영국) 1967년 3월 18일, 영국 남서부 해역에서 **유조선 'Torry Canyon호**(12만 톤급, 11만 9,193톤 원유적재) 좌초 시, 저유탱크 18개 중 14개가 파공되어 원유 대부분이 유출되었다. 영국은 사고 발생 12일 뒤, 영국 해군 폭격기를 동원 폭탄을 투하하여 기름을 소각 방제하였다.

제2장 방제명령과 비용징수

제1절 방제조치명령(Response order)

- 해양환경관리법을 중심으로 -

1. 해양오염신고와 방제조치명령

1.1 오염신고 의무자(제63조)

(1) 배출되거나 배출 우려 있는 오염물질이 적재된 선박의 선장 또는 해양시설의 관리자

(2) 오염물질의 배출원인이 되는 행위를 한 자, 배출된 오염물질을 발견한 자

1.2 해양시설로부터의 오염물질 배출신고(시행규칙 제29조)

(1) 해양시설로부터의 오염물질 배출을 신고하려는 자는 해양경찰청장 또는 해양경찰서장에게 서면(書面)·구술(口述)·전화 또는 무선통신 등을 이용하여 신속하게 신고하여야 하며, 그 신고내용은 다음과 같다.

◈ 해양환경관리법 시행규칙 제29조(해양시설로부터의 오염물질 배출 신고)
1. 해양오염사고의 발생일시·장소 및 원인
2. 배출된 오염물질의 종류, 추정량 및 확산상황과 응급조치상황
3. 사고 선박 또는 시설의 명칭, 종류 및 규모
4. 해면 상태 및 기상 상태

(2) 해양경찰청장 또는 해양경찰서장 외(外)의 자가 오염 신고를 받으면 지체 없이 그 내용을 해양경찰청장 또는 해양경찰서장에게 알려야 한다. <개정 2017.7.28.>

1.3 방제의무자(제63조)

(1) 해양에 배출되거나 배출될 우려가 있는 오염물질이 적재된 선박의 선장 또는 해양시설의 관리자. 이 경우 해당 선박 또는 해양시설에서 오염물질의 배출원인이 되는

행위를 한 자는 배출된 오염물질에 대하여 오염물질의 배출방지, 배출된 오염물질의 확산방지 및 제거, 배출된 오염물질의 수거 및 처리 등의 방제조치를 하여야 한다.

(2) 오염물질이 항만의 안 또는 항만의 부근 해역에 있는 선박으로부터 배출되는 경우 다음 각 호의 어느 하나에 해당하는 자는 방제의무자가 방제조치를 하는 데 적극 협조하여야 한다. <개정 2019.8.20.>

◈ **해양환경관리법 제64조(오염물질이 배출된 경우의 방제조치)**

1. 해당 항만이 배출된 오염물질을 싣는 항만인 경우에는 해당 오염물질을 보내는 자
2. 해당 항만이 배출된 오염물질을 내리는 항만인 경우에는 해당 오염물질을 받는 자
3. 오염물질의 배출이 선박의 계류 중에 발생한 경우에는 해당 계류시설의 관리자
4. 그 밖에 오염물질의 배출원인과 관련되는 행위를 한 자

1.4 방제조치명령(시행령 제49조)

(1) 해양경찰청장은 방제의무자가 자발적으로 방제조치하지 아니하는 때에는 그 자에게 시한을 정하여 방제조치를 하도록 명령할 수 있다.

(2) 해양경찰청장은 방제의무자가 방제조치명령에 따르지 아니할 때는 직접 방제조치를 할 수 있다. 이 경우 방제조치에 소요된 비용은 방제의무자가 부담한다.

(3) 직접 방제조치에 소요된 비용의 징수에 관하여는 「행정대집행법」 제5조 및 제6조의 규정을 준용한다.

<방제조치명령>

◈ 해양경찰청장은 방제의무자가 자발적으로 방제조치하지 아니하는 때에는 그 자에게 시한을 정하여 방제조치를 하도록 명령할 수 있다. 방제조치명령에는 방제조치의 기간, 방제조치 필요 해역의 지정, 방제조치사항을 포함하여야 한다. ※ **해양환경관리법 시행령 제49조(방제조치명령)**

---

2. 관계기관 지원 요청(시행령 제48조)

해양경찰청장은 방제조치를 위하여 필요한 경우 방제조치를 직접 하거나 관계기관에 오염해역을 통행하는 선박의 통제, 오염해역의 선박안전에 관한 조치, 인력 및 장비·시설 등의 지원을 요청할 수 있다. <개정 2014.11.19., 2017.7.26.>

3. 방제의무자의 방제조치 내용(시행령 제48조)

오염물질의 배출방지와 배출된 오염물질의 확산방지 및 제거를 위한 응급조치를 한 후 현장에서 할 수 있는 최대한의 유효적절한 조치여야 한다.

◈ 해양환경관리법 시행령 제48조(오염물질이 배출된 경우의 방제조치)

1. 오염물질의 확산방지 울타리(오일펜스)의 설치 및 그 밖에 확산방지를 위하여 필요한 조치
2. 선박 또는 시설의 손상부위의 긴급 수리, 선체의 예인·인양조치 등 오염물질의 배출방지조치
3. 해당 선박 또는 시설에 적재된 오염물질을 다른 선박·시설 또는 화물창으로 옮겨 싣는 조치
4. 배출된 오염물질의 회수조치
5. 해양오염방제를 위한 자재 및 약제의 사용에 따른 오염물질의 제거조치
6. 수거된 오염물질로 인한 2차 오염 방지조치
7. 수거 오염물질과 방제를 위해 사용된 자재 및 약제 중 재사용이 불가능한 물질의 안전처리조치

제2절 방제비용 부과·징수규칙

※ [시행 2017.7.26.] [해양경찰청 예규 제1호, 2017.7.26., 타법개정]

◈ **근거**: 해양환경관리법 제68조(행정기관의 방제조치와 비용부담), 같은 법 시행령 제50조(비용부담의 범위)

＜목적＞

이 규칙은 해양경찰청과 그 소속기관에서 기름등폐기물의 배출방지조치 및 방제조치를 하였을 경우 「해양환경관리법」 제68조와 같은 법 시행령 제50조 및 시행규칙 제35조, 「유류오염손해배상보장법」 제5조, 「국제유류오염보상기금(IOPC FUND)의 방제 및 예방조치 비용 보상 청구 가이드」 규정에 따라, 방제조치 등에 소요된 방제비용 부과·징수의 사무처리절차에 관하여 필요한 사항을 규정함을 목적으로 한다.

---

1. 정의 및 적용 범위

1.1 정의(제2조)

(1) "방제조치"라 함은 기름등폐기물이 배출되는 경우 기름등폐기물의 이적 및 배출방지, 오일펜스 전장, 유출유 회수·흡착, 유처리제 살포, 폐기물의 수거·운반·처리 및 필요한 물품운반 등 실제 기름등폐기물의 방제를 위하여 조치한 사항과 방제대책본부 설치·운영 등 지원사항을 포함한다.

(2) "배출방지조치"라 함은 「해양환경관리법」의 규정에 따른 기름등폐기물이 배출될 우려가 있는 경우 배출방지를 위한 조치를 말한다.

(3) "납부의무자"라 함은 당해 선박의 소유자나 해양시설의 설치자 또는 관리자 및 오염사고의 원인이 되는 행위를 한 자와 해양경찰서장의 승인을 받아 방제장비·기자재 등을 사용한 자를 말한다.

(4) "현물징수"라 함은 방제조치 등을 하였을 때 소모·없어진 기계·기구 및 물품 등을 같은 규격, 같은 수량으로 현물 징수하는 것을 말한다.

1.2 적용 범위(제3조)

(1) 해양경찰청과 그 소속기관에서 직접 방제조치 등을 하거나, 민간업체와 계약하여 방제조치 등을 한 경우

(2) 선박·시설의 소유자와 해양환경공단, 방제업체 등에서 직접 해양경찰서 보유 방제 바지 및 방제장비를 사용하여 방제조치 등을 한 경우

(3) 해양경찰청과 그 소속기관의 지시에 따라 해양환경공단에서 방제조치 등을 한 경우

2. 부과·징수

2.1 방제비용의 부과명세 등(제4조)

(1) 해양경찰청과 그 소속기관에서 방제조치 후 소요된 방제비용의 부과명세

    ① 없어진 기계·기구와 소모된 물품의 가격에 상당하는 금액

    ② 사용된 기계·기구의 수리비

    ③ 사용된 기계·기구의 사용료와 세척에 든 비용

    ④ 선박 또는 항공기의 운항비·인건비

    ⑤ 기계·기구·물품 등의 운반 및 선박의 예인, 배출된 기름의 제거, 회수된 기름등폐기물의 운반·처리 등에 든 비용, 기타 방제조치 등에 든 비용

(2) 해양경찰서장은 해양환경공단이 방제조치 등을 하게 한 경우, 해양환경공단에 방제조치 동시에 방제비용 납부의무자에게 그 사실을 통보하여야 한다.

2.2 방제비용 산출 및 현물납부 사전고지(제5조)

(1) 해양오염방제과장(이하 '담당과장'이라 한다)은 특별한 사유가 없는 한 방제조치 등이 종료된 날로부터 1월 이내에 방제비용 부과명세를 명확히 하여 소요된 방제비용을 산출하여야 한다.

(2) 산출된 방제비용 명세 중 물품은 현물로 낼 수 있음을 납부의무자에게 별지 제1호 서식에 따라 하여 신청기한을 정하여 사전에 알려야 한다.

(3) 해양경찰서장은 납부의무자가 방제비용을 현물로 내고자 하면 별지 제2호 서식의 방제비용현물납부신청서를 제출받아 현물징수를 결정하여야 한다.

2.3 방제비용 발생 보고 및 부담금액 결정(제6조)

(1) 방제비용현물납부신청서를 제출받거나 현물납부신청기한이 지나도 현물납부신청을 아니할 때는 담당과장은 바로 방제비용 명세서, 비용명세서를 첨부, 해양경찰서장에게 방제비용 발생 보고를 하여 방제비용 부담금액을 결정하여야 한다.

(2) 해양환경공단과 민간업체에서 방제조치를 한 경우에는 해양오염방제작업 위·수탁협약서 및 계약서에 의하여 정산·지출한 금액을 현금부담금액으로 한다.

2.4 방제비용의 현물징수 등(제7조)

(1) 방제비용 중 현물징수는 15일 이내의 납부기한을 정하여 별지 제5호 서식에 따라 하여 납부의무자에게 통지하고 그 내용을 물품관리관에게 통보하여야 한다.

(2) 납부의무자가 현물을 낸 때에는 「해양경찰청 검사업무 규칙」에 따라 검사하여야 한다.

(3) 검사에 합격한 물품에 대하여는 방제비용 현물인수증을 납부의무자에게 발급하고, 물품 관리부서에 통보하여 물품을 등재하도록 하여야 한다.

(4) 납부기한 내에 현물납부를 하지 아니할 때는 10일 이내의 납부기한을 정하여 별지 제8호 서식에 의한 독촉장을 15일 이내에 발부하여야 한다.

(5) 독촉에도 불구하고 내지 않으면 후 현금으로 징수하도록 조치하여야 한다. 단, 현물의 수입 및 제조 등에 장기간이 필요한 경우에는 납부기한을 연장할 수 있다.

2.5 방제비용의 현금징수(제8조)

(1) 담당과장은 방제비용 중 현금징수를 하면 방제비용 발생보고서를 첨부하여 분임수입징수관에게 통보하여 세입 징수하도록 하여야 한다.

(2) 분임수입징수관은 세입으로 징수하여야 할 방제비용(채권) 발생내용을 통보받은 때에는 「국고금 관리법 시행규칙」 제4조 각 호의 사항을 조사하여 세입금으로 징수를 결정하여야 한다.

(3) 세입금 징수를 결정한 때에는 「국고금 관리법 시행규칙」에 따라 납부의무자에게 별지 제9호 서식의 방제비용납부통지서를 발부하여야 한다.

2.6 독촉 및 강제집행의 청구 등(제9조)

(1) 분임수입징수관은 납부의무자가 납부기한 내 방제비용을 내지 아니하면 「국고금 관리법 시행규칙」에 따라 하여 독촉, 강제집행의 청구, 이월, 기타 비용징수에 관하여 필요한 사항을 조치하여야 한다.

(2) 독촉을 하면 독촉장을 발부하여야 하며, 내지 아니한 방제비용의 징수를 위하여 조치한 사항은 서식에 의하여 기록·유지하여야 한다.

2.7 방제비용 채권보전(제10조)

(1) 분임수입징수관은 방제비용의 채권보전이 곤란한 경우에는 지방행정기관과 세무서, 금융기관 등에 납부의무자의 소재 및 재산 유무를 조사·확인하여야 한다.

(2) 분임수입징수관은 파악된 부동산, 동산에 대하여 임시압류 및 임시처분을 관할법원에 신청할 수 있다. 납부의무자가 방제비용을 낸 때에는 즉시 임시압류 및 임시처분 조치를 해제하여야 한다.

2.8 불납결손처분(제11조)

(1) 분임수입징수관은 징수되지 아니한 방제비용이 「국세징수법」 제86조 및 「국고금 관리법 시행규칙」 제35조에 해당할 때는 방모든 비용체납정리위원회의 심의·의결을 거쳐 결손처분을 할 수 있다.

(2) 분임수입징수관은 결손처분을 한 후, 세입할 수 있는 다른 재산을 발견한

때에는 바로 그 처분을 취소하고 강제집행을 청구하여야 한다.

2.9 방제비용체납정리위원회(제12조)

(1) 방제비용의 체납정리를 심의하기 위하여 각 해양경찰서에 방제비용체납정리위원회를 둔다.

(2) 방제비용체납정리위원회는 위원 5인 이상 7인 이내로 구성하되, 위원장은 해양경찰서장이 되며, 위원은 당해 해양경찰서의 과장급 공무원과 세무 및 법무에 관한 학식과 경험이 풍부한 자 중에서 해양경찰서장이 임명 또는 위촉하는 자가 된다.

(3) 위원장은 당해 위원회를 소집하고 그 의장이 되어 회의 일정과 의안을 미리 각 위원에게 통지하여야 하며, 재적 위원 과반수의 출석으로 개의하고 출석위원 과반수의 찬성으로 의결한다.

(4) 위원장은 당해 위원회를 개최한 때에는 회의록을 작성하여 이를 비치하여야 한다.

(5) 방제비용체납정리위원회는 의안심의에 있어서 필요하다고 인정하는 경우에는 체납자·이해관계인들의 의견을 들을 수 있다.

제3절 방제운영비 및 민간위탁금 집행지침

◈ 근거: 해양환경관리법 제68조(행정기관의 방제조치와 비용부담)

같은 법 시행령 제50조(비용부담의 범위 등)

같은 법 해양환경관리법 시행령 제52조(행정기관의 방제조치와 비용부담 등)

1. 적용 범위

<적용 범위>

◈ 「해양환경관리법」의 규정에 따라 방제조치를 하여야 할 자가 조치하지 아니하거나 그 조치만으로는 해양오염을 방지하기가 곤란하거나 긴급방제조치가 필요한 경우에 해양경찰서장이 방제조치하는 비용, 원인행위자 불명인 해양오염을 방제조치하는 비용
◈ 해양환경공단과 체결한 "해양오염방제작업 위·수탁 협약"에 의하여 방제조치하는 비용
◈ 해양오염사고 발생 시 방제대책본부 운영 등 기타 방제조치에 필요한 비용

2. 방제운영비(관서운영비)의 집행

2.1 방제운영비의 집행

(1) 신속하게 방제조치하기 위하여 방제운영비로 집행할 수 있는 경우

① 방제장비와 자재 운용에 필요한 선박, 차량, 부대장비 등의 임차료

② 방제 자재·약제 및 소모 자재 구매비

③ 방제장비, 자재운반 및 운송비

④ 방제조치에 사용된 장비의 수리비

⑤ 방제조치에 동원된 인원의 피복비

⑥ 회수된 폐유, 폐기물 등의 운반·처리비

⑦ 방제 전문기술지원단에 대한 전문가 자문료

⑧ 방제대책본부와 방제대책상황실 운영경비

⑨ 방제 요원의 위생비, 기타 방제조치에 드는 경비

2.2 개산급의 지급

(1) 해양오염방제과장(이하 '담당과장'이라 한다)은 현장방제조치의 긴급지원을 위하여 전 "가(1)"의 "③" 및 "⑧"의 경비와 단위 품목당 소정 금액 이하의 소요비용을 개산급으로 사전에 지급할 수 있다.

(2) 담당과장은 개산급을 집행하고자 하면 집행계획서를 작성하여 해양경찰서장에게 보고하고 경리 담당과장에게 신청하여 집행한다.

(3) 담당과장은 개산급으로 집행한 비용을 개산급 집행명세 및 증빙서류를 경리 담당과장에게 통보하고 잔액이 있으면 바로 반납하여야 한다.

2.3 방제 자재 구매 비축

(1) 해양경찰서장은 해양오염사고의 신속한 초동 방제조치를 위하여 필요한 방제 자재·약제를 방제운영비로 구매·비축할 수 있다.

(2) 해양경찰서의 보유 방제 자재가 부족하여 관계기관·단체 또는 업체로부터 방제 자재를 빌려 방제조치를 하였을 때 방제운영비로 같은 물품을 사 갚을 수 있으

며, 이 경우 소모품 대장에 출납 사항을 상세히 기록·유지하여야 한다.

(3) 해양경찰서장은 방제운영비를 효율적으로 집행하기 위하여 사전에 동원 대상업체를 파악하여 동원체제를 유지하여야 한다.

2.4 방제 요원의 위생비

(1) 해양오염 방제작업에 동원된 해양경찰청 소속 공무원과 전투경찰에 대한 목욕비, 세탁비, 강의비, 의료비 등의 위생비를 예산의 범위 안에서 지급할 수 있으며 그 지급 대상자는 다음 각 호와 같다.

① 사고 선박의 응급방제조치 및 오일펜스 설치 작업에 종사한 자
② 유출유 회수작업, 유흡착재 및 유처리제 사용작업에 종사한 자
③ 방제장비 및 자재운반 작업에 종사한 자, 방제대책본부에 편성된 자
④ 방제작업 계획 수립 및 집행 등을 수행하는 자

2.5 방제운영비 관리

(1) 경리담당과장은 방제운영비를 타 예산과 별도로 구분하여 경리하여야 하고 본 지침에서 정한 용도 이외의 용도에 사용하여서는 아니 된다.

(2) 본 지침에 의하여 집행된 방제운영비는 해양경찰청 예규 「방제비용 부과·징수 규칙」에 의하여 방제비용으로 국고에 세입조치 하여야 한다.

3. 민간위탁금의 집행

3.1 민간위탁금의 집행 절차

(1) 해양경찰청장 또는 해양경찰서장은 해양오염사고 발생 시 민간위탁금을 집행하여 방제조치를 하고자 하면 "해양오염방제작업 위·수탁 협약"에 의한다.

(2) 해양경찰청장 또는 해양경찰서장은 "(1)"의 규정에 따라 해양환경공단에 방제작업을 지시할 때는 별지 제2호 서식에 의하며 그 사실을 방제조치 의무자 및 보험사에 통보하여야 한다.

3.2 관리와 감독

（1）해양경찰청장 또는 해양경찰서장은 원활한 업무 수행을 위하여 필요한 범위 내에서 해양환경공단에 시정을 명령할 수 있다.

（2）해양경찰서장은 해양환경공단으로부터 매일 방제실적을 보고 받아 조치사항을 평가하고 오염사고 규모에 적합한 방제 선박, 장비 등의 방제세력이 동원되도록 하여야 한다.

3.3 방제비용의 정산

（1）해양경찰서장은 해양환경공단에서 방제비용의 정산을 요청하면 비용의 산출 근거를 제출받아 합리성 여부를 확인한 후 승인하여야 한다.

（2）해양경찰서장은 승인된 비용을 해양경찰청 예규 「방제비용 부과·징수 규칙」에 의하여 방제비용으로 국고에 세입조치 하여야 한다.

〔표 3-2〕 방제비용 부과징수 흐름도

방제조치	◦ 기름등폐기물의 이적 및 배출방지, 오일펜스 전장, 유출유 회수·흡착, 유처리제 살포, 폐기물의 수거·운반·처리 및 물품운반 등 ◦ 방제대책본부 설치·운영 등의 지원사항 ◦ 좌초·충돌·침몰·화재 등 기름등폐기물 배출우려 시 예방조치

↓

방제비용 방제종료 1개월 내	◦ 멸실된 기계·기구와 방제작업에 소요된 물품의 비용 ◦ 방제조치에 사용한 기계·기구의 사용료 및 수리·세척비 ◦ 선박 또는 항공기의 운항비 및 인건비 ◦ 기계·기구·물품 등의 운반비용 ◦ 기름등폐기물의 제거 및 회수로 소요된 운반·처리비

↓

현물납부 사전고지

◦ (현물 납부 가능) 멸실된 기계·기구, 방제작업 소요물품에 대하여 현물납부할 수 있음을 신청기한을 정하여 납부의무자에게 고지

→ **방제비용 현금징수 결정**

◦ 방제비용발생보고서 첨부 분임수입징수관 통보
◦ 「국고금관리법 시행규칙」에 따라 분임수입징수관이 방제비용 징수 결정

↓   ↓

현물납부신청 접수

◦ 납부 의무자로부터 방제비용현물납부신청서 접수

방제비용납부 통지서 발부

◦ 납입기한(고지일로부터 15일 이내) 방제비용 납부통지서 발부

↓   ↓

현물납부 결정

◦ 방제비용내역서, 비용명세, 납부방법 등 결정

국고납입

◦ 한국은행, 국고수납대리점 또는 우체국에 납입

↓   ↓

현물징수 통보

◦ 납부의무자(납부기한 15일), 물품관리관 통보

독촉

◦ 납입기한(발부일로부터 10일 이내)을 정하여 독촉장 발부

↓ ──── 미납 시   ↓

납품

◦ 「해양경찰청 검사업무 규칙」에 따른 검사

강제집행 및 채권보전

◦ 금융기관 등에 채납자 소재 및 재산 유무 파악, 법원에 압류 및 가압류·가처분 신청

↓   징수불가 시 ↓

인수증 발급 및 물품등재

◦ 납부의무자에게 방제비용 현물 인수증 발급
◦ 물품관리부서에 물품 등재

결손 처분

◦ 방제비용 체납정리위원회 심의 의결

제3장 문서관리

제1절 방제행정 순서

1. 응급조치 및 보고·전파(First Aid and Reporting / Propagation)

1.1 *119* 상황접수

· 사고개요	· 사고 발생일시, 장소, 원인
· 유출유 확산상태 및 추정량	· 사고선 제원(선명, 선종, 톤수, 국적)
· 해·기상상태 및 응급조치사항	· 선주연락처, 신고자 인적사항, 연락처

1.2 업무 지시

- 해양사고지점에서 가장 가까운 위치에 있는 경비함정, 방제함정 화학방제함 출동 지시	 ○○○함 출동하라!

1.3. 현장상황조사 및 응급조치

· 유출량, 기름탱크 파공여부 및 기름적재량, 선체 상태 등 초기 파악 가능한 부분만 현장에 전화로 확인, 유출구 봉쇄, 밸브폐쇄, 적재유 이송 등 현장 응급조치 지시

1.4 비상소집

· 담당 기능, 담당자 전파(선 조치, 후 보고), 비상 연락망 활용

1.5 지휘 보고

· 초기 지휘 보고(전화, 문자, e-mail, FAX) ※ 우선, 파악 가능한 부분만 보고

1.6 상황 보고 및 전파

· 사고 개요, 일시, 장소, 선박 제원, 유종 및 유량, 오염범위, 함정출동 사항, 조치사항
※ 파악 가능한 부분만으로 신속 보고·전파
· 내부 전파처: 해양경찰청 및 인근 해양경찰서, 각과
· 외부 전파처: 지방해양수산청, 시·군(필요 시 군부대, 경찰, 지방환경관리청, 수협 등)

2. 초동 방제(First Response)

2.1 방제세력 추가 출동 지시 및 현장확인

- 가용 선박 및 항공기 출동, 유출유 확산범위 확인
· 사고 선박과 시설 주위에 오일펜스 설치, 방제정 유회수기 이용 유출유 회수작업 실시
- 담당 직원 편승 현장확인
· 선체 기울기, 파공 위치와 크기, 기름 탱크 파손, 유출상태, 해저와 접촉 여부 등 확인
※ 디지털카메라 등 체증장비 지참 활용

2.2 지원업체 부대장비 동원 지시

- 유회수 장비별 책임지원업체 연락, 부대장비 동원(전화)
· 예인선, 바지선, 유조선, 화물차, 지게차, 크레인 등
- 민간방제팀 동원지시(전화)

2.3 인접 서와 관계기관 지원 요청, 기동방제팀 출동

- 인접 해양경찰서 지원 요청, 인접 지역 해양환경공단, 관계기관 지원 요청(전화)
- 업무지시(전화 등)에 따라 기동방제팀 출동

2.4 해양오염 방제조치명령

- 선주, 대리점 등에서 선체안전 조치 및 추가유출 방지조치, 방제업체 동원토록 지시

2.5 세부 사고상황 파악 및 보고

- 상황실 상황 보고서 접수·배부
- 현장 선체 상태 및 기름유출사항 파악(사고 현장 선원, 선주 감독, 도착함정, 항공기 등 대상)
- 점검표에 의한 상황 파악(선주, 선원, 출항지 대상)

- 시차별 조치사항 기록유지
- 어장·양식장 및 주요 임해시설 현황파악(방제정보지도 활용)
- 시차별 유출유 확산 예측(구난·방제시스템 활용)
- 현장 사진 입수·보고(e-mail, Web hard 등)

2.6 초기 상황 보고

- 파악된 자료를 취합하여 수시로 상황 보고할 수 있도록 상황실과 협조
※ 초기보고서는 초동조치사항 위주로 파악된 내용을 신속하게 작성 보고

2.7 초기 방제전략 수립 및 시행

- 상황파악 자료를 토대로 현장여건에 적합한 방제전략 수립
- 수립내용
· 사고선으로부터 추가유출 방지조치(유출구 봉쇄, 밸브폐쇄, 적재유 이송 등)
· 유출유 확산방지조치(사고선 주변 오일펜스 전장 등)
· 어장·양식장 등 민감자원 보호조치(오일펜스 전장 위치, 방법, 길이 등)
· 방제방법 결정(유출유 특성 파악, 선박 동원범위, 방제팀 구성, 유처리제 살포 여부 등)

2.8 초기 방제조치 실행

· 추가유출 방지조치   · 유출유 확산방지조치   · 어장·양식장 등 민감자원 보호조치
· 유출유 특성에 따른 방제조치

2.9 언론 보도 대응

· 보도자료 작성, 배포(대변인실, 공보 기능과 협조): 사실 그대로 보도
· 언론취재 편의 제공   · 오보 및 비난 보도 진상파악 시정   · 보도 내용 모니터링

3. 전략적 방제 실행(Strategic Response)

3.1 방제대책본부(RMH: Response Measures Headquarters) 설치

<방제대책본부 설치>
● 설치장소: 사고 발생 해당 해양경찰서
- 설치요건: 지속성 기름 30㎘, 비지속성 기름 100㎘ 유출 시
- 본부장: 청장 또는 국장, 해양경찰서장(유출규모에 따라 지정)

- 대책반 구성: 지휘통제반, 방제상황반, 보급지원반, 홍보·행정반, 현장조사반
- 방제대책본부(RMH) 설치
· 설치 필요성, 설치 규모, 장소 등 검토
- 이미 구성된 RMH 사고대응반 가동
· 사고 규모(소형, 중형, 대형)에 따라 탄력적 인원 구성
· 사고대응반 가동계획보고 및 해당 부서 통보

3.2 지역방제대책협의회 개최

- 주재: 현장 지휘관
- 편성: 관계기관, 단체, 업체 등
- 내용: 오염사고 방제계획 수립, 방제에 필요한 인력·물자·장비·처리시설 지원, 사고수습을 위한 협력 및 기술적 자문, 개최계획 수립 등

3.3 방제조치 실행

- 사고해역 주변 항행 선박 통제요청
- 기동 방제팀 현장 지원
- 방제기술지원단 운영
- 유출유 탐색 활동
- 세부 방제전략 수립·시행
- 방제작업 지휘·통제
- 보급 지원
- 방제상황 유지 및 확산상황 파악
- 해안방제 협조 요청
- 주기적인 상황 보고·전파
- 방제조치 상황 언론 홍보

4. 국가 재난관리체제 운영(National Disaster Management System)

- 운영요건: 재난적 대형오염사고 발생 시
- 총괄: NSC, 국무총리실
중앙/지방사고 수습본부: 해양수산부/시·도
방제 종합상황실: 해양경찰청/RMH: 해양오염 발생해역 해양경찰서
- 국내 관계기관 인력·장비 동원(해양수산부, 국방부, 행정자치부, 소방방재청, 노동부, 환경부, 국립환경연구원 등)
· 인력·장비 동원계획 취합·보고
· 인력·장비 동원실적 취합·보고
- 외국 방제 선박·항공기 동원(필요할 때)
(해양수산부, 외교통상부, 법무부, 관세청, 질병관리본부, 지방항공청, 항공교통관제소)
외국 장비 동원계획 작성·협조공문 작성 및 발송·장비 동원실적 취합·보고

- 국외 관계기관 통보: NOWPAP 회원국 및 IMO
- 인적, 물적 자원 활용계획 수립.시행
· 방제장비 및 부대장비 이동.운반 지원
· 해상 및 해안방제작업 지휘 통제
· 보급물자 관리 통제
· 지원인력 안전교육 계획수립.실시
· 방제기술지원단 방문 때 현황 설명 및 관련 오염상황 정보 제공

5. 방제종료 결정(Decision to End Response) - '이해당사자 공감대' 가 중요

- 현장 조사팀 구성, 현장 합동 조사 후 결정(방제종료에 대한 공감대 형성)
· 해양경찰청, 지자체, 방제기술지원단 등 전문가, NGO 단체, 주민 등으로 구성
- 방제종료 결정
· 공동조사팀의 현장 합동 조사 결과 반영, 오염된 전체지역을 대상으로 조사하고 종료 결정
- 수거된 폐유·폐기물 처리: 허가된 업체에 신속 처리/폐기물관리법에 따라 최종 처리하도록 지도
- 방제조치 평가: 도출된 문제점에 대한 개선방안 마련, 방제 완료 후 10일 이내 종합보고
- 방제비용징수: 방제조치에 든 비용 산출
· 방제비용 부과 결정
· 방제비용징수 세입

제2절 방제문서 서식

<서식(안) 차례>

〔서식 1〕해양오염신고 접수부 Records of receiving marine pollution
〔서식 2〕해양오염발생 보고서 Report of marine pollution
〔서식 3〕방제선 출동 조치 기록부 Records of the dispatch of Response ship
〔서식 4〕방제세력 동원현황 취합 서식 Form of Responsive Force Mobilization
〔서식 5〕유출유 항공탐색 결과보고서 Report of Aeronautical search results
〔서식 6〕해양오염 방제(지시, 요청)서 Response of marine pollution(instruction, request)
〔서식 7〕방제조치명령서 Documents ofResponse action order
〔서식 8〕사고 현장상황조사 점검표 Checklist for the situation at the accident site
〔서식 9〕해양오염 방제기술 지원 요청서 Request for supporting Response technology
〔서식10〕오염사고 평가서 Pollution Accident Assessment
〔서식11〕일일 진행 보고서 Report of Daily Progress
〔서식12〕일일 종합 보고서 Report of Daily Comprehensive
〔서식13〕방제 종합 보고서 Report of Response Control

〔서식 1〕

해양오염신고 접수부

결재	상황실장	과 장	서 장

신고자	신고일시	'25.1.XX., 00:00	장소	00항 00부두 0번석
	성명	○○○	연락처	010-000-00XX
	신고경로	'119' → 상황실		
접수자	직급	○○ ○급	성명	○○○
신고 내용	오염원	○○호	오염범위	1,000 X 1,000 M
	물질 및 수량	미상	유막색깔	갈색, 검은색
	기타 참고사항	해양환경감시원 신고		
조치	시간	조치내용		
	07:00	방제0호 출동, ETA 08:00		
	07:05	화학방제0호 출동, ETA 08:05		
조치사항 통보				

신고자 구분	공무원	(주민)	행위자	익명	기타
사 건 처 리	(의법조치)	자체종결	허위신고	기관통보	기타

감시원 여부	No. 000	주민 번호	00XX00-	
보상금 지급여부	지급금액:		계좌번호: 00은행 00XX00-	

〔서식 2〕

해양오염발생 보고서

수신: 전파처 참조   발송일자: '23. 00. 00.(토)

제목: 해양오염사고 발생 통보	전파처	
1. 일시 및 장소: '25. 01. XX, 00:00, (장소, 경위도)		
2. 오염원: 선명(톤수, 선종, 국적)		
- 선체상태: 침몰, 좌초상태, 파공위치 및 크기, 기울기 정도		
3. 오염물질 및 수량: (유종, 수량㎘)		
- 적재유: 유종, 수량(㎘)		
4. 오염범위: 길이 m × 폭 m		
- 유출유 이동 방향 및 확산상태, 유막의 색깔 등		
5. 피해사항: 현재까지 파악된 사항		
인근 어장·양식장과 사고위치와의 거리		
6. 개요: 육하원칙에 의거 작성		
7. 조치사항		
- 인명피해 및 구조사항		
- 방제선 및 해양환경공단 출동사항		
- 사고선의 유출방지를 위한 응급조치 사항		
- 오일펜스, 유회수기 동원사항		
- 방제 예정사항 및 동원계획 등		
8. 기타		
- 현지 기상: 기상특보, 풍향, 풍속, 파고, 시정 등		
※ 오염현장 사진		

〔서식 3〕

방제선 출동조치 기록부 2025.00.00., 00:00

연번	선명	출동시간	도착시간	비고
1	방제0호	07:00	08:00	○○호 사고
2	화학방제0호	07:05	08:05	○○호 사고
3	00함	07:05	08:05	○○호 사고

〔서식 4〕

방제세력 동원현황 취합 서식 2025.00.00., 00:00

구분		인원 (명)	선박 (척)	항공기 (대)	회수기(대)		오일펜 스(m)	유흡착 재 (kg)	비고
					고정	이동			
	계	1,200	17	2	15	17	1,000	2,000	
해상	00-00-00	200	17	2	13	5	1,000	500	
해안	00포 해안	1,000	-	-	2	12	-	1,500	

〔서식 5〕

유출유 항공탐색 결과보고서

구분	( )	( )	본부
접수 시간	:	:	:

분류기호: ○○과 - 00(2025. 1. 00.)

수신: 본부장
참조: ○○과장, ○○과장
발신: ○○

발송일자: 2025. 00. 00.
수 신 자: ○○○
송 신 자: ○○○
상황실장: ○○○

제목: **유출유 항공탐색 결과 보고(관련 제보)**	전 파 처	
2025.00.00., 00:00경, 부산 영도 태종대 앞 0마일 해상에서 "00호"(00선, 0톤)가 "00호"(00선, 0톤)와 충돌, 00유 약000㎘가 유출		
1. 일시 및 탐색구간		
○ 일시: 00:00~00:00(00분간)		
○ 탐색구간:		
2. 유출유 탐색결과		
○ ○○해역(지형지물 및 경위도 명시)		
- 확산범위: 길이 000m × 폭 000m		
- 기름색깔: 은색, 엷은 무지개색, 짙은 무지개색, 갈색, 검은색 등		
- 이동 방향: 00에서 000으로 이동 확산 중		
○ ○○해안(지형지물 및 경위도 명시)		
- 부착범위: 길이 00m × 폭 00m		
- 기름색깔: 은색, 엷은 무지개색, 짙은 무지개색, 갈색, 검은색 등		
- 부착상태: 간헐적, 군데군데, 길게 분포		
3. 기타		
○ 항공기: 헬기 ○○○호기, 조종사(계급, 성명)		
○ 탑승자: ○○과 ○○계장 외 0명		
○ 기타 참고사항		
※ 현지기상		
첨부: 오염범위 및 상태표시 도면 1부.		

〔서식 6〕

해양오염방제(지시·요청)서

<table>
<tr><td colspan="6">(2025-00호)

 해양오염방제(지시·요청)서 </td></tr>
<tr><td colspan="6">

　해양환경공단 ○○지부장 귀하

　해양오염 방제작업 위·수탁 협약에 의하여 다음과 같이 방제작업을 실시할 것을(지시·요청)하니 신속하게 방제작업을 실시하기 바랍니다.

 2025년　1월　일
 ○○○ 장 ㉑　

</td></tr>
<tr><td rowspan="2">사고개요</td><td>오염원</td><td>발생일시</td><td>발생장소</td><td>오염물질</td><td>유출량</td><td>사고 개요</td></tr>
<tr><td></td><td></td><td></td><td></td><td>㎘</td><td></td></tr>
<tr><td>방제해역</td><td colspan="5"></td></tr>
<tr><td>방제기간</td><td colspan="5"></td></tr>
<tr><td>방제방법</td><td colspan="5"></td></tr>
<tr><td>구분</td><td>송·수신자</td><td colspan="2">송·수신 시간</td><td colspan="2">송·수신 방법</td><td>비고</td></tr>
<tr><td>해양경찰서</td><td></td><td colspan="2" rowspan="2"></td><td colspan="2" rowspan="2">Fax 등</td><td rowspan="2"></td></tr>
<tr><td>해양환경
공단</td><td></td></tr>
</table>

〔서식 7〕

방제조치명령서

<table>
<tr><td colspan="5" align="center">방제조치명령서</td></tr>
<tr><td rowspan="5">수
명
자</td><td>수명 일시</td><td colspan="3" align="center">2025.01.00., 00:00</td></tr>
<tr><td>소유자</td><td align="center">○○○</td><td>주민등록번호</td><td align="center">000000-0000000</td></tr>
<tr><td>선박명</td><td align="center">○○○호</td><td>시설명</td><td align="center">○○○사</td></tr>
<tr><td>회사명</td><td align="center">○○사</td><td>전화번호</td><td align="center">000-0000</td></tr>
<tr><td>선박번호</td><td align="center">○○○-○○○</td><td>선장, 관리자</td><td align="center">○○○, ○○○</td></tr>
<tr><td>사
고
개
요</td><td colspan="4">A호는 00월 00일 00시경 00항~ 000으로 항해 중 00해역에서 좌초. 기름유출</td></tr>
<tr><td rowspan="3">명
령
내
용</td><td align="center">내용</td><td align="center">기간</td><td colspan="2" align="center">해역</td></tr>
<tr><td>1.기름확산방지를 위한 기름울타리 설치
2.기름 회수, 흡착 제거</td><td>00.00.00.부터
00.00.00.까지</td><td colspan="2" align="center">○○○해역</td></tr>
<tr><td colspan="4"></td></tr>
<tr><td colspan="5">해양환경관리법 제48조 제3항의 규정에 의하여 위와 같이 방제조치 할 것을 명령합니다.

 2025 년   00월   00일
 ○○ 해 양 경 찰 서 장 ㊞ </td></tr>
<tr><td rowspan="2">참고인</td><td>성명</td><td align="center">○○○</td><td>주민등록번호</td><td align="center">000000-0000000</td></tr>
<tr><td>주소</td><td align="center">00시 00구 00대로00</td><td>전화번호</td><td align="center">000-0000</td></tr>
</table>

〔서식 8〕

(OOO호) 사고 현장상황조사 점검표

2025.1.00., 00:00

항목	내용				비고
사고 개요					
일시, 장소	일시 장소				
사고 유형					
사고 접수	접수자 일시 신고자 연락처				
선박 제원	선명 선종				
	총톤수 국적				
	건조일 선체구조				
	전장 선폭 깊이				
	흘수(선수 선미)				
	선장 (연락처) 승무원				
	선주 (연락처)				
	대리점 (연락처)				
	기름적재량 (총 kℓ)				
- 연료유	총량 kℓ(	kℓ,	kℓ,	kℓ)	
- 화물유	총량 kℓ(	kℓ,	kℓ,	kℓ)	
(우현 탱크)					
(센터 탱크)					
(좌현 탱크)					
- 화물종류	품명 OOO 유, OOO 톤				
선체 상태					
- 파공 위치					
- 파공 크기					
- 기울기					
- 침몰위험					
- 선체상태					

〔서식 9〕

해양오염 방제기술 지원 요청서

2025.01.00., 00:00

문서번호		전화		수 신	
시행일자		FAX		발 신	

① 사고명	

② 사고개요	

③ 일시 및 장소	
④ 오염원 제원	
⑤ 오염원 상태	
⑥ 해역 특성	
⑦ 오염상황	
⑧ 기상 상황	
⑨ 기술지원 요청 사항	

〔서식 10〕

오염사고 평가서

1. 오염원

선명	선종	총톤수	기름적재량(㎘)				기름탱크 위치	오염보험
			계	중유	DO	LO		

2. 사고선박(시설) 상태 및 예측

선체·시설상태	기름탱크 파손 여부	기름유출상태	유출량(예측량)

3. 기름의 특성 및 확산상태

유출유 특성			확산상태				
점도	비중	유동점	확산속도	길이	폭	색깔	이동 방향
cSt		℃					

4. 해.기상상태 ※ 기상에 따른 방제작업 여건

풍향	풍속	파고	기온	수온	해.조류		조석시간		기상특보사항
					창조	낙조	고조	저조	
	m/s	m			kt	kt			

5. 오염확산(예측)해역에 민감자원 분포현황(방제정보지도 인쇄첨부)

수심	저질	어장·양식장		해수 취수시설	해수욕장	관광위락지	기 타
m		건	ha				

6. 적용가능한 방제방법 및 우선순위

방제조치	가능 여부	방제방법	우선 순위	방제조치	가능 여부	방제방법	우선 순위
유출구 봉쇄				회 수 작 업			
잔존유 이적				유흡착재 수거			
확 산 방 지				유처리제 사용			
민감 해역보호				해안.항만 유도			

7. 종합 의견

2025.01.00., 00:00   평가자: ○○○ ㊞

〔서식 11〕

일일진행보고서

2025. 1. 00., 00:00

제목: 해양오염사고 진행사항 보고(0보)	전파처

일시, 장소, 오염원, 사고 개요를 간략히 기록

1. 선체 상태

2. 오염 상태(00:00 현재)

3. 지시 및 조치 사항
   ○ 선체안전조치 및 기름유출방지, 이적사항 등
   ○ 오염해역별 구체적인 방제조치 계획
   ○ 구난사항
   ○ 방제인력, 방제선 및 장비.자재동원 계획 등

4. 기타
   ○ 해·기상, 보도기관 현장취재 및 보도사항
   ○ 오염사고 관련 정보 및 애로사항
   ※ 07:00에 보고할 내용으로 현장상황을 정확히 판단하여 작성

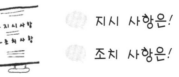

지시 사항은!

조치 사항은!

〔서식 12〕

일일종합보고서

2025. 01. 00, 00:00

제목: 해양오염 방제 일일종합 보고(제0보)	전 파 처	
일시, 장소, 오염원, 사고 개요를 간략히 기록		
1. 선체상태(현상태와 당일 선체 변동 사항을 기록)		
2. 오염상태(현상태와 당일 오염 변동 사항을 기록)		
ㅇ 해상:		
ㅇ 해안:		
3. 피해사항		
4. 조치사항		
ㅇ 선체조치		
ㅇ 방제조치		
ㅇ 구난사항		
5. 동원인원 및 방제기자재 사용현황		

구분	인원(명)	선박(척)	오일펜스 (m)	유흡착재 (kg)	유처리제 (ℓ)	기타
일계						
누계						
해양경찰						
기관, 공단						

ㅇ 기름, 폐기물 수거량 및 처리내역

ㅇ 방제진도(예측 가능한 경우에만 기록)

  ※ 동원기관, 단·업체별로 동원내역 취합기록

6. 일일방제결과 평가: 전략과 계획의 적정성

7. 전망 및 앞으로 계획

8. 기 타

  ㅇ 기상, 특보사항

  ㅇ 보도기관 취재 및 보도사항

9. 내일 계획

〔서식 13〕

방제종합보고서

□ 사고개요

○ 일시 및 장소: 2025.1.00., 00:00, 000 항 제 0부두 0 선석

○ 개요: 육하원칙

> - 오염원, 사고 발생 전의 주변 상황 및 사고 발생 과정과 원인, 내용 등
> - 해역의 특성 및 사고 발생 전후의 해상, 기상상태 등

○ 선박제원

선명	톤수	선종	국적	승선원	대리점	용선자	선령

□ 초동조치

○ 신고접수 및 전파

- 신고접수 내용을 해양경찰청 및 관계기관 등에 보고·전파한 사항

○ 현장상황 조사

- 유출량(추정량) 및 유출상황을 기재

- 선체 상태, 환경민감도 등 주변 상황조사

○ 초동 방제조치

- 신고접수 후 해양경찰, 관계기관, 해양환경공단, 방제업체 등에서 취한 상황 전개 과정

- 해양경찰 등 헬기, 경비정, 방제정, 방제선 등의 출동 조치사항

- 선체상태, 기상여건, 애로사항 등

- 인명구조, 화재진압, 선박구난 등의 조치사항

- 유출구 응급봉쇄, 유출방지조치 등 사고확대 방지를 위하여 취한 조치사항

  - 선주 및 보험사 측에서 취한 초동조치

○ 유출량 및 확산범위

- 유출량 산정 방법을 기술하고 유종을 구분하여 유출량을 기재

- 초기 해상오염상태 및 범위, 유출유 이동 방향, 색깔 등

- 일자별 오염상태 및 유출유 확산범위

- 해안가 기름부착 사항

□ 방제조직 및 방제전략

○ 방제조직

- 방제대책본부(RMH) 설치 또는 방제조직 구성 및 운영

- RMH 회의 및 지역방제대책협의회 개최·운영내용

- 사고 지휘·통제체제

○ 방제전략

- 방제전략 결정 및 이에 따른 유출유 확산방지, 민감 해역 보호방법 등 방제계획

- 기름이적 계획

- 사고 지휘.통제체제 운용 방법(통신 등)

□ 방제조치

○ 해상방제

- 유출유 확산방지, 회수 등 방제작업 사항 및 방제작업 기간

- 방제 담당구역 지정사항

- 유출유 회수작업에 동원된 장비 및 운용사항과 효과

. 총 회수량 및 기름량, 회수효율

- 방제방법 선정 및 오일펜스, 유처리제와 유흡착재 등 자재사용 방법 및 효과

- 해상 동원인원 방제기자재 사용현황

구분	인원 (명)	선박 (척)	유회수기 (대)	오일펜스 (m)	유흡착재 (kg)	유처리제 (ℓ)	기타
총계							
기관명							

○ 해안방제

- 해안가 방제작업 방법 및 효과, 인력동원 방법

- 방제작업 기간

- 환경단체 및 지역주민의 여론 등

- 해안 동원인원 방제기자재 사용현황

구분	인원 (명)	선박 (척)	유회수기 (대)	오일펜스 (m)	유흡착재 (kg)	유처리제 (ℓ)	기타
총계							
기관명							

□ **유류 이적 및 선체처리**

○ 유류 이적

- 기름이 적을 위한 조치사항 및 이적 방법·이적량 등

○ 선체처리

- 선체인양 조치사항 및 해철과정 등 최종 선체처리 결과

□ **폐기물 처리** ※ 해상과 해안을 구분하여 기술

- 이적한 기름량 및 유출유 회수량, 폐흡착재 및 기타 협잡물 수거량

- 보관 및 저장방법, 운반 및 처리경로, 최종처리업체

□ **방제비용 및 피해 사항**

○ 방제비용

- 구체적인 방제비용을 항목별로 구분

○ 피해 사항

- 피해 발생 개요, 보험 가입사항 등 내용 기재

□ **행위자 조치**

○○○검찰청 ○○지청 송치 등 조치사항

□ **사후평가 및 문제점 개선**

○ 평가내용

- 해양오염 대비.대응태세 확립의 적정성

- 초동조치의 신속.정확성

- 방제전략 결정 및 방제계획의 적정성

- 방제기술 적용의 적정성

- 기타 방제조치의 합리성 여부 등

○ 문제점 개선

- 잘된 점은 더욱 계승 발전시키는 방향으로 전개하여 기술

- 잘못된 점은 개선할 사항을 포함하여 작성

- 관계기관, 단체, 업체, P&I 등 보험사와의 협력 사항 등

〔이상 자료 출처〕 해양경찰청

제4부

오염피해 배상론

Theory of Marine Pollution Damage
Reimbursement

제3장	해양오염 피해배상 문제점과 앞으로 과제

제1장 해양오염 피해배상

제1절 피해배상 분야 협약

1. 유류오염 손해배상 민사책임에 관한 의정서(CLC Protocol 1992)

*International Convention on Civil Liability for Oil Pollution Damage

1.1 협약채택 배경 및 우리나라 동향

1969년 「CLC 1969」 협약이 채택되어 1975년 국제적으로 발효되었다. 점차 유류오염사고 규모가 커지고 배상 규모도 대폭 증가함에 따라 책임한도를 대폭 증가 토록 한 「CLC Protocol 1992」 협약이 1992년에 채택되었고, 1996년에 국제적으로 발효, 2000년 책임한도액을 인상하는 개정을 하였다. 우리나라는 「CLC 1969」 협약에 1978년에 가입하였으며, 「CLC Protocol 1992」 협약에는 1997년 가입, 1998년에 발효되었다. 유류오염사고 시 선주에게 방제비용, 어류·수산물 피해, 환경피해 등 배상의 책임을 부여하고, 일정 한도액까지만 책임을 지도록 하기 위한 협약으로, 우리 나라는 같은 협약을 수용하기 위해 1993년에 「유류오염손해배상보장법」을 제정하였다.

1.2 책임 제한의 상실(Loss of liability)

선주가 고의 또는 그에 따르는 무모한 행위로 발생한 사고에 대하여는 책임 제한이 상실되어 무제한 책임을 지게 된다.

2. 유류오염 손해배상을 위한 국제기금 의정서(FC Protocol 1992)

2.1 협약채택 배경 및 우리나라 동향

피해배상액의 규모가 유류오염손해 민사책임에 관한 협약(CLC Protocol 1992)의 책임한도를 초과하게 되어 초과하는 부분의 배상을 유류를 운송하는 화주의 분담금으로 추가로 배상하기 위한 협약(International Convention on the Establishment of an International Fund for Compensation for Oil Pollution Damage)이 1971년 국제적으로 채택되어 1978년에 발효되어 유지되어 오다가 배상액의 규모가 당시의 국제기금 협약상의 배상 한도로는 감당하기 어려워 배상 한도를 대폭 인상한 「FC Protocol 1992」를 1992년 채택하여 1996년에 국제적으로 발효되었다. 우리나라는 「FC 1971」 협약에 1992.12.8. 가입하였고 「FC Protocol 1992」 협약에는 1997.3.7. 가입하여 1998.5.15. 발효되었다.

2.2 배상한도액(Indemnity Limit)

「FC Protocol 1992」는 오염사고당 최대 1억 3천 5백만 SDR이며, 2000년 개정 의정서는 최대 2억 300만 SDR이다. 우리나라는 2010년 8월 "2003년 의정서의 추가기금협약(최대 7억 5천만 SDR: 1조 2천억 원)"에 가입하였다.

2.3 책임 제한의 상실

선주가 고의 또는 그에 따르는 무모한 행위로 발생한 사고에 대하여는 책임 제한이 상실되어 무제한 책임을 지게 된다.

3. 벙커유 오염피해 민사책임에 관한 국제협약(BUNKER Convention 2001)

「CLC Protocol 1992」 및 「FC Protocol 1992」는 유류오염 피해배상 대상 선박이 지속성 기름을 운송하는 유조선에 대하여만 배상토록 하는 협약으로 최근에는 일반 선박이 대형화되고 오염사고의 피해도 커지게 됨에 따라 일반 선박의 유류오염사고 시, 배상을 위한 별도 협약의 필요성을 인식하여 2001년에 채택, 2008년에 국제 발효, 우리나라는 2009년 8월 가입하여 3개월 후에 발효되었다.

4. 위험·유해물질 운송 관련 피해에 대한 책임 및 배상에 관한 국제협약(HNS Convention 2001)

「CLC Protocol 1992」 및 「FC Protocol 1992」 협약은 지속성 기름유출사고에 대한 배상만을 정하고 있어 비지속성 기름, 위험·유해물질 유출에 의한 오염, 화재, 폭발 등에 의한 피해에 대하여도 별도의 배상제도의 필요성을 인식하여 1996년 국제적으로 채택하였다.

5. 1992년 추가기금협약(Additional Fund Convention)

2002년 11월 스페인 연안에서 발생한 프레스티지호(피해 규모: 약 10억 유로 추정) 사고는 배상한도액을 초과하였다. 우리나라가 가입되어 있는 피해배상 한도액은 1992년 추가기금협약으로 약 3,000억 원 정도지만, 추가 배상의정서 가입국의 피해배상 한도액은 약 1조 원 정도였다. 약 3,000억 원은 허베이스피리트호 사고 추정피해액 6,013억[15]을 감당해 내지 못하는 금액이었다. 대형 오염사고에 대비하여 이미 국제사회는 2005년 3월에 IOPC 펀드의 배상 한도를 1조 원 이상으로 높이는 의정서를 체결하였으나 우리나라는 의정서에 가입하지 않았었다. 허베이스피리트호 사고에서 보듯이 대형 유조선의 운항으로 국내 연안에서 대규모 유류오염사고 발생 가능성이 증가하고 있으며 당시 우리나라가 가입한 국제유류오염배상기금의 배상액은 2억 3백만 SDR(약 2,900억 원)까지로 제한되어 있어 대형 해양오염사고가 발생하는 경우 방제비용, 환경피해, 2차 오염피해를 충분히 배상할 수 없는 위험성이 있었다.

〔표 4-1〕 국제유류오염배상기금

구분	국제채택 (발효일)	국내가입 (발효일)	최대배상한도액	가입국
'92 기금협약	'92.11.27. ('96.5.30.)	'97.5.16. ('98.5.16.)	2억 3백만 SDR(2,900억 원)	98
'03 추가기금협약	'03.5.16. ('05.3.3.)	미가입 (가입 3월 후)	7억 5천만 SDR(1조 600억 원)	18

* 추가기금 가입국: 일본, 이탈리아, 네덜란드, 스페인, 프랑스, 독일, 덴마크, 벨기에, 스웨덴, 노르웨이, 핀란드, 포르투갈, 아일랜드, 크로아티아, 슬로베니아, 라트비아, 리투아니아, 바베도스.
* 대형 유류오염사고의 손해배상은 IOPC Fund의 가입국별 유류 수령량에 비례하여 분할 분담.
〔자료 출처〕 해양수산부 통계자료, 2007

---

15) 해양수산부 국제해사팀, "국제유류오염 배상기금 회의결과 설명회 개최", 보도자료, '08.10.29.

6. IOPC Fund(International Oil Pollution Compensation Fund) 협약

IOPC Fund 협약은 최초 1971년 12월 18일 Brussel에서 체결되었으며 69 CLC가 발효한 이후에, 8개국 이상의 가입국이 있고 이들이 수령하는 기름이 7억 5천만 톤에 달하는 날로부터 90일 이후에 발효하게 되어 있었으며 1978년 10월 16일 발효한 국제유류오염 손해배상기금 협약이다. 선주책임 범위의 한정 또는 선주의 배상 재원 부족으로 인해 유류오염피해자가 충분한 보상을 받지 못할 때를 대비해 "유류오염손해보상을 위한 국제기금의 설치에 관한 협약(FC)"에 따라 조성된 기금을 말하고 1971년과 1992년 두 차례에 걸쳐 체결되었으며 각 협약에 따라 동 기금을 운용하기 위한 집행위원회가 별도로 구성되어 있다. 이 협약은 69 CLC에서 오염피해자가 배상받을 수 있는 금액을 보충하기 위한 기금설정, 선주책임을 기름화물의 화주인 정유업자에게 전가함으로써 피해자가 충분한 구제를 받도록 하는 것을 목표로 하고 있다(2조 1항). 오염피해자가 Fund로부터 보상을 받기 위해서는 그 손해가 협약의 보상요건을 충족하고 있음을 입증하여야 한다. 같은 Fund 총회는 1978년 3월, 프랑스 서해안에 좌초해 원유 22만 톤을 유출한 유조선 아모코 카디즈호 사고를 계기로 50% 인상하여 6억 7천 500만 금프랑으로 하였으며, 그 후 타니호(Tanio)호 사고로 9억 금프랑(현재 6,000만 SDR로 단위가 변경됨)까지 한도액을 인상하였다.

제2절 책임 보장을 위한 담보 협약

1. 선주 상호 책임보험(P&I)

P&I(Protection & Indemnity)는 해상운송에서 선주들이 서로의 손해를 상호 간에 보호하기 위한 것으로 선주 상호 간의 비영리 단체인 P&I Club에서 담보하는 보험이다. P&I는 오염을 포함하여 제삼자에 대한 선주의 법적 배상책임을 담보하며 통상적인 해상보험에서 담보하지 않는 인명이나 여객에 관한 선주의 손해, 선원의 과실에 기인하여 발생한 선체 또는 적하품의 손해 등을 보상해 주는 보험이다. P&I Club은 영국을 위주로 발달하였으며 국제적으로 런던(London)과 뉴캐슬(New Castle) 등 17개의 대형 P&I Club이 구성되어 있다. 한편 우리나라에서는 1999년 「선주상호보험조

합법」(현행 [시행 2019.2.16.] [법률 제16282호, 2019.1.15., 일부개정]) 이 제정·공포되어 1999년 8월 5일부터 시행됨에 따라 2000년 1월 26일 결성된 한국선주상호보험조합 (Korea P&I Club)에서 업무를 수행하고 있다. Korea P&I Club는 설립 초기에 보험계약의 이행을 보장하기 위한 기금이 있어야 하나 가입 선사에게 기금출연을 의무화하면 초기부담 때문에 참여하기 곤란한 선사들이 많이 발생할 가능성이 있었다. 설립 초기의 보유기금으로는 연안 선대만 가입하는 경우에는 약 150억 원, 연안선대와 한일·동남아 항로 취항 선대가 가입하는 경우에는 약 380억 원이 필요하였다. 선박 소유자가 P&I Club에 가입하는 것은 원칙적으로 임의사항이다.

2. 유류오염의 책임에 관한 유조선 소유자 간의 자주 협정(TOVALOP)

TOVALOP(Tanker Owners Voluntary Agreement on Liability for Oil Pollution)은 세계의 주요 유조선 선박회사들이 1968년 11월 유류오염의 제거 및 방지를 위하여 소요되는 경비를 정부 또는 선주에게 보상하기 위하여 체결한 민간 차원의 임의적 보상기구이다.

3. 유조선의 유탁책임의 임의적 추가보상에 관한 협정(CRISTAL)

CRISTAL(Contract Regarding an Interim Supplement to Tanker Liability for Oil Pollution)은 세계의 주요 석유회사들이 1971년 4월 유조선의 유류오염사고에 의하여 「유류오염의 책임에 관한 유조선 소유자 간의 자주 협정」의 보상금을 초과하는 손해가 발생하는 경우, 이를 하주(荷主)들이 조성한 기금으로부터 추가보상을 할 수 있도록 한 민간 차원의 임의적 보상기구이며 일정한 한도가 설정되어 있다.

제3절 피해배상 분야 국내법

1.「유류오염손해배상보장법」

1.1 제정 이유

종래 「상법」의 규정을 적용하던 유류오염손해배상에 관하여 1991년 12월 31일 같은 법의 개정으로 유류오염손해에 대한 배상에 있어서 특별법 제정을 전제로 같은 법 규정의 적용을 배제하였으므로 이에 관한 법적 근거를 마련하고, 관련 국제협약을 국내법에 수용함으로써 유류 오염피해자에 대한 손해배상을 원활히 하고 해상유류운송의 건전한 발전을 도모하기 위하여 1992년 12월 8일 법률 제4532호로 제정되었다.

1.2 주요 내용

(1) 목적

「유류오염손해배상보장법」은 유조선 등의 선박으로부터 유출 또는 배출된 유류에 의하여 유류오염사고가 발생한 경우에 선박 소유자의 책임을 명확히 하고, 유류오염손해의 배상을 보장하는 제도를 확립함으로써 **피해자를 보호**하고 선박에 의한 **해상운송의 건전한 발전을 도모함**을 목적으로 한다(제1조).

(2) 적용 범위

대한민국의 영역(영해를 포함) 및 대한민국의 배타적경제수역에서 발생한 유류오염손해에 적용한다. 다만, 대한민국의 영역 및 대한민국의 배타적경제수역에서의 유류오염손해를 방지하거나 낮추기 위한 방제조치에 대하여는 그 장소와 관계없이 이 법을 적용한다.

(3) 유조선의 유류오염 손해배상책임

유조선에 의한 유류오염손해가 발생하였을 때는 사고 당시 그 유조선의 선박 소유자는 그 손해를 배상할 책임이 있다. 둘 이상의 유조선이 관련된 사고로 발생한 유류오염손해가 어느 유조선으로부터 유출 또는 배출된 유류에 의한 것인지 분명하지 아니한 경우에는 각 유조선의 선박 소유자는 연대하여 그 손해를 배상할 책임이 있다.

(4) 보장계약의 체결

대한민국 국적을 가진 유조선으로 200톤 이상의 산적 유류를 화물로 싣고 운송하는 유조선의 선박 소유자는 유류오염 손해배상 보장계약을 체결하여야 하며 대한민국 국적을 가진 선박 외의 유조선으로서 200톤 이상의 산적 유류를 화물로 싣고 국내 항에 입항·출항하거나 국내의 계류시설을 사용하려는 유조선의 선박 소유자는 보장계약을 체결하여야 한다.

1.3 앞으로 개정 과제

2002년 11월 스페인 연안에서 발생한 프레스티지호 침몰사고 이후 전 세계적으로 선박안전과 해양환경 규제가 강화되었다. 이에 일본은 2004년 유류오염손해배상보장법을 개정하여 국제협약을 수용하고, 화물선에 대해서도 보험 가입을 의무화하는 등 유류오염 피해자에 대한 폭넓은 보호조치를 도입했다. 일본의 선박유류오염손해배상보장법에 따르면, 오염사고가 발생 시, 최고 10억 달러까지 피해보상이 가능한 국제협약을 비준, 가입문서를 기탁하였다. 또 이 개정 법률에서 자국 선박은 물론 자국 항만에 입항하고자 하는 100톤 이상의 모든 화물선에 대해서는 유류오염사고와 침몰·좌초 등으로 인한 손해와 방제작업 등에 들어가는 비용을 회수할 수 있도록 P&I 등의 책임보험 가입을 강제하고 있다. 우리나라도 국제기준에 미달하는 외국 선박에 의한 사고 가능성이 남아 있으므로 기존법률의 개정을 검토할 필요가 있다.

2. 허베이스피리트호 유류오염사고 관련 특별법

2.1 허베이스피리트호 유류오염사고 피해주민의 지원 및 해양환경의 복원 등에 관한 특별법

유류오염사고로 피해를 본 주민 및 해양환경 등에 대하여 신속하고 적절한 수습 및 복구대책을 수립·시행함으로써 피해지역 주민들의 재기와 해양환경의 조속한 복원을 도모하기 위해 충청남도가 제정 건의하고, 각 당 의원 법안 발의로 법안을 마련한 이 법은 2008년 3월 14일 공포(법률 제8898호)하였으며 공포한 날부터 바로 시행되었고 제5조 등 일부 조항은 공포 후 3개월이 지나간 날(2008년 6월 15일)부터 시행되었다. 그 주요 내용은 유류오염사고 특별대책위원회의 설치(제5조 및 제6조), 피해주민단체의 의견 청취(제7조), 손해보전의 지원 등(제8조 및 제9조), 특별해양환경복원지역의 지정 등(제10조), 유류오염사고 피해지역에 대한 지원 등(제11조, 제12조)이다.

2.2 허베이스피리트호 유류오염사고 피해주민의 지원 및 해양환경의 복원 등에 관한 특별법 시행령

「허베이스피리트호 유류오염사고 피해주민의 지원 및 해양환경의 복원 등에 관한 특별법」이 제정됨에 따라, 유류오염사고 특별대책위원회의 구성 등 위임된 사항과 그 시행에 필요한 사항을 정하기 위해 2008년 6월 대통령령 제20821호로 제정되었고 그 주요 내용은 유류오염사고 특별대책위원회와 조정위원회의 구성·운영(영 제2조부터 제4조까지), 대부 신청 방법 등(영 제12조, 제13조), 특별해양환경복원지역의 지정 절차 등 (영 제17조 및 제18조), 유류오염사고 피해지역에 대한 지원(영 제19조) 등이다.

제2장 유류오염 손해배상 청구절차

제1절 손해배상 대상 및 범위

1. 손해배상 대상

유류오염 손해배상은 고의 또는 과실에 의한 유류유출 피해 등 불법행위로 인하여 피해자가 입은 손해를 전보(塡補)하는 데 그 목적이 있으므로 손해를 일으킨 개별적, 구체적 사정을 고려하여야 한다. 유류오염사고가 발생한 때에는 사고 당시의 선박 소유자가 제1차로 배상책임을 부담한다. 여기에서 선박 소유자란 선박의 소유자로서 등록된 자를 말하며 등록되어 있지 아니한 경우에는 선박을 소유한 자를 말하고 나용선자(裸傭船者)도 포함된다. 따라서 오염원의 등록 선주와 나용선자, 선박 소유자 등이 제1차 배상책임을 지는 것이다. 이처럼 사고를 일으킨 선박의 선주들이 부담하는 책임은 무과실책임과 유사한 엄격책임이나 다만 사고원인이 선주의 고의과실 등에 의한 경우를 제외하고는 선주나 보험회사는 책임 제한을 청구할 수 있다.

2. 손해배상 범위

선주의 책임의 최고한도는 8,977만 SDR(Special Drawing Right)까지이다. SDR은 1969년 국제통화기금(IMF) 워싱턴회의에서 도입된 가상의 국제준비통화로 IMF는 기축통화인 달러를 국제사회에 충분히 공급하려면 미국이 경상수지 적자를 감수해야 하고, 만약 달러 공급을 중단하면 세계 경제가 위축될 수밖에 없는 모순을 해결하기 위해 달러와 같은 특정 국가의 통화가 아닌 새 통화를 만들 필요가 있었다. IMF 가맹국은 금이나 달러로 환산해서 일정액의 SDR을 출연하고, 국제수지 악화 등으로 경제가 어려워지면 SDR을 배분받아 사용한다. SDR 창출 규모는 세계 경제에 인플레이션이나 디플레이션을 초래하지 않는 범위 내에서 결정된다. 허베이스피리트호 사고 당시 1SDR은 약 1,450원이었다.

3. 배상책임 이행 조건

선박 소유자가 배상책임을 이행하기 위하여는 충분한 담보력을 가져야 하므로 국적선의 경우에는 200톤 이상, 외국적선도 200톤 이상의 산적유류화물을 운송하는 선박 소유자에게 유류오염 손해배상 보장계약(일반적으로 P&I에 부보)의 체결을 의무화하고 있다. 국제기금은 유류오염손해의 2차적 배상으로 유류오염 피해자는 선주 또는 보험자 등으로부터 배상받지 못한 유류오염손해에 대하여 국제기금에 배상을 청구할 수 있다.

배상 청구를 받은 국제기금은 ① 민사책임 협약상 선박 소유자의 면책이 인정되는 특정손해, ② 선박 소유자가 재정적으로 배상 불능한 손해, ③ 선주책임한도액을 초과하여 발생한 손해에 대하여는 최고 20,300만 SDR까지 배상한다. 따라서 무한정으로 배상을 하는 것이 아니다.

국제기금은 석유업계로부터 징수한 분담금을 배상 재원으로 운용하고 있으므로 선박으로부터 특정 유류를 1년간 15만 톤 이상 받은 자는 분담금을 낼 의무가 있다. 선주는 일정 한도까지만 책임을 부담하며(유한책임) 그 책임 한도를 초과하는 것은 IOPC Fund에서 추가 배상한다. 즉, 선주는 8,977SDR까지만 책임을 지고 그 초과액은 국제기금에서 20,300SDR까지 배상한다. 결국, 유조선에 의한 기름유출 어업손해를 입으면 일차적으로 선주에게 배상을 청구하며 피해자가 충분히 배상을 받을 수 없는 경우에는 이차적으로 IOPC Fund에 배상을 청구할 수 있다. 배상대상이 되지 않는 때는 원유, 중유, 벙커 C유, 연료유, 윤활유 등의 지속성유가 해상에 유출되더라도 선박으로부터 유출되지 않는 경우와 선박으로부터 화물유 및 선용유가 유출되더라도 그 화학적 성질이 지속성 탄화수소 광물성 기름인 경우에만 배상대상이 되고, 휘발유, 경유, 나프타 등의 비지속성유는 배상대상이 되지 않는다. 즉, 선박이 개입되지 아니한 오염손해, 예를 들면 연안의 정유시설, 저유탱크, 송유관이나 전쟁 등으로부터 발생한 오염손해는 적용되지 않는다.

4. 국제기금에 대한 배상 청구

민사책임 조약에 의거 선주의 배상책임으로는 선주책임 한도액을 초과하는 경우 등 피해자가 충분히 배상을 받을 수 없는 경우 국제기금은 2차적으로 배상을 한다. 따라서 현행 유류오염 손해배상 체제하에서의 국제기금의 입장은 제2차적인 것이며 제1차

적 배상의무는 선주에게 있다. 배상 청구가 구체화되면 국제기금은 그 청구가 동 기금
의 배상대상이 되는지 아닌지를 심사하고 청구액의 타당성을 검토하여, 이를 위하여
사무국장은 청구자에 대해 청구자의 확인, 사고 선박, 사고의 상세한 내용, 방제조치비
용을 포함한 오염손해의 형태, 발생 장소, 청구금액 등을 입증할 것을 서면으로 요구하
며 또한 정확한 손해액을 산정하기 위하여 독자적으로 조사원(Surveyor), 변호사 등을
선임하여 활용하고 있다. 국제기금은 가입국들의 석유회사가 출연한 분담금에 의거 운
영되기 때문에 손해청구자들로부터 객관적이고 엄격한 입증자료를 요구하고 있음을 간
과하여서는 안 된다. 민사책임협약과 국제기금조약 및 유류오염손해배상 배상법이 정
하는 바에 의거 배상을 받을 수 있는 범위는 첫째 항해하는 선박으로부터 운송되는 화
물이 기름이어야 한다. 즉, 유류 화물의 운송을 목적으로 하는 유조선이 적용대상이 되
며 화물선이거나 어선 등은 국제조약이 국내법이 정의하는 선박에 포함되지 않는다.
다만 유류 화물뿐만 아니라 석탄, 광물, 곡물 등을 운송하는 겸용선인 경우에도 선박
안에 산적유류화물(散積油類貨物)이나 그 잔유물이 있는 경우에는 적용되며 유류 화물
을 산적하여 운송하는 선박이어야 한다. 따라서 드럼통이나 탱크 등 용기에 담아 유류
를 운송하는 선박은 해당하지 않는다. 항해하는 선박이란 자력에 의한 추진력을 갖춘
선박뿐만 아니라 타력에 의한 이동성이 있는 유조부선도 포함된다.

우리나라의 경우에는 1990년 리아가47호 사고 및 1991년 퍼시픽프랜드호 사고
등 화물선에 의한 유류오염사고가 발생하였다. 일반 화물선의 경우에는 P&I 보험에
가입하여 유류오염으로 인한 손해배상과 그 제거비용을 담보시키고 있음에 따라 사고
선박이 이러한 P&I 보험에 가입하였다면 P&I 보험으로부터 배상을 받을 수 있다. 최
근 P&I 보험에서는 보험의 종류에 유류오염에 대한 손해배상책임과 그 제거비용을
포함한 바 있다.

제2절 손해배상 청구절차

1. 증거 확보

정당한 보상과 배상을 받기 위해서는 사고 초기에 오염 사실에 대한 증거자료를

충분히 확보하여야 한다. 미리 유리한 피해증거를 확보해 놓지 않으면 충분한 배상을 받지 못할 우려가 있기 때문이다. 특히 유류오염사고의 경우에는 유출된 유류가 조류나 풍향에 의해 넓게 퍼지고 피해 범위 역시 광범위하나, 한편 유출된 유류가 조류, 파도 등에 의거 쉽게 이동되고 또한 유처리제를 사용할 때 바닷물 표층에 부유하던 기름이 미세한 기름방울로 변해 물속으로 분산되어 없어져 버리기 때문에 초동 단계에서 증거를 반드시 확보하여야 한다. 다만 장비 등의 미확보로 증거확보가 어려울 때는 오염원 측의 서베이어(Surveyor)를 현장에 불러 확인을 시키는 것도 필요하다. 유류유출로 오염된 해역과 어장은 비디오나 사진 촬영을 하되 가능한 한 증거능력이 높은 비디오를 활용하고, 촬영은 당해 지역을 지리적으로 특정할 수 있는 지형지물을 배경으로 한다. 오염된 수산물은 비닐이나 유리병에 담아 수거 일자, 장소를 기재한 후 냉동 보관한다. 방제작업에 참여한 인원 선박 등에 대하여는 행정기관이나 방제회사 등으로부터 방제작업에 참여한 사실관계 확인서 등을 받아 둔다.

2. 손해액 산정 기본자료 수집

2.1 공동어업(Joint fishing)

조합원 수 및 어촌계원 수, 어장의 행사방법, 정착성 자원의 서식분포 상태, 어촌계의 소득수준 및 생활실태, 유류 사고 발생 전·후의 생산실태, 과거 3년간의 평균 어획량 및 어획물의 판매금액, 어장의 면허 관계, 어업에 참가한 인원수, 어선 척수 등을 평소에 파악하여 어업손해 배상 청구 시 입증자료로 활용한다.

2.2 양식어업(Nourishing fishing)

• 조합원 수 및 어촌계원 수	• 양식의 종류와 면허 관계
• 최근 3년간 생산실적	• 판매형태
• 어장의 행사방법	• 생산의 필요경비
• 종묘(종패) 살포현황	• 겸업실태
• 어구규모, 시설방법, 시설금액, 구입방법	• 어장관리일지 등

2.3 어업인(Fisherman)

- 조합원수   · 겸업실태   · 운영일지 등   · 어가, 제품형태, 판매형태
- 선박톤수, 구분별 척수   · 어업종류별 생산경비   · 면허, 허가, 신고의 내용과 제한조건
- 금어기, 과거 3년간 실제 작업 통(척)수, 출어일, 어획량, 어획물의 판매금액
- 어업 종류와 통수, 통당 어선 어구 인원의 구성, 하루의 조업시간 및 조업 수역
- 어구류의 규모, 구조, 취득가격, 취득일, 사용 가능 햇수 및 예비 어구의 유무

3. 방제작업비용의 청구

　　방제작업에 대한 보상금은 합리적인 경우에만 지급된다. 기술적 합리성은 그 방법을 선택하기로 하는 결정이 이루어졌을 당시 알 수 있었던 사실을 근거로 평가되나, 방제작업을 수행하는 사람들은 상황이 발전되고 추가적인 기술적 권고 사항을 줌에 따라 그들의 결정을 계속 재검토하여야 하며, 방제비용의 청구는 방제방법의 효력이 없음을 예측할 수 있었을 때는 받아들여질 수 없다.[16] 국제기금에 가입한 국가의 영해에서 발생한 유류오염사고로 인하여 오염손해를 입은 자는 국제기금에 배상을 청구할 수 있다. 같은 사고로 피해자가 2인 이상이면 공동으로 청구할 수 있으며, 공동으로 청구하는 경우에는 대표자(선정 당사자)를 선정하여 청구함으로써 통일적인 해결을 기할 수도 있으며 배상 청구의 대상(상대방)은 「69 민사책임협약」에 의할 때는 선주 또는 그의 보험업자(일반적으로 P&I)이며 「71 국제기금협약」에 의거해 추가 배상을 받기 위하여 청구하는 경우에는 IOPC Fund이다. 청구방법은 반드시 문서로 하여야 하며 청구 시에는 입증자료의 완벽 여부가 정당한 배상과 신속한 배상의 관건이 되며 배상 청구 시에는 입증자료 외에 다음과 같은 기본적인 내용이 포함되어야 한다.

- 배상청구인과 그의 대리인의 성명, 주소   · 청구금액
- 사고와 관련된 선박의 명세   · 손해를 끼친 오염피해의 종류
- 국제기금이 입수하지 못한 경우 청구인이 알고 있는 사고 일자, 장소 등 구체적인 내용

　　유류오염사고와 관련된 방제 청소작업 등 작업비 손해는 당연히 배상대상이 된다. 방제 노무 인건비의 계산에 있어서 주의할 점은 단가를 정하는 데 있어서 시간당 단

---

16) 김석기, "일본 기름유출사건처리 과정과 최근 국제기금의 방제비 지급 동향", (주)한국해사감정 (1999.5.), pp.22~23

가에 노무 시간을 곱하여 산출하는 방법도 있으나 대형사고로 인원수와 척수가 방대할 때에는 시간의 구별 없이 1일 1인당 단가를 일률적으로 적용하는 방법이 간편할 것이다. 어선 용선료에서도 톤수별로 단가를 나누는 방법도 있을 수 있으나 1톤 이상과 1톤 미만으로 구분하는 방법과 그 외에 작업시간, 톤수의 구분 없이 1일 1척당 단가를 적용하는 때도 있다.

〔표 4-2〕 비용청구 절차

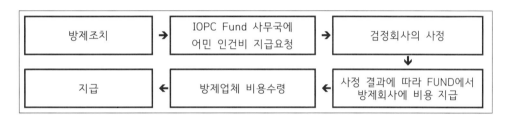

방제조치	→	IOPC Fund 사무국에 어민 인건비 지급요청	→	검정회사의 사정
지급	←	방제업체 비용수령	←	사정 결과에 따라 FUND에서 방제회사에 비용 지급

유류오염사고로 인하여 출어하지 못하고 방제작업에 참여한 경우 방제작업비로서 인건비, 용선료를 청구하고 같은 기간에 다시 휴업배상을 청구한다면 이중 배상 청구 여부 문제는 오염원 측에서는 같은 노동시간 내에 이중으로 배상을 하는 것은 모순이라고 주장한다. 한편 유류오염사고가 발생하면 오염원 측은 본래 제삼자를 사용하여 방제작업을 시행하지 않으면 안 된다는 의무도 있는 것인데, 이것을 단지 어업자가 실시한 그것밖에 지나지 않으며, 특히 어업자가 오염으로 어업을 하지 못하는 기간을 이용하여 방제작업에 참여했다면 이는 오히려 오염 확산방지에 이바지한 것이고, 이는 결과적으로 오염원의 배상금 지급 경감에도 관계되므로 이중 지급이 아니다. 국제 기금에 청구 시에는 다음 주소로 청구서를 직접 제출하여야 한다.

• 주 소: 'International Oil Pollution Compensation Fund'
    4 Albert Embankment London Sel 7SR United Kingdom
  영국 런던 셀 7SR 앨버트 제방로 4. '국제유류오염보상기금'

• 전 화: ++44-171-582-2606
• 텔렉스: ++44-171-735-0326
• 팩 스: 23588 IMOLDN G

4. 오염피해와 손해액 산정(Pollution Damage and Loss Calculation)

4.1 공동어업(Joint fishing)

어촌계원들이 다수 관련된 어업으로써 기름이 조간대나 조하대에 밀려오면 공동어장에 오염손해가 발생하는 것은 당연히 예상할 수 있다. 그러나 공동어업에 대하여는 위판체제를 정비한 조합도 있으나 대부분이 개인판매에 의존하고 있으므로 조합으로서는 그 실태를 객관적인 자료로써 정확히 파악한다는 것은 사실상 불가능하기도하다. 따라서 수협에서는 평상시에도 실태조사를 해 두는 것이 필요하며 사고 후에위와 같은 사항이 판명되지 않을 때는 최소한 어장관리를 위하여 지도한 내용(체포일, 종패 살포일, 살포 수량 등)이라도 파악해 두어야 한다.

4.2 양식, 축양 어업(Nourishing Fishing, Ocean Fishing)

양식, 축양 어업(김 양식 제외)은 유류오염으로 어류가 죽거나 냄새가 나거나 유류 오염되었다는 소문으로 어가(魚價)가 하락한 경우의 손해와 또한 어장 인근에 유류가 유출되어 긴급히 처분되어 불가피하게 출하한 경우, 어가는 통상의 정품 가격보다 낮아지므로 이것도 어가의 하락으로 인한 손해에 계상하게 되나 손해 중에는 폐사로 인한 손해는 마릿수가 분명하게 파악되면 비교적 쉽게 손해가 판정되어 오염원 측도 이것을 인정하는 경향이지만 어가 하락에 따른 손해와 폐사될 가능성의 손해에 대하여는 유류오염과 인과관계를 두고 의견 대립이 다반사로 발생하고 있다.

4.3 어선 어업(Fishing vessel)

어선어업은 크게 휴업손해, 어획감소손해, 어장전환손해, 어선 어구 오염손해로구분하여 손해액을 산정할 수 있다. 어선 어업손해와 관련 먼저 휴업손해란, 유류오염이 원인이 되어 출어가 불가하여 발생한 손해로써 손해산정의 기본방식은 「휴업 일수×1인 2척당 평균 생산량×소득률」 이다. 그러나 휴업손해라 하더라도 유류 사고와무관한 통상휴업일(기상이 나빠서 출어할 수 없는 날, 겸업에 종사하는 날, 어시장의 휴업일, 기타 휴업일 등)은 제외된다.

4.4 어획 감소(Catch reduction)

어획감소 손해란 휴업손해와는 달리 유류오염사고로 휴업까지는 아니더라도 유류 사고가 원인이 되어 통상의 어획량을 올리지 못했다는 취지의 손해로써 어선이 실제로 출어하지 못함으로써 발생하는 휴업손해와는 그 성질이 다르다.

4.5 어선, 어구(Fishing vessel, Fish catcher)

어선, 어구의 오염손해는 어선의 경우에는 세척비가 대부분일 것이나 어구는 세척과 폐기로 구분하여 손해액을 산정하여야 한다. 그 어느 것이나 「오염항목(품명)별로 수량×단가=금액」으로 손해액을 산출하는 것이지만 유의할 사항을 정리하면 어선의 오염손해 내용은 「세척노무비＋세척 기자재＋상가비(上架費)」이고, 어구의 오염손해 중 폐기분이란 유류오염으로 어구를 세척하여도 사용할 수 없어 폐기하는 경우의 손해이다.

4.6 김 양식어업(Seaweeds Nourishing fishing)

김(일명, '해태'라고도 한다) 양식어업의 오염손해는 생산물의 손해, 채묘 망의 손해, 시설의 손해, 비용손해로 각각 구분할 수 있다. 생산물의 손해는 다시 오염된 생김의 채취폐기로 인한 손해, 김가공 공장 등에 출하 후 발견된 김발제품의 손해, 김종묘 또는 김 이파리의 부분적인 감수(減收) 또는 가격하락의 손해, 양식장 수면의 오염으로 채취가 지연되어 이파리의 손상으로 발생한 감수 또는 가격 차 손해 이외에 물 위로 올림, 침하, 양육 등 채묘 망의 긴급피난 조치에 의한 김 이파리의 손상으로 발생한 감수 또는 가격하락 손해, 양식장의 오염, 채묘 망, 김 종묘의 오염 손해로 채묘 망이 양식장에서 철거되거나 설치할 수 없게 되어 강제적으로 양식을 휴업하는 기간에 예상되는 생산수익의 손실 등으로 나눌 수 있다.

4.7 채묘 망(Seedling net)

채묘 망이란 그물에 무수한 김이 부착된 상태인데 김 이파리가 손상되면 채묘 망의 효용 가치가 감소하거나 없어진다. 채묘 망은 냉동보관이 가능하므로 유류오염 사고 시, 수면에서 끌어내어 보관할 수 있고 또 사용 불가능한 채묘 망은 대체품으로 보충할 수 있다. 채묘 망은 2~3개월 사용한 후 손질하여 건조하면 2~3년간 계속 사용할 수 있다. 채묘 망의 손해로는 사용 불가능한 채묘 망의 대체품을 구입한 경우의 대체 채묘 망의 구입비와 전손된 채묘 망에 대하여 대체망을 구입하지 않은 경우의 손해 등을 들 수 있다.

5. 오염피해 조사(Pollution damage investigation)

유류오염 손해를 입은 자는 손해액을 산정한 후 피해신고서를 작성하여 수협이나 대책위원회에 제출하여야 한다. 피해 신청을 받은 수협과 대책위원회에서는 신고서만으로는 합리적이고 공정 타당한 어업피해를 입증하기에 불충분하고, 나아가 손해배상 청구를 효과적으로 수행하는 데 미흡하다고 판단될 때는 유류오염 피해조사 전문 감정인에게 피해조사 및 감정을 의뢰할 수 있다. 피해조사 전문감정기관을 선정한 경우에는 오염원 측의 조사원과 가능한 합동 조사를 하여야 한다. P&I 보험자나 국제기금은 서베이어의 보고서가 제출되면 다른 자료가 전혀 없으므로 이 보고서가 유일한 어업피해자료가 되고 있으며 또한 피해어업인의 배상 청구서보다 비중 있게 취급하고 있는 것이 현실이다. 피해어업자 측에서도 서베이어의 역할과 서베이어의 보고서의 중요성을 인식하고 모든 자료를 충분히 제공하여 피해어업의 실태, 손실의 구체적인 사항 등을 상세히 설명하여 이해시키는 것도 필요하다.

〔이상 자료 출처〕 수협중앙회(2007.12.17.), 『유류오염사고의 배상액 산정과 청구는 어떻게 하여야 하는가』 / 김석기, "일본 기름유출사건처리 과정과 최근 국제기금의 방제비 지급 동향", (주)한국해사감정(1999.5)

6. 결어

기름유출 등으로 인한 해양사고가 발생치 않도록 해양오염을 예방하고 선박의 안전운항을 확보하는 것이 중요하다.

기름유출 등으로 인한 해양오염사고 발생 때는 우리나라가 기름 오염손해배상제도를 운용하고 있으므로, 해양오염사고의 주 피해자인 어업인, 주민 등과 정부가 미리 객관적 피해입증자료를 충분히 확보하고 뒷받침하는 등 완전하게 적응하고, 해양오염사고 배상제도가 가지는 장점을 충분히 활용하여 피해배상 요구액의 전액(100%)을 행위자로부터 배상받기 위하여 노력하여야 한다.

제3절 유류오염사고 손해배상(Compensation for oil pollution accidents)

1. 1993년 제5금동호 사고(M/V NO.5 Geumdong Accident)

```
                                    〈사고 개요〉
 ○ 오염범위
 - 해상: 남쪽 여수만 입구까지 약 15마일, 남해대교 북동쪽 6마일까지
 - 해안: 전남 여수시, 구 여천시, 광양시 33.8km
         경남 남해군, 하동군, 사천시 124.4km 등 총 158.2km
 ○ 방제조치
 - 기간: 해상 '93. 9. 27.~10. 3.(7일간) 해안 '93. 9. 29.~10. 19.(22일간)
         '93. 10. 20.~11. 3.(15일간) 마무리작업
 ○ 방제장비와 기자재 연 동원현황
 - 인원: 83,933명              - 선박: 3,405척
 - 항공기: 11대               - 오일펜스: 400m
 - 유흡착재: 54,890kg         - 유처리제: 288.7kL
```

제5금동호(유조부선, 532톤, 한국)는 1993년 9월 27일 19:12 여수에서 출항하여 광양으로 항해 중 광양에서 출항한 비지아산호(화물선, 8,959톤, 파나마 선적)와 전남 광양항 묘도 동방 0.8마일 해상에서 충돌, 제5금동호 우현 3, 4번 화물탱크에 파공이 발생하여 벙커 C유 1,228kl가 해상에 유출되었다.

1996년 배상 청구액은 1억 2,700만 원이고, 이 중 방제비 460만 파운드가 전액 지급되었다. 일부 어업손해는 합의가 이루어져 배상금으로 480만 파운드가 지급되었다. 한편 1971년 국제기금의 사건처리와는 별도로 제1차 손해배상과 관련해서는 선박 소유자와 해당 보험사(Standard Club)가 책임 제한기금을 설치하였다.

※ 제5금동호 7,700만 원과 이자를 더한 금액을 1994년 12월에 현금으로 법원에 제공

법원은 다양한 채권자들에게 책임 제한기금을 분배하기 위한 배당표를 작성하였으며, 책임 기금을 채권자들에게 분배하여 책임 제한 절차는 1995년 8월에 종결하였다. 국제기금 청구액 916억 7400만 원 가운데 11.6%인 106억 3000만 원이 지급되었으며,[17] 이 사고로 인한 관계기관 등의 방제비용은 다음과 같다.

---

17) 서울신문 2008.5.6. 자

〔표 4-3〕 방제비용(단위: 천 원)

구분	청구액	지급액
합계	5,666,442	5,584,953
방제 참여 기관: 여수해경 / 통영해경 여수항만청 / 마산항만청 여천군청 / 동광양시청 남해군청 / 하동군청 여수수협 방제업체		

    1993년 9월 27일 19:12분경 충돌사고 발생 후 봉쇄조치가 불가능하게 되자 잔존유를 신속하게 이적작업 하는 것이 더 이상의 유출을 막을 수 있다고 판단하고 유류이적 작업에 필요한 2척의 선박을 같은 22:00분경 현장에 도착시켜 이적작업 준비를 하게 하였다.

    그러나 사고선 에어벤트가 수중에 잠겨 있고 파공부위가 너무 커서 이적작업을 준비하는 데 상당한 시간이 흐른 9월 28일 05:00부터 이적작업을 시작하였다.

    9월 29일에 파공 화물창을 제외한 화물창의 기름 약 870kl를 이적 완료하였다.

    제5금동호 기름 적재량은 2,100kl이며, 탱크별 적재 현황은 아래와 같다.

〔표 4-4〕 제5금동호 기름적재 현황

미적재			적재	
No. 1 공 탱크	No. 2 B-C 503㎘	No. 3 B-C 562㎘	No. 4 B-C 541㎘	No. 5 B-C 494㎘

2. 1995년 씨프린스호 사고(M/V Sea Prince Accident)

```
┌─────────────────────── 〈사고 개요〉 ───────────────────────┐
│  ○ 오염범위                                                   │
│  - 해상: 경남, 남해, 거제, 부산, 울산, 포항 해상까지 약 127마일  │
│  - 해안: 여천, 남해·거제, 해운대·태종대, 울주군, 기장군, 경주시 해안 총 73.2km  │
│  ○ 방제조치                                                   │
│  - 방제 기간: 해상 '95.7.24.~8.11.(19일간)                     │
│  - 해안 '95. 7.25~12. 31 (5개월)                              │
│  ○ 방제장비와 기자재 연 동원현황                               │
│  - 인원: 166,905명            - 선박: 8,295척                 │
│  - 항공기: 45대              - 오일펜스: 13,766m              │
│  - 유흡착재: 239,678kg                                        │
│  ○ 회수량: 1,390㎘(바닷물 포함)                               │
│  ○ 수거량: 3,364t (기름 흡착물 포함)                          │
│  ○ 유류 이적                                                  │
│  - 기간: '95. 8. 4.~9. 5.(23일간) - 이적량: 82,028㎘(원유 및 벙커 C유)  │
│  - 유류 이적 업체: 일본 NIPPON Salvage사                       │
│  - 선체 부양작업 기간: '95. 10. 27.~11. 26.(31일간)            │
│  - 선체 부양업체: 싱가포르 Smit International 사                │
│  ※ 선체 부양: '95.11.26., 10:00, 선체예인: '95.12..2., 필리핀 Subic만으로 출항  │
└─────────────────────────────────────────────────────────────┘
```

씨프린스호(유조선, 144,567톤)는 1995년 7월 23일, 여수 소리도 인근 해역에서 태풍 '페이'호에 의해 좌초되어 선박 화재 및 해양오염사고가 발생하였다.

사고 선박은 태풍에 피항하지 않고 연안에 정박해 기다렸고, 다음 날 12:00경 태풍의 접근 위력이 강해지자 여수항 밖으로 뒤늦게 다시 출항하였으나 작도 인근에 있던 수중 암초와 선미 좌현 기관실 부위가 충돌하면서 기관 정지, 기관실 화재 발생 및 원유 등 약 5,035㎘의 기름을 해상에 유출한 것이다.

사고 당시 88,461㎘(원유 86,886, B-C 1,495, B-A 100㎘)의 유류를 적재하고 있었으며, 이 사고에 대해서는 위 '1993년 제5금동호 사건'과는 다르게 피해자 측 손해사정기관 등과 오염원 측 보험사 등이 합동으로 1995년 8월부터 10월까지 2개월 동안 피해조사를 하였다.

1996년 6월에 국제기금에 총액 706억 원에 달하는 손해배상청구서를 제출하였고 피해는 1969년 유류오염 민사책임협약이나 1971년 국제기금협약에서 정한 책임한도를 초과하고 있다. 이 때문에 국제기금에서는 당분간 피해배상에 대하여 어민들이 청구한 금액 가운데 확정된 손해를 기준으로 전체 금액의 25%만 먼저 지급하기로 하였다.

이보다 10일 후에 발생한 여명호 사고와 오염지역이 일부 중첩되는 일이 벌어졌다. 이에 대하여 1971년 국제기금과 관련 2개 보험사는 기술전문가의 권고에 따라 이 사고와 여명호 간에 방제비를 동등하게 분담하기로 하였다. 특히 유류오염사고 장소에서 불어온 바람으로 농작물과 각종 식물이 피해를 보았다고 소리도 주민들이 4,600만 원 손해배상을 청구한 사실이다.

남해, 욕지, 거제도, 여수시의 숙박업자, 관광 관련 업무 시설을 소유한 자들이 47억 7,200만 원의 손해배상을 청구하였다. 오염원 쪽은 피해액을 약 170억 원으로 사정했지만, 피해자 쪽은 약 700억 원으로 감정(鑑定)하고 IOPC Fund와 법원은 오염원 쪽 감정을 신뢰했다. 총 피해액 약 735억 원을 요구하여 2007년 153억 3천만 원으로 일단 합의하였다.

총 방제비용은 약 198억 원이며 이 중 해양경찰 방제비용은 약 8억 3천만 원이다.[18] 피해 청구액을 기준으로 전체 피해의 75% 이상이 여수해역에서 발생하였는데, 특히 가두리양식어업에서 큰 피해가 발생한 것으로 나타났다. 여수지역 가두리 양식어업 피해 청구액은 365억 원으로서, 전체 지역의 50%, 여수해역의 65%를 차지하고 있었으며 총 23개 어촌계의 769명의 개인 가두리양식어민들이 기름에 의해 피해를 보았다고 신고하였다.

다음으로 큰 피해를 본 어업 형태는 공동어업으로써 37건에 78억 원이며, 기타 1종 양식어업, 전복양식업, 정치망어업, 분기초망어업, 어선어업 등에서 10여억 원 이상의 피해액이 청구되었다.

1996년 2월 선주 측에서는 '유류오염손해배상 보장법'의 관련 규정에 따라 광주지방법원 법원에 '선주책임 제한 절차' 개시를 신청하였고, 1996년 4월 4일 법원 명령에 따라 선주책임 제한금액인 1,400만SDR(당시 약 176억 원)을 공탁함에 따라, 1996년 5월 30일부터 선주책임 제한 절차가 개시되었고 이 절차에 의해 모든 피해자는 동년 8월 28일까지 법원에 채권(피해) 신고를 하였다.

이후 IOPC Fund와 수협 관계자, 피해 어민들은 피해 사정 방법과 사정액에 대하여 여러 번 설명회를 개최하고 협의를 거친 후, 1997년 6월부터 피해자들과 합의를 시작하여 1999년 11월까지 피해자들과 99% 이상의 합의를 완료하게 되었다. 선주

---

18) 서울신문 2008.5.6. 자

측에서는 자체 비용으로 합의 금액에 연 5% 이자를 포함한 합의금을 선지급하였다.

〔이상 자료 출처〕 해양경찰청 / 김석기, "일본 기름유출사건처리 과정과 최근 국제기금의 방제비 지급 동향", (주)한국해사감정(1999.5.) / 서울신문(2008.5.6. 자).

〔표 4-5〕 피해배상 청구 및 지급내역 총괄(단위: 백만 원, '02.1.)

구분		어민청구		ITOPF 사정	최종 지급		비고
		건 수	금 액	금 액	건 수	금 액 (이자포함)	
총계		3,974	73,555	15,449	3,297	16,951	○ 미합의: 청구 54억 원 (676건) - 배상불가 665건 47억 원 - 미합의(진행) 1건 9백만 원 - 소송진행중 10건 7억 원 청구, 10건 1억 원 사정
어민	여수 수협	1,905	56,091	12,369	1,680	13,515	
	경남 수협	896	12,721	2,587	634	2,898	
	합계	2,801	68,812	14,956	2,314	16,414	
비어민		1,173	4,743	493	983	538	

〔표 4-6〕 어민피해 배상 및 청구 총괄(단위: 원)

구분		건수	어민청구액	ITOPF사정액	합의액(지급)	합의율	비고
합의	ITOPF사정	3,298	67,510,567,285	15,341,283,535	15,341,283,535		실지급 (이자 포함) 16,938,163,512
미합의	합의추진	1	9,570,000	458,500	-		
	소송자(가두리)	10	706,237,330	96,569,103	-		
	(배상불가)	665	5,350,957,064	18,982,981	-		
	소계	676	6,066,764,394	116,010,584	-		
총계		3,974	73,577,331,679	15,457,294,119	15,341,283,535	99.2%	합의율: 합의액 대비 사정액

〔이상 자료 출처〕 해양수산부「씨프린스호 유류 오염사고 백서」(2002.7.)

제3장 해양오염 피해배상 문제점과 앞으로 과제

제1절 피해배상과 책임에 관한 문제점

1. 청구액 대비 낮은 피해배상(Low damages compared to the amount charged)

1.1 배상 관련 우리나라 연안의 특수성(The characteristics of the coast of Korea related to compensation for damages)

우리나라 연안은 복잡한 해안선과 많은 섬으로 이루어져 있고 양식장이 밀집해 있으며 또한 조석간만의 차가 심하고 조류가 빨라 오염사고 시, 유출유의 확산이 빠르게 진행하므로 유출량과 비교하면 피해액은 크게 나타나고 있다. 유류오염 피해 따른 피해구제제도가 미흡하여 어민 등 다수의 피해자가 오염원으로부터 제대로 배상받지 못할 때는 대부분 단순한 사법상의 손해배상문제로 그치지 아니한다. 우리나라는 1992년 3월 8일 IOPC Fund에 가입하였으며 오염사고 발생률은 2006년 말 당시 세계 1위(21건)이고 청구액 대비 배상률(15%)은 낮았다.

1.2 우리나라 유류오염사고 피해배상률(Korea Oil Pollution Accident Compensation Rate)

유류오염사고에 의한 피해보상에서 가장 큰 문제점은 외국 선진국보다 우리나라의 청구액 대비 손해배상액이 현저히 낮은 점이다. 유류오염 피해보상 주체인 선주책임상호보험조합(P&I Club)이나 국제기금(IOPC Fund)에서는 유류오염 손해에 대한 명확한 근거제시를 요구하지만, 대부분 가업형태의 영세어업인 등 수산업 종사자들에게는 과거 몇 년간의 생산, 판매기록이 제대로 있을 리 없고 세금 납부기록 역시 소득보다 낮게 신고하는 관행 때문에 입증 가능한 조사자료를 만드는 것이 매우 어려운일이다. 우리나라 유류오염사고 11건 중 청구액에 대한 최종합의액 비율은 씨프린스호 28.8%, 제1유일호 26.6%였다. 씨프린스호 사고로 인한 피해는 1969년 유류오염 민사책임협약이나 1971년 IOPC Fund 협약에서 정한 책임한도를 초과하였고 총 피해액 약 1,056억 원을 요구하였으며 501억 원을 배상하였다. 허베이스피리트호 사고 시는 정부가 피해 규모를 4만 가구에 3만 5000ha에 이르는 것으로 추산하였고 해양수산부가 IOPC Fund에 제출한 보고서(2008.3.11.)에 따르면 충남, 전남, 전북해안 300 여㎞가 오염되었으며 101개 섬과 15개 해수욕장 3만 5000ha에 이르는 양식장과 관련 시설 그리고 4만 가구가 피해를 본 것으로 잠정 집계되었다.19)

2. 무보험 외국 선박의 해양사고(Marine accidents of foreign vessels without insurance)

유조선 외 일반 선박의 연료유로 인한 오염피해를 배상하는 「선박연료유협약」이 국제발효(2008.11.21.)됨에 따라 총톤수 1,000톤을 초과하는 일반 선박은 일정 규모의 책임보험에 가입하고 관련 증서를 비치하여야만 영국, 싱가포르, 독일 등 체약국의 항만에 입항할 수 있다.

우리나라는 「유류오염손해배상보장법」에 따라 총 톤수 1,000톤 초과 일반 선박은 해당 책임보험에 가입하고 관련 증서를 비치하여야만 국내 항에 입항할 수 있다. 우리나라 해역에서 발생한 외국 선박의 사고를 살펴보면 보험에 가입하지 않고 운항하거나 부실 보험사에 가입되어 사고를 일으키면 해양사고 처리비용의 회수가 곤란하였다. 이와 같은 해양사고 처리비용 회수를 위한 소송 사례로는 2006년 3월 2일 발생한 싱하이7호(화물선, 2,972톤, 투발루 국적) 손해비용(총 23.2억 원; 방제비용 5.2억 원 인양비용 18억 원), 2006년 1월 23일 발생한 투멘호(화물선, 2,592톤, 러시아 국적)의 손해비용인 유출된 원목 수거비 6.4억 원(5억 공탁) 등이다. 당시 외국 선박사고로 인하여 발생한 처리비용 약 25억 원이 미회수되었다.

〔표 4-7〕 해양사고 처리비용 회수 곤란 사례(Difficulty recovering marine accident treatment costs)

선명	국적	사고일시	선종	총톤수	손해비용	보험
씨앙펭호	중국	'92.1.24.	화물선	3,992톤	11억 원	가입
레오니드 예킨호	러시아	'03.9.12.	어선	3,834톤	5.3억 원	미가입
브라더 2호	볼리비아	'03.9.12.	화물선	5,685톤	9천만 원	미가입
알렉세이 비카리브	러시아	'03.1.5.	화물선	2,478톤	8억 원	미가입

〔자료 출처〕 해양수산부(2007년) 통계자료

---

19) 조선일보 A12. 2008.3.12. 자, wjee@chosun.com)

국내에 기항하는 총톤수 1,000톤을 초과하는 외국 선박에 대해 P&I, 한국해운조합 등 정부가 인정하는 보험사만 손해보장보험 가입을 의무화하여 입항을 통제할 필요가 있다. 즉, 정부가 인정하는 보험사에 오염손해 및 난파물 처리비용 등을 담보하는 손해보장보험에 가입하지 않으면 국내항만에 입출항 금지조치 하여 무보험 외국 선박 해양사고로 인한 국내 피해를 방지해야 한다.

3. 피해입증 증거자료 부족(Insufficient evidence of evidence of damage)

3.1 증거배상원칙(Evidence compensation principle)

IOPC Fund의 유류오염손해배상은 증거배상원칙에 따라 이루어진다. 같은 Fund 의 1996년 연례보고서에 따르면 우리나라 오염배상 사건의 대부분은 증거 부족 때문에 배상이 기각되고 있다. 특히 사매매(私買賣), 무면허·무허가어업의 경우는 증거 유무를 불문하고 배상에서 제외하였다. 유류오염 피해배상 금액의 산출은 피해청구서가 제출되면 피해청구서와 피해를 입증할 합당한 자료 및 객관적이고 과학적인 조사자료를 근거로 하여 전문 용역기관에서 피해액을 사정하게 된다. 유조선에 의한 유류오염 사고 시, 배상 청구는 같은 Fund의 청구지침서(Claim Manual)에 기재되어 있는 배상기준에 따라 유류오염 피해를 과학적으로 입증하고 객관적인 자료에 의해 합리적으로 산정한 피해청구를 하여야만 배상하도록 규정하고 있다. 우리나라의 유류오염 손해배상률은 5~10%에 불과하여 일본 등 선진 해양국가의 손해배상률 50~60%에 비교할 때 상당히 적은 금액이므로 유류오염손해배상은 철저하게 증빙자료가 첨부된 경우에만 배상하므로 평소 이에 대비한 증거구비를 생활화하여야 하고 각종 소득자료 및 세금자료 등의 객관화가 시급하다.

3.2 적정하고 합리적인 청구(Reasonable and reasonable claims)

피해배상금을 과도하게 높여 청구하는 경우에는 같은 Fund에 대하여 불신을 줄뿐 아니라 책임한도를 초과하게 되어 잠정지급금의 비율이 낮아진다. 어업인이 개별적으로 제출한 증거 외에도 피해를 입증하는 데 필요한 간접자료가 다양하게 확보되어 있어야 하는데 이러한 자료가 풍부하게 축적되어 있지 않고 수산물 통계에 대한 기초자료가 부족하였다. 유류오염사고가 발생하면 긴급방제작업이 전개되고 방제작업이 마무리되는 단계에 이르면 방제작업에 든 비용과 어업인들의 피해를 조사하여 배상 청구를 하게 된다. 이중 방제작업 비용은 IOPC Fund의 배상한도액을 초과하는 손해의 발생이 예상되는 경우에는 최종 손해액의 확정시까지 방제 때까지 방제비의 일정률에 대하여 지급을 보류하는 경우를 제외하고는 거의 청구액 수준의 배상이 늦어도 1년 이내에 이루어지고 있었으나 어업인의 피해배상에서는 많은 문제점이 제기되고 있다.

3.3 피해입증자료 확보(Securing damage proof data)

대부분은 어업인 측의 배상 청구액과 P&I 측의 사정액이 크게 달라 수년 동안 배상협상을 하게 되며 그것도 종국에는 청구액의 15~18% 배상 수준으로 끝나고 있다. 이렇게 배상 처리가 크게 달라지는 가장 큰 이유는 피해를 입증하는 객관적 사실이나 입증자료의 차이에 있다. 더욱 많은 배상금을 이른 시일 안에 받기 위해서는 같은 Fund 측에서 부인하기 어려운 입증자료를 최대한 확보하여야 한다. 배상액은 결코 청구액에 비례하는 것이 아니라 피해입증자료에 좌우된다. 유류오염사고가 발생하는 경우 피해자와 오염원은 각기 다른 피해조사기관을 선임하여 피해액을 산정하나, 양 조사기관의 손해추정액이 현저하게 다른 때도 있는데 여수 '제5금동호' 오염사고의 경우 피해자가 산정한 금액은 931억 원이었으나 3차에 걸친 재조사 끝에 오염원이 추정한 금액은 70억 원으로 나타났다. 이 같은 수치는 처음 피해액의 7.5%에 해당한다.

4. 오염피해조사 및 피해배상 협상전문가 양성(Fostering experts in pollution damage investigation and damage compensation)

1989년에 미국 알래스카에서 좌초한 유조선 엑손발데스호 사고 후 20년이 지난 2009년 당시에도 50억 달러의 소송이 걸려 있었다. 이처럼 미국은 초기 대응이 미흡하였고 그 덕분에 많은 전문가를 확보할 수 있었다. 유류오염사고는 국내 연안에서 언제든지 재발할 수 있고 발생 시 신속한 방제는 물론 정확하고 신속한 오염피해조사 및 피해배상 협상이 중요하다. 피해주민들의 과다한 피해배상 청구, 배상 청구 시 자료를 제출하지 않는 태도, 불법 어업에 대한 배상 청구 그리고 배상이 늦어지는 데 따른 집단적인 민원제기 등이 배상절차의 이해 부족에서 비롯되고 있으므로 피해자의 배상 진행을 도와줄 오염피해조사 및 피해배상 협상전문가 양성이 필요하다.

5. 미신고 맨손어업 피해의 배상(Reimbursement for unreported bare fishery damage)

피해자 중에서 가장 고려되어야 하고 유의해야 할 당사자가 맨손어업을 하는 당사자들이다. 공유수면인 해수면에서의 어업은 어업종류별로 「수산업법」이 정하는 바에 따라 관할관청의 면허 또는 허가를 받거나 신고를 한 경우를 제외하고는 허용되지 않으므로, 사실상 신고어업의 대상이 되는 맨손어업에 종사했다고 하더라도 「수산업법」 규정에 따라 관할관청에 신고하지 아니한 이상 신고어업자로서 보호받을 수 없다. 맨손어업자들 및 그 대리인들은 대법원판례와 「수산업법」 규정에 깊은 관심을 가져야 정당한 배상을 받을 수 있을 것이다.

제2절 피해배상 관련 앞으로 과제

1995년에 소리도에서 발생한 원유선 씨프린스호 사고와 2007년 태안에서 발생한 원유선 허베이스피리트호 해양오염사고에서도 보았듯이 해양유류오염사고는 그 인적·물적 손해가 매우 심각하였다.

허베이스피리트호 해양오염사고 이후 우리 정부에서도 CLC 및 FC 보상범위를 초과하는 피해 부분에 대한 보상을 위해 특별법을 마련하였고 이를 위한 정부재정을 2008년 내로 확보할 계획이며 제도적 근거와 재정확보가 가능하므로 선주보험사(클럽)와 IOPC Fund의 피해보상금 지급과 기금의 지급률 상향 조정이 조기에 이루어지도록 노력하고 있다. 그러나 정당한 유류오염 피해보상을 받기 위해서는 보상 주체인 같은 Fund의 보상기준에 의거 해양오염과 이로 인한 피해를 보았음을 입증하는 과학적이고 합리적인 증거 등을 제시해야 한다. 이를 위해 유출 유류가 피해지역에 도달하였음을 입증하는 자료, 해양생물에 대한 오염 여부 입증과 오염의 지속 정도 그리고 회복 정도에 대한 입증자료, 피해지역 내 양식생물 등의 서식 및 생산량 등에 관한 종합적이고 과학적인 자료 확보가 무엇보다 중요하다고 하겠다. 우리나라 유류오염손해배상보장제도의 피해배상 관련 과제를 요약하면 다음과 같다.

1. 정부 주도 피해구제기구 설치(Government-led damage relief system installed)

유류오염 피해에 대한 과학적 입증방법 연구와 어업소득자료에 대한 증거자료 확보, 신속한 피해현장 조사와 정확한 피해액 사정 강화를 위하여 유류오염손해배상배상법에 정부 주도의 피해구제기구로써 유류오염사고대책위원회(가칭)를 설치하되, 위원장은 해양수산부 차관으로 하고 15인에서 20인의 위원으로 구성한다. 위원은 행정안전부, 재정경제부, 환경부, 해양수산부, 농림수산식품부 4급 이상 관계 공무원 및 학계 대학교수 등 전문가, 어업인 관련 단체, IOPC Fund 대리인, 검정회사 관계자로 하고 필요 시 피해지역 지방자치단체의 장을 참여시킬 수 있도록 하여 피해주민들의 피해신고서를 기초로 현지 피해 실사 및 그 대책 등을 담당하게 한다. 그리고 「유류염손해배상배상법」 제6장 보칙에 수협이 유류오염 피해조사계획, 유류오염 피해구제자금 특별계정 운영계획을 수립할 수 있는 근거를 같은 법에 명문화하고 「유류오염손해배상배상법」의 하위법으로 세부규칙을 제정하는 방안을 검토할 필요가 있다.

2. 오염피해조사 및 피해배상 협상전문가 양성(Fostering experts in pollution damage investigation and damage compensation)

「해양환경관리법」 제121조(해양오염방지관리인 등에 대한 교육·훈련)상 해양환경 관련 교육기관인 해양환경공단에 수산분야와 해양오염방제 또는 해양환경 분야 공무원 등을 대상으로 한 '해양오염피해조사, 배상 및 협상 교육과정(가칭)'을 신설, 해양오염피해조사, 검정 및 피해배상 협상전문가를 양성하여 사고 시, 전문적이고 체계적인 피해배상 관리로 피해배상률을 높여야 한다.

3. 미신고 맨손어업 당사자 배상체제 확립(Establishment of compensation system for unreported bare-fishing parties)

씨프린스호 사고의 피해자인 여천지역 5개 어촌계가 무면허 공동어업자라는 이유로 배상이 되지 않고 있었으나 1998년 4월 제58차 집행이사회에서 우리나라 측 대표가 "이는 애초부터 어업면허를 받지 않고 의도적으로 무면허 어업 행위를 해 온 것이 아니라, 어촌계 간 담당 수역 분쟁으로 경계가 확정되지 않아 면허가 보류된 것이며 담당 행정당국에서도 단속대상으로 보지 않고 있음"을 주장함으로써 예외적으로 배상 결정을 얻어 낸 바 있으나 사고 발생 때마다 배상 결정을 해 주는 것은 아닐 것이다. 공유수면인 해수면에서의 어업은 어업종류별로 「수산업법」이 정하는 바에 따라 관할관청의 면허 또는 허가를 받거나 신고를 한 경우를 제외하고는 허용되지 않으므로, 사실상 신고어업의 대상이 되는 맨손어업에 종사했다고 하더라도 같은 법에 의거 관할관청에 신고하여 정당한 배상을 받을 수 있도록 그 배상체제를 확립해야 한다.

〈 대법원, 2002.1.22., 선고 2000다2511판결 〉

"신고어업은 신고명의자 스스로 종사하거나 적어도 세대를 같이 하는 가족을 통하여 영위하여야 하는 것으로서 그 밖의 타인을 통하여 대신 어업 행위를 하게 할 수는 없다고 할 것이므로, 어업을 계속할 수 있는 노동능력과 의사를 가진 자로서 20세부터 60세에 이르기까지의 자 또는 같은 세대 내에 그를 도와 신고어업에 종사할 수 있는 그 나이 범위 내의 가족이 있는 자만 신고어업자로서 배상의 대상이 될 수 있다."

제5부

방제사례

Case of prevention Response

1. 허베이스피리트(Hebei Spirit)호 해양오염사고

□ 사고선 개요

사고 일자	사고 선박	사고 장소	유출량
'07.12.7.	허베이스피리트호 (유조선, 146,868t, 홍콩, 선령 14년)	태안군 만리포 북서방 5마일(9km)	유류 12,547㎘ (10,900t)

□ 사고 발생

○ 2007년 12월 7일 오전 7시경 충남 태안군 만리포 북서방 5마일 해상에서 허베이스피리트호와 예인 중이던 해상기중기 부선(1만 2000톤급)이 충돌, 원유 12,547kl가 유출된 사건이다. 인천대교 공사를 마친 부선은 경남 거제로 항해하기 위해 예인선 2척을 동원, 항해 중 당시 기상 악화로 예인선이 균형을 잃고 허베이스피리트호와 충돌하여 허베이스피리트호의 화물 탱크 3개에 구멍이 뚫려 기름이 유출된 사고이다.

□ 해양오염 상황   ※ 충남 및 전남북 해안선 및 도서 등 오염피해 확대

해안선		오염 도서(개소)		
전체	육지부	계	충남	전남·북
375km	70.1km	101	59	42

□ 초동 방제조치

○ 해상과 해안으로 나누어 실시, 해상은 경비정, 관공선과 어선 등 선박 10,899척, 헬기 204대 동원, 폐유(타르 덩어리 포함) 2,359kl, 유류흡착 폐기물 1,026톤을 수거

○ 해안은 자원봉사자 29만여 명 등 총 55만여 명('07.12.26. 당시) 참여, 폐유 1,746kl, 유류흡착 폐기물 20,488톤을 수거

구분	계		해상		육상	
	폐유	흡착폐기물	폐유	흡착폐기물	폐유	흡착폐기물
누계	4,105	21,514	2,359	1,026	1,746	20,488

□ 유류오염 피해

○ 피해지역

특별재난지역		특별대책위 지정지역
충남 6개 시군('07.12.11.) (태안, 보령, 서천, 당진, 서산, 홍성)	전남 3개군('08.1.18.) (신안, 영광, 무안)	전북 2개 시군('08.6.19.) (부안, 군산)

○ 피해 배·보상 현황(단위: 건, 억 원/'17.12.31. 기준)

구분		국제기금			배·보상(법원확정판결 근거)	
		청구	사정(인정)		선주·기금	정부대지급
		개별건수 /금액	개별건수 /금액	합계금액	그룹 건수/금액	개별건수/금액
합계		128,408	57,035	-	4,419	54,906
		27,762	2,006	3,779	2,541	1,238
수산 분야	소계	110,332	53,821	-	1,434	48,628
		16,053	491	1,948	1,161	787
비수산 분야	소계	11,035	2,858	-	2,683	5,893
		7,526	1,499	1,769	1,358	411
기타		7,041	356	-	302	385
		4,183	16	62	22	40

○ 유류오염 피해지역 정부 지원 현황(단위: 억 원 / '17.12.31. 기준)

합계	직접 지원*	간접 지원**
10,866	1,250	9,616

* 긴급생계안정자금(1,172), 식량, 의료 등 주민 생활 안정 지원(49), 건강보험료 감면 등(29)

** 정부 대지급, 대부금 및 이차보전금(2,833), 피해지역 경제·관광 활성화 등(2,519), 방제작업, 환경복구
(1,971), 특별영어자금 지원, 국세.지방세 등 납부기한 연장(2,293)

〔자료 출처〕해양수산부(2018년) Hebei Spirit 피해 배·보상 현황

□ 행위자 조치

대법원 재결 2009추015 "예인선, 피 예인부선과 유조선 허베이 스피리트 충돌로 인한 해양오
염사건"/대법원은 쌍방과실이 성립한다고 보고, 당시 「해양오염방지법」 위반(양벌규정) 등으로 양측
모두 유죄를 선고

□ 교훈

〈방제장비적 측면〉

- ❍ 기상 악화 시 사고를 대비한 대형 방제장비 확충
  - 대형 방제선 및 대양용 오일펜스 등 확보
  - 쐐기 등 찢어진 구멍 부 봉쇄 장비 확보
  - 천해 방제작업선 확보
- ❍ 동·서·남해 비축기지 신설
  - 국가 재난적 사고 초기 3일간 대응용 방제 기자재 비축

〈방제 기술적 측면〉

- ❍ 언론 대응 역량 강화
  - 해양경찰교육원 교육과정에 포함, 교육 시행, 방제 훈련 시 훈련항목에 포함
- ❍ 기상 악화 시 방제기술 개발 및 교육·훈련 강화
  - 황천 방제기술 등 다양한 방제 훈련 개발, 보급
- ❍ 방제기술지원협의회 보강
  - 사고 현장 자문 등 활용 가능한 전문가 집단 구성, 운영
  - 해안오염 조사평가팀 구성, 운영

〈유출유 방제 등 연구개발 추진〉

- ❍ 타르 볼의 생성·이동·침강·확산 등 거동연구
  - 타르 수거 및 방제장비 등 개발
- ❍ 유출유 확산예측 모델, 정확도 향상 연구
  - 현장 해상상태 측정 부이 활용방안
- ❍ 중질유용 유처리제 개발
  - 저독성, 고 효용성 유처리제 개발
- ❍ 생물 정화 제재 제도 도입
  - 자연 친화적 미생물 처리제 성능 기준 및 사용지침 개발

〈방제제도 개선과제〉

❍ 민간 방제세력에 대한 지도·감독 권한 강화

　– 해양경찰청장의 공단 방제조치에 대한 지도·감독 권한을 신설

　– 방제대책본부장의 민간 방제세력에 대한 동원명령권을 신설

❍ 위기대응 행동 설명서 보완

　– 대응절차 및 대책본부 설치·운영 등 보완

❍ 자원봉사자 관리시스템 마련

　– 자원봉사자의 안내, 교육, 자재보급 및 안전관리에 대한 관계기관 협력체계 구축

❍ 지자체의 해안방제능력 보강

　– 해안방제장비 확보 및 대응 설명서 수립

　– 관계 요원 교육·훈련, 대응능력 향상

　– 해양환경관리공단과의 해안방제 위탁 관련 양해각서 체결

〈기대효과〉

❍ 방제지휘체계 혼선의 문제점 해소, 대책본부 중심 일사불란한 방제조치 가능

❍ 방제 자재·약제 사전확보로 사고 초기 신속한 방제자원 투입 가능

❍ 방제대책본부장의 권한 강화로 국가방제자원의 효율적 운영

■ 방제상황 일지 　　　　　　　　　　　　　　　　　　　　　　2007.12.7.~12.10.

일자	방제 상황
2007. 12.7(금)	○ 기동방제팀 11명, 부산항 5부두 앞에서 태안으로 출동(07:20) 　- 방제정: 5척(남해청) 　- 방제장비와 기자재: 화물 트럭, 오일펜스, 유회수기, 유흡착재 등 ○ 최초 현장방문 시 오염상황(12:00) 　- 해상오염: 외해 약 1마일 해역으로부터 조류와 강한 바람에 의해 짙은 기름 　　길이 2㎞ 폭 1㎞ 해안으로 접근 중, 두께 10㎝~0.1㎝, 면적 약 2㎢ 　- 해안오염: 태안 화력 취수구로 외해 약 1마일 접근 중 ○ 가로림만, 근소만 방제기자재 현장 출동(16:00) 　- 화물 트럭, 오일펜스, 유회수기, 유흡착재 등 ○ 오염현장 방제전략협의(18:00)/태안 만리포 대책본부(주재: 방제팀장) 　- 참석: 해양경찰 기동방제팀, 방제조합 방제팀

	○ 태안 화력 취수구 보호 차 현장 출동(19:00) - 태안해양경찰서 화물 트럭에 유흡착재, 유처리제 등 방제기자재 적재 ○ 오일펜스 전장준비(20:00~다음날 04:00) - 남해청 기동방제팀(팀장 이영호 등 3명), 태안 화력 환경부 3명
12.8(토)	○ 태안 화력 취수구 보호를 위한 오일펜스 다중 전장(04:00~16:00) - 해양경찰 기동방제팀, 방제조합 군산지부(305, 306호), 태안화력 환경부 직원 - 오일펜스 1,000m 전장 완료(07:00, 1차 완료 500m, 16:00, 2차 완료 500m) ※ 08:00경 기상 악화로 2차 전장 지연 ○ 인근 학암포, 황촌리 등 해안순찰, 방제 지도(08:00~15:30) - 군부대, 자원봉사자 대표에게 해안방제 방법 설명, 바닷가 폐기물방치로 인한 2차 오염방지 지도(환경부 통보) ○ 방제업체, 자원봉사자 작업 설명 및 배치: 기동방제팀(5명)
12..9(일)	○ 만리포 지역 해안순찰(05:00~07:00) 1. 해상: 조류와 강한 바람에 의해 짙은 기름이 해안으로 접근 중 4km 폭 2km, 유층 두께 10cm~0.1cm, 면적 약 8k㎡ 2. 해안: - 모래사장: 길이 3km 폭 1km(100% 오염), 유층 두께 10cm~0.1cm - 뭍닭섬: 길이 0.5km 폭 50m(100% 오염), 유층 두께 50cm(웅덩이), 3cm~0.1cm(바위) - 등대해안: 길이 300m 폭 30m(100% 오염) - 힐하우스 앞 바위: 길이 50m 폭 30m(100% 오염), 노래비~힐하우스 안벽: 길이 200m 폭 2m(100% 오염) ※ 태안읍 소원면에서 천리포 마을 일원 1km 지점까지 원유 냄새 심함(방독마스크 착용 필요함) ○ 자원봉사자에게 흡착재, 고무장갑, 헝겊 등 자재보급 및 작업 시 안전 유의사항 교육(06:00~07:15) ○ 만리포 해안방제계획 수립(07:30) - 모래사장: 밀물 때 방제조합 펌핑차량 이용 기름흡입 수거, 썰물 때 걸레 유흡착재로 기름흡착 수거 - 뭍닭섬: 웅덩이에 유회수기 투입 기름 회수, 펌핑카 2대 이용 기름흡입 - 등대해안: 걸레, 헌 옷과 폐현수막 등으로 바위틈 청소 - 힐하우스 앞 바위 및 안벽: 걸레, 헌 옷과 폐현수막 등으로 바위틈 청소 ※ 해안방제계획 수립 시 만리포 주민 참여, 방제방법 상 문제점 협의 ○ 기동방제팀 임무 분담표 작성(08:00~08:30) ○ 만리포 해안오염 방제대책 간담회(09:00~10:00) - 회의주재: 방제팀장 - 장소: 만리포 대책본부 출장소 - 참석: 통영해양경찰서 방제 계장 등 2명, 방제조합 장비 팀장, 태안군 관광과장 외 3명, 육군 제00연대, 만리포 주민 4명, 만리포관광협회 3명, 만리포 어촌계 2명, 방제업체 2명 - 회의내용: 방제업체 배치 협의, 군.경, 공무원과 자원봉사자 작업배치 구역 조정, 해안방제방법 설명, 작업종사자 방제 및 안전교육, 방제작업안내 수시 방송시행, 만리포 방제대책 현장지휘소 컨테이너 설치방안 등
12.10.(월)	○ 만리포 지역 해안순찰(05:00~07:00) 1. 해상: 조류와 강한 바람에 의해 짙은 기름이 해안으로 접근 중임, 길이 3km 폭 2km,

	유층 두께 10㎝-0.1㎝, 면적 약 6㎢
	2. 해안:
	- 모래사장: 길이 3㎞ 폭 1㎞(95% 오염), 유층 두께 10㎝~0.1㎝
	- 뭍닭섬: 길이 0.5㎞ 폭 50m(90% 오염), 유층 두께 50㎝(웅덩이)
	- 등대 해안: 길이 300m 폭 30m(95% 오염)
	- 힐하우스 앞 바위: 길이 50m 폭 30m(90% 오염), 노래비-힐하우스 안벽: 길이 200m 폭 2m(100% 오염)
	○ 만리포 해안방제계획 수립(07:20)
	- 모래사장: 썰물 때 걸레 및 유흡착재로 기름흡착 수거
	- 뭍닭섬: 웅덩이에 유회수기 투입 기름 회수, 펌핑카 2대 이용 기름흡입
	- 등대해안: 걸레, 헌 옷과 폐현수막 등으로 바위틈 청소
	- 힐하우스 앞 바위 및 안벽: 걸레, 헌 옷과 폐현수막 등으로 바위틈 청소
	○ 자원봉사자에게 흡착재, 고무장갑, 헝겊 등 자재보급 및 작업 시 안전 유의사항 교육 (07:30~08:30)
	○ 해양경찰청 주재 방제대책본부 방제전략회의(08:00)
	- 장소: 방제대책본부(태안해양경찰서 3층 강당)
	- 내용: 해안별 방제대책 보고회 및 담당자 재조정
	○ 만리포 해안오염 방제대책 간담회(10:00)
	- 회의주재: 방제팀장 이영호
	- 회의내용; 군.경, 공무원과 자원봉사자 작업배치 구역 조정, 해변 중앙에 기름 웅덩이 설치 및 해안방제방법 수정, 방제작업종사자 방독마스크 착용 등 안전교육, 방제 안전 수시 방송시행, 방제대책본부 방제전략회의 결과 전달 등
	○ 기독교 연합 자원봉사단 200명 폐유와 폐기물 운반 및 방제 지원(10:30)
	○ 행정자치부 장관 만리포 해안오염현장 방문(11:00)
	- 서산경찰서장, 팀장이 현장상황 브리핑
	○ 기획예산처 장관 만리포 해안오염현장 방문(14:00)
	- 현장상황 브리핑(방제팀장)
	○ 국방부 차관 만리포 해안오염현장 방문(15:00)
	- 현장상황 브리핑(육군 00연대장, 팀장)
	○ 해수부 장관 만리포 해안오염현장 방문(16:00)
	- 해양경찰청장, 현장상황 브리핑
	○ 방제대책본부 만리포 현장지휘소 컨테이너 2동 설치(18:00)
	- 장소: 만리포 노래비 앞 공터(협조: 태안군)
	※ 매일 18:00 방제대책본부(태안해양경찰서) '일일 방제종합보고회의' 참석

■ 방제체험수기

국민과 함께 일궈 낸 만리포의 기적

이영호

2007년 12월 7일 아침! 해양경찰 기동방제팀 11명은 태안 원유유출 사고해역으로 급파되었다. 만리포에 이르는 동안 기름 냄새가 코끝을 자극하기 시작했다.

사고 해역 인근 주민들은 그 냄새로 고통받을 것을 생각하니 앞이 캄캄하다. 방제대책본부 브리핑에서 충남 태안군 만리포 해변에서 북서쪽으로 9㎞ 떨어진 해상에서 홍콩 선적의 14만 톤급 유조선이 해상 크레인에 부딪혔다고 한다. 인천대교 공사에 투입됐던 해상 크레인을 2척의 예인선으로 경남 거제로 예인하던 중 예인선의 와이어가 끊어지면서 해상 크레인이 유조선과 충돌하였고, 이 충돌로 유조선 왼쪽 기름탱크 3곳에 구멍이나 원유가 해상으로 유출되었다고 한다. 잠깐의 방심과 실수가 엄청난 재해를 발생시킨 것이다. 수려한 기암절벽과 해송 아래로 끝없이 펼쳐진 그 아름답던 바다는 검은 기름을 뒤집어쓴 채 넘실대고 있어 마치 우리에게 괴로움을 호소하는 듯하였다. 우리 팀의 첫 번째 임무는 '태안 화력발전소 취수구를 보호하라.'였다. 만약 취수구로 냉각수와 함께 기름이 유입된다면 전기공급에 장애가 올지도 모르는 매우 급한 상황이었다. 팀원 중 1명의 행정 요원을 방제대책본부에 남겨두고 본부 2.5톤 트럭에 방제기자재를 싣고 현장으로 달려갔다. 사고 초기, 비교적 많은 기름이 몰려온 학암포 옆 태안 화력발전소 취수구 앞 연안에는 높은 파도가 넘실대고 있었다. 12월 7일 밤, 태안 화력 석탄 부두에서 취수구 보호를 위하여 다중 전장할 오일펜스를 점검하고 유흡착재 등 방제기자재를 부두에 야적하고 방제작업을 도와줄 선박을 기다렸다. 드디어 다음날 새벽 4시경, 방제조합 군산지부 소속 방제선 305호가 부두에 도착했다. 우리 기동방제팀원들은 강한 바람과 추위, 칠흑 같은 어둠과 사투를 벌이며 방제조합과 함께 기름이 밀려오는 바다 길목에 부두 거치대에 감긴 오일펜스를 풀어 취수구 입구를 포위 전장하는 데 성공하였다. 이때 한국서부발전 환경부장과 직원 10여 명도 현장에서 해양경찰 기동방제팀원들과 함께 뜬눈으로 밤을 지새우며 취수구 기름 유입 방지에 힘썼는데 다행히 발전 장애나 전력공급엔 차질이 없다고 한다. 한순간에 태안 앞바다에 쏟아진 엄청난 기름유출! 너, 나 할 것 없이 모든 국민의 적극적인 참여와 성원이 없었다면

'태안의 기적'이 일어나지 않았을 것이다.

기동방제팀이 첫 번째 임무를 수행하는 동안, 방제대책본부는 더 기름이 남쪽 군산 해안과 가로림만, 근소만 등에 퍼지지 않도록 기름 확산방지에 주력하는 한편, 오염 항·포구별로 방제책임자를 지정하여 특별 해양오염관리에 나섰다.

사고 3일째, 우리 기동방제팀은 태안 화력발전소 취수구 보호 임무를 완수하고, 위치적으로 오염된 항·포구의 중심인 만리포로 왔다. 학암포에서 신두리, 파도리, 백리포와 천리포를 거쳐 만리포에 이르는 동안 기름 범벅이 된 해변과 암벽에서 환경단체, 군인, 경찰 등은 조직적, 체계적으로 기름 제거에 구슬땀을 흘렸다.

해양경찰 방제책임자들은 이 들의 작업을 지도하고 유흡착재 등 방제기자재를 조달해 주느라 무척 바쁘게 움직이고 있었다. 그러나 개인 자격으로 온 자원봉사자와 중·고교생 등 어린 학생들은 오염된 해안에 도착했으나 무엇을 해야 하는지 몰라 오염된 해변만 쳐다보고 있었는데 방제방법을 설명해 주고 지정된 장소에서 작업에 임할 것과 안전에 유의할 것을 당부하였다. 그것도 미심쩍어 수시로 해상기상 상태와 밀물과 썰물시각 그리고 방제방법과 안전에 관한 주의사항을 수시로 직접 방송하여 자원봉사자들의 안전에도 애를 썼다. 우리 국민은 어려운 역경 속에서 모두 하나가 되었다. 지난 '97년 IMF 위기 때는 국민의 금 모으기 운동으로 난국을 극복하였고, '02년 우리나라에서 개최된 월드컵 때는 붉은 물결로 대한민국을 외쳐 축구 세계 4강에까지 갈 수 있었으며, 지금은 국민 모두 사랑의 물결로 검은 물결을 물리치고 있다. 그동안 많은 국민의 성원과 수십만 자원봉사자들의 참여로 기름 제거에 큰 성과를 보았다. 자갈 하나, 모래 한 톨에도 국민의 따뜻한 봉사의 손길이 거치지 않는다면 회복할 수 없기 때문이다. 12월 15일 토요일! 드디어 만리포에 기적이 찾아온 것이다. 검은색 해변이 하얀빛의 속살을 드러내기 시작한 것이다. 만리포 주민들은 이를 보고 '만리포의 기적'이라 말하며 모처럼 환하게 웃는 모습을 보았다. 오염현장을 찾은 유엔기구 UNEP(유엔환경계획) 관계자, 미국 해안경비대 및 일본 해상보안청 방제전문가들도 만리포를 시찰하고 "다른 나라 같으면 한 달에서 두 달이 소요되는 기름 제거 분량을 불과 약 일주일 만에 제거했다."라면서 검게 오염되었던 바다를 우리 국민 모두의 힘으로 기름이 거의 보이지 않는 하얀 해변으로 바꾸어 놓은 사실에 "코리아 원더풀!"이라며 찬사를 아끼지 않았다. 국민들의 사랑의 손길로 태안 바다는 조금씩 조금씩 심호흡하면서 제 모습을 찾고 있다. 이제 누구를 탓하고 가만히 팔짱 끼고 앉아 있거나 강 건너 불구경하는 국민은 찾아볼 수 없었다.

　　태안으로 향하는 국민들의 바다 사랑하는 마음과 발걸음만이 오염된 우리 바다를 되살리고, 삶의 터전을 잃고 슬퍼하는 피해지역 주민들을 살리는 길이다. 해양오염으로 상처받은 이곳이 국민 모두의 끊임없는 관심과 사랑으로 치유되고 아름다웠던 태안 바다의 옛 모습을 다시 찾을 수 있기를 기대한다. 끝.

　　〔출처〕 2008년 '허베이스피리트호 방제체험수기공모' 태안해양경찰서장상 수상작

태안화력발전소 취수구 보호를 위해 다중설치한 오일펜스('07.12.8.)

해안방제('07.12.11.)

국민과 함께 일궈낸 태안의 기적('07.12.16.)

※ 관련 신문기사: 동아일보 A12, 2007.12.12. 자./한국일보 A01, 2007.12.12. 자.

東亞日報

2007년 12월 12일 A12면

"태안화력발전소를 지켜라"

기름유출 지점서 10km 떨어져… 냉각수에 유입땐 장애 생길수도

충남 태안군 앞바다 기름 유출 사고로 태안군 원북면에 있는 태안화력발전소에도 비상이 걸렸다.

사고 지점에서 10km 정도 떨어져 있는 이 발전소는 냉각수로 해수를 사용한다. 기름띠로 덮인 바닷물이 냉각수로 들어가면 발전에 심각한 장애가 생길 수 있다.

이에 따라 한국해양오염방제조합은 사고 당일 200여 명의 방제인력을 동원해 인근 바다에 250m짜리 오일펜스를 설치했고 방제작업도 펼쳤다.

방제조합 관계자는 "가능성은 희박하지만 최악의 경우 폭발사고나 발전 장애로 인한 전력 공급 문제가 발생할 수 있다"며 "양식장이 밀집한 가로림만 못지않게 화력발전소 주변 바다를 보호하는 데도 노력을 기울이고 있다"고 말했다.

현재 태안화력발전소는 약 250m 떨어져 있는 수십 m 깊이의 바다에서 파이프를 이용해 냉각수를 끌어 쓰고 있다.

태안화력발전소 운영을 담당하고 있는 한국서부발전 홍보팀의 임정래 과장은 "냉각수가 설비시설로 들어가는 수로에도 기름흡착포를 띄워 만일의 상황에 대비하고 있다"고 말했다.

태안화력발전소는 올해 8월 7, 8호기까지 준공해 시간당 400만 kW의 전기를 생산할 수 있는 발전소로 국내 전체 전력생산량의 6% 정도를 차지하고 있다. 국내 38개 화력발전소 가운데 최대 용량이다.

따라서 이 발전소에 문제가 생기면 충청권을 비롯해 경기 서북부 지역까지 전력 공급이 어려워질 수 있다.

태안=이세형 기자 turtle@donga.com

한국일보

2007년 12월 12일 A01면

오늘 조류 빨라져… 기름띠 확산 중대 고비

천수만·안면도 위협 … 정부, 특별재난지역 선포

충남 태안군 앞바다에 떠 있는 유출 원유가 11일 조류와 바람을 타고 남하하면서 천혜의 철새 도래지인 천수만과 안면도가 위협받고 있다. 해양수산부는 서해 조수간만의 차가 가장 크고 조류 속도도 가장 빨라질 12일 오전 썰물의 영향으로 조류가 안면도쪽으로 가장 많이 빠질 것으로 예상, 이날이 오염 확산 여부를 가를 중대 고비가 될 것으로 전망하고 있다.

★관련기사 10·11면

해수부 관계자는 이날 "11일 오후 5시께는 밀물의 영향으로 조류가 북동쪽 경기도 방면으로 가장 멀리 밀려가고, 반대로 12일 오전 11시께는 썰물의 영향으로 남서쪽 안면도 방면으로 가장 많이 빠진다"며 "이처럼 '그믐 사리' 이틀 뒤에 조수간만의 차가 가장 커지면 해상에 떠 있는 기름의 진동도 커져 다소 정체돼 있던 기름의 이동이 급격히 빨라질 수 있다"고 말했다. 특히 겨울철에는 북동풍과 북서풍이 번갈아 불기 때문에 강한 바람이 기름을 남쪽으로 밀어내면 안면

도를 지나 대천해수욕장이 있는 보령 앞바다까지 위험해질 수 있다는 분석이다. 이에 따라 해경은 천수만으로의 기름 유입을 막기 위해 안면도 연륙교 부근에 전날에 이어 오일펜스 1km를 추가 설치했다.

해경은 이날 방제선 220척, 항공기 5대, 군인 경찰관 자원봉사자 등 1만3,400여명을 사고 해역과 해안에 투입해 닷새째 방제 작업을 실시했다. 하지만 장비 부족과 인력 통제 미비로 작업이 효율적으로 진행되지 못했다.

이에 따라 해수부는 국제해양환경보호기구인 '북서태평양보전실천계획'

(NOWPAP)을 통해 일본 중국 러시아에 유흡착재 긴급 지원을 요청했다.

충남도에 따르면 피해 지역은 이날 현재 서산 가로림만~태안 안면읍 내 파수도 연안에 이르는 해안선 167km, 324개 어장 3,633ha다.

한편 정부는 이날 충남 태안군, 서산시, 보령시, 서천군, 홍성군, 당진군 등 6개 시·군을 특별재난지역으로 선포했다. 이들 자치단체는 방제 활동, 주민피해 대책 등 행정·재정·금융·의료지원에 소요되는 비용 일부를 국고에서 지원받는다.

태안=전성우기자 swchun@hk.co.kr
정민승기자 msj@hk.co.kr

2. 씨프린스(Sea Prince)호 해양오염사고

□ 사고선 개요

사고 일자	사고 선박	사고 장소	유출량
'95.7.23.	씨프린스호 (유조선, 144,567t)	여천군 소리도	유류 5,035㎘

□ 사고 발생

○ Sea Prince호는 1995.7.21. 15:00 광양항 부두에 계류하여 7.21. 16:45부터 하역작업 시작, 7.22. 18:05 태풍 제3호 페이(FAYE) 피항차 출항, 7.22. 22:00 세존도 북방 3.65마일 위치에 투묘, 7.23. 10:20 양묘, 여천군 소리도와 작도 사이를 통과 항해차 이동 중 7.23. 14:00경 초속 40~45m의 북북동 풍과 너울로 인하여 타력을 잃고 조종 불가능한 상태로 작도 수중 암초에 좌초되었으며 높은 너울로 선체가 심하게 흔들리는 충격으로 주기관이 넘어지면서 발전기를 덮쳐 기관실에 화재가 발생, 10여 분간에 2~3회 폭발 선내 주요 동력을 모두 상실, 7.23. 14:30 파도에 의해 이초, 동쪽에서 밀려오는 8~9m의 파도에 서쪽으로 표류 7.23. 17:00 소리도에 좌초, 화물탱크 18개 중 13개가 파손되어 원유 등 5,035kl의 기름이 유출된 사고이다.

□ 해양오염 상황

○ 기름유출량

계	원유	벙커 A유	벙커 C유
5,035㎘	4,155㎘	100㎘	780㎘

○ 유출유 확산
· 7.24. 항공탐색: 사고선 15마일권 내 해양오염, 사고선박에서 계속 유류 유출
· 7.25. 금오도, 남해도까지 확산

· 7.26. 개도, 돌산도, 백야도, 욕지도, 거제도까지 확산

· 7.29. 일본 대마도 서방 20마일 발견

□ 방제조치

○ **해상방제**(비용: 40억 8천만 원)

· 기간: '95.7.24.~8.11.(19일간)

· 동원인력 및 장비

구분	인력(명)	선박(척)	유회수기(대)	오일펜스 (m)	유흡착재 (kg)	유처리제 (ℓ)
계	24,669	1,796	125	9,246	83,664	345,727
해양경찰	13,888	739	119	964	61,889	270,153
선주 측	4,316	820	4	7,612	20,230	42,212
국방부	4,787	99		470	1,080	12,624
여수시 등	1,139	73				10,608
항만청	539	65	2	200	465	10,130

○ **해안오염지역**: 51개마을 73.2㎞

· 전남: 38개 마을 46.9㎞(돌산도, 남면, 화정면)

· 부산·경남: 13개 마을 26.3㎞(남해도, 욕지도, 거제도, 부산, 울산)

○ **해안방제**(비용: 165억 6천 420만 원)

구분	작업 기간	일수(일)	작업 지역
1차	'95.7.26.~10.24.	91	해안오염 전(All) 지역
	'95.7.24.~11.17.	115	소리도 덕포해안
2차	'96.4.1.~7.17.	107	소리도 덕포해안
3차	'98.3.25.~4.15.	21	소리도(당포), 금오도(소유), 소횡간도 해안
4차	'98.4.28.~5.1.	4	소리도(덕포), 금오도(소유·연목), 소횡간도, 소횡간도 등
5차	'01.10.29.~11.20.	23	소리도 덕포해안

○ **폐유 및 폐기물 처리**

· 방제 현장에서 회수된 폐유 및 폐흡착재를 유조선 등에 저장하여 여수로 이동

· 육상 탱크로리와 폐기물 수집 운반 차량으로 이적

· 지정 폐기물 처리업체 위탁 처리

※ 폐유(회수유) 1,304kl, 폐기물(폐흡착재 등 포함) 2,395톤

○ **선체처리**

· **1차 구난**: 일본 Nippon Salvage는 7.24.~8.1.(9일간) 구난 작업 실시하였으나 부양실패 작업 포기 귀국

· **2차 선체 상태 조사**: 10.16.~11.26.(42일간) 싱가폴 소재 Smith International Salvage Corporation(본부: 네덜란드), 갑판상 각 탱크의 맨홀 등 공기출입구를 봉쇄, 불활성 고압가스 주입, 해수가 선저 파공 부위로 빠져나가면서 선체 부상, 탱크내부 압력을 일정하게 유지시켜 선체균형을 잡은 후 예인선으로 이초

· **출항 및 침몰**: 12.2. 13:30 사고 발생 133일 만에 사고해역을 예인선에 끌려 출항, 필리핀 수빅만으로 항해 중, 12.25. 심한 풍랑으로 불활성 가스 발생기가 파도에 휩쓸려 유실되면서 탱크 내 압력이 떨어지고 선저파손부분으로 해수가 유입되면서 수심 약 1,200m 수빅만 근해에서 침몰

□ **피해사항**

○ 피해건수: 3,297건

○ 피해청구: 1,056억 원, 보상 501억원('04년)

○ 피해보상 보험 한도(방제비용 포함): 680억 원

□ **행위자 조치**[20]

○ 선장: 업무상 과실치사상, 업무상 과실선박파괴, 해양오염방지법 위반 구속 징역1년

○ 당직 항해사: 업무상과실치사상, 업무상과실선박파괴, 해양오염방지법 위반 불구속 무혐의

○ 선주 측: 해양오염방지법 위반 불구속 (벌금 3천만 원) / 양벌규정

---

20) 부산지방검찰청, 『해양범죄백서』, 1997, p.179.; 광주지방검찰청순천지청 95 형제14493호

□ **교훈**

○ 대형오염사고에 대비 해양오염방제 훈련 강화

○ 방제작업 통합 지휘 및 긴밀한 관계기관 협조체제 구축 필요

○ 대형오염사고에 대응 방제지휘 통제 창구 일원화

○ 해양오염방제 레벨 화 교육 등 지속적 방제역량 강화 교육

○ 태풍예보 등 기상 악화 시 선박 안전지대 대피요령 교육

○ 조선(造船)업계, 2중 선체구조 선박(Double hull structure ship) 제작 계기

사고 초기('95.7.24.)

해안오염 현장('95.7.28.)

〔**출처**〕 해양경찰청/해양수산부, 『씨프린스호 유류오염사고 백서』, 2002.

방제에 수고하신

여러분 께

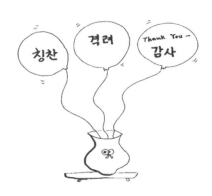

3. 미국 엑슨발데즈(Exxon Valdez)호 해양오염사고

□ 사고선 개요

사고 일자	사고 선박	사고 장소	유출량
'89.3.24.	엑슨발데즈 (화물선, 88,420톤, 라이베리아)	미국 알래스카주 프린스 윌리엄 만	원유 약 4만㎘

□ 사고 발생

○ 사고 개요

· 1989년 3월 23일 오후 9시 12분 알래스카州의 발데즈 석유 터미널에서 5,300만 갤런의 원유를 싣고 캘리포니아州로 항해 중 1989년 3월 24일 오전 0시 4분경, 블라이 암초에 부딪혀 좌초, 총 적재량의 20%인 1,080만 갤런(약 4만kl)의 기름이 프린스 윌리엄 만에 유출됐다.

○ 사고 원인 조사(미국 교통안전위원회)

· 당시 엑슨발데즈호는 자동 조종 장치가 작동되고 있었고, 3등 항해사가 올바른 조타를 하지 않았다.

· 엑슨발데즈호 선장이 항로의 확인을 게을리했다.

· Exxon Shipping Company는 선장을 감독하는 책임을 다하지 못했으며, 적절한 인원을 배치하지 않았다.

· 연안 경비대는 유효한 선박 교통 시스템 제공이 미흡하다.

□ 방제조치

○ 해상방제

· 미생물에 의한 원유 분해 방법 시도: 효과 없음

· 내화성의 붐 이용 소각방제: 초기에 비교적 양호한 결과를 얻었으나 날씨가 좋지 않아 계속해서 소각방제는 이루어지지 않음

· 붐과 오일 스키머를 이용 원유 제거 작업, 유처리제 헬기 이용 살포: 조간대에 붙은 대량의 따개비나 삿갓 조개 등 수산 동식물의 피해 우려로 중단

○ **해안방제**

· 나이트 열도 갯바위 등 피해 해안선 1,600㎞ 오염 확산

· 고압세척기 이용 프린스 윌리엄 만 등 바위세척: 각종 미생물 파괴우려로 중단

□ **피해보상**

○ 피해 동식물: 각종 바다새, 수달, 물개, 대머리 독수리, 해초류 등 피해

○ 법원 판결(1994년 앵커리지 지방 법원): 물적 손해배상 2억 8700만 달러, 징벌적 손해배상 50억 달러 판결

○ 지불 보증: 7개 수산회사에 대해 6,375만 달러의 지불 보증(Exxon co.)

□ **교훈**

○ **미국 '유류오염법'을 통과(1990년), 사고선 운항 중지**

○ **정부·기업** 측, 기존 재해 복구 대책의 대폭적인 재검토 필요성 인식

○ 유조선은 2015년까지 2중선체구조(Double bottom structure)로 제작하도록 규정

좌초 3일 후('89.3.27.)   **고압세척기 이용 바위세척**

〔**출처**〕 NOAA Office of Response and Restoration: The Exxon Valdez Oil Spill(2017).

부록

Appendix

〔표〕

〔표 1〕 국가긴급방제계획에 포함하는 위험·유해물질 68종

연번	물질명		CAS No
	국문명	영문명	
1	1-옥텐	1-OCTENE	111-66-0
2	1-헥센	1-HEXENE	592-41-6
3	2-에틸헥실 아크릴산	2-ETHYLHEXYL ACRYLATE	103-11-7
4	(C8-10)이소 알코올	(C8-10)ISO ALCOHOLS	68526-84-1
5	m-자일렌(m-크실렌)	m-XYLENE	108-38-3
6	N,N-디메틸포름아미드	N,N-DIMETHYLFORMAMIDE	68-12-2
7	n-부틸 아세트산	n-BUTYL ACETATE	123-86-4
8	n-부틸 아크릴산	n-BUTYL ACRYLATE	141-32-2
9	n-옥틸 알코올(옥탄올)	n-OCTYL ALCOHOL(OCTANOL)	111-87-5
10	o-자일렌(o-크실렌)	o-XYLENE	95-47-6
11	p-자일렌(p-크실렌)	p-XYLENE	106-42-3
12	가성소다	CAUSTIC SODA	1310-73-2
13	과산화 수소	HYDROGEN PEROXIDE	7722-84-1
14	나프탈렌	NAPHTHALENE	91-20-3
15	노말헥산	n-HEXANE	110-54-3
16	대두 기름	SOYBEAN OIL	8001-22-7
17	데칸트 오일	CATALYTIC CRACKED CLARIFIED OIL	64741-62-4
18	디이소부틸 케톤	DIISOBUTYL KETONE	108-83-8
19	디에탄올아민	DIETHANOLAMINE	111-42-2
20	디옥틸 프탈산	DIOCTYL PHTHALATE	117-84-0
21	디이소데실 프탈산	DIISODECYL PHTHALATE	26761-40-0
22	메타크릴산 메틸	METHYL METHACRYLATE	80-62-6
23	메틸 삼차부틸 에테르	METHYL tert-BUTYL ETHER	1634-04-4
24	메틸 아크릴산	METHYL ACRYLATE	96-33-3
25	메틸 알코올	METHYL ALCOHOL	67-56-1
26	메틸 에틸 케톤	METHYL ETHYL KETONE	78-93-3
27	메틸 클로로포름	METHYL CHLOROFORM	71-55-6
28	무수초산	ACETIC ANHYDRIDE	108-24-7
29	벤젠	BENZENE	71-43-2
30	부타디엔	BUTADIENE	106-99-0
31	부틸 벤질 프탈산	BUTYL BENZYL PHTHALATE	85-68-7
32	사이클로헥사논	CYCLOHEXANONE	108-94-1
33	사이클로헥산	CYCLOHEXANE	110-82-7

연번	물질명		CAS No
	국문명	영문명	
34	산화 프로필렌	PROPYLENE OXIDE	75-56-9
35	수산화 칼륨	POTASSIUM HYDROXIDE	1310-58-3
36	수지	TALLOW	61789-97-7
37	스타이렌(스티렌)	STYRENE	100-42-5
38	아닐린	ANILINE	62-53-3
39	아세톤	ACETONE	67-64-1
40	아세트산 비닐	VINYL ACETATE	108-05-4
41	아세트산 에틸	ETHYL ACETATE	141-78-6
42	아세트산	ACETIC ACID	64-19-7
43	이소부틸 알코올	ISOBUTYL ALCOHOL	78-83-1
44	아크릴로니트릴	ACRYLONITRILE	107-13-1
45	무수 암모니아	AMMONIA,ANHYDROUS	7664-41-7
46	에탄올아민	ETHANOLAMINE	141-43-5
47	에틸 벤젠	ETHYL BENZENE	100-41-4
48	에틸 알코올	ETHYL ALCOHOL	64-17-5
49	에틸렌 글리콜	ETHYLENE GLYCOL	107-21-1
50	에틸렌	ETHYLENE	74-85-1
51	에피클로로하이드린	EPICHLOROHYDRIN	106-89-8
52	옥수수 오일	CORN OIL	8001-30-7
53	이염화에틸렌	ETHYLENE DICHLORIDE	107-06-2
54	인산	PHOSPHORIC	7664-38-2
55	자일렌(크실렌)	XYLENE	1330-20-7
56	질산	NITRIC ACID	7697-37-2
57	크레졸	CRESOL	1319-77-3
58	클로로포름	CHLOROFORM	67-66-3
59	테트라하이드로퓨란	TETRAHYDROFURAN	109-99-9
60	톨루엔	TOLUENE	108-88-3
61	트리클로로에틸렌	TRICHLOROETHYLENE	79-01-6
62	트리에탄올아민	TRIETHANOLAMINE	102-71-6
63	지방산, 팜-오일, 메틸 에스테르	FATTY ACIDS, PALM-OIL, METHYL ESTERS	91051-34-2
64	페놀	PHENOL	108-95-2
65	프로필렌 글리콜, 모노메틸 에테르, 아세트산	PROPYLENE GLYCOL, MONOMETHYL ETHER, ACETATE	108-65-6
66	프로필렌	PROPYLENE	115-07-1
67	황	SULFUR	7704-34-9
68	황산	SULFURIC ACID	7664-93-9

〔표 2〕해안선의 등급(ESI Grading system)

ESI 등급		해안선 형태	일반적인 특성
1		- 파도에 노출된 수직 암석 절벽 해안 - 파도 노출 콘크리트, 나무, 금속방파제 - 파도에 노출된 파식성의 직립 호안	- 높은 파도 에너지 공급 - 기름이 침출되지 않는 지질 조성 - 조간대의 경사가 30도 이상
2		- 파도에 노출된 기반암 - 완만하게 경사진 암반 해안 - 파도에 노출된 급경사 퇴적물 해안	- 높은 파도에너지 공급 - 대부분 침투성이 적은 지질 조성 - 조간대의 경사가 30도 이하
3		- 세립질의 모래 해안 - 파도에 노출된 비탈진 해안으로 비고형화된 세립질 해안	- 기름이 반투과성으로 딱딱한 지질 - 기름침투가 약 10㎝ 내외 정도 - 조간대의 경사가 5도 이하
4		- 굵은 입자의 모래사장	- 기름이 투과성으로 퇴적층 지질 - 기름침투가 약 25㎝ 이상
5		- 모래와 자갈이 혼합된 해안	- 기름의 투과성이 큰 퇴적층(기름 약 50㎝까지 침투 가능) - 폭풍 시 퇴적물의 이동성이 높아 쉽게 묻힘
6	6A	- 자갈해안, 자갈 바위 혼합해안으로 자갈과 바위 사이가 투과성 사석	- 기름의 투과성이 매우 큰 퇴적층으로 기름이 약 1m까지 침투가능
	6B	- 이음새가 투과성인 방파제 및 인공호안	- 이음새 사이로 기름이 투과하여 조석차에 의하여 유출·유입 가능
7		- 반 폐쇄되어 파도가 약한 암석, 자갈, 퇴적물 또는 인공구조물 해안	- 경사가 15도 이상이며 조간대가 짧음 - 지질, 경사, 침투성 지역별 차이가 큼
8	8A	- 갯벌	- 경사가 3도 이하로 생물밀도가 높음 - 진흙퇴적층으로 기름투과성은 낮으나 많은 기공이 있어 기름 유입가능
	8B	- 염습지	- 여러 종류의 식물들이 서식하는 습지 - 생물생산력이 매우 큰 지역(종 다양성이 높음)

〔표 3〕 기름유출사고 대응 체계

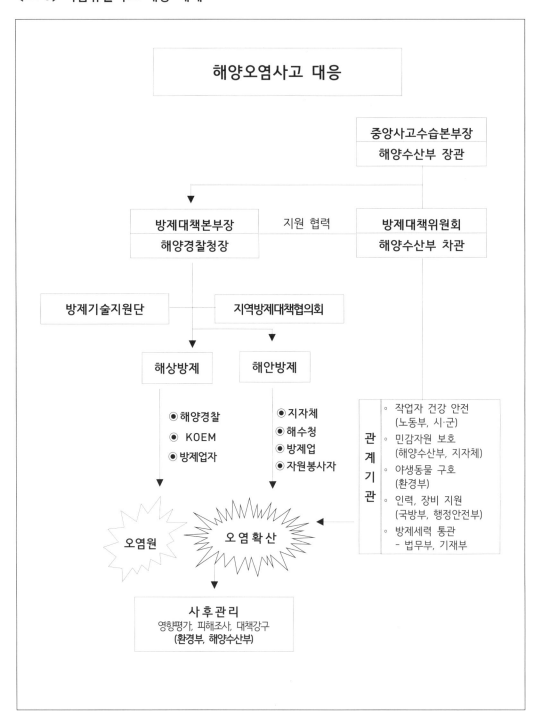

〔표 4〕 HNS 유출사고 대응 체계

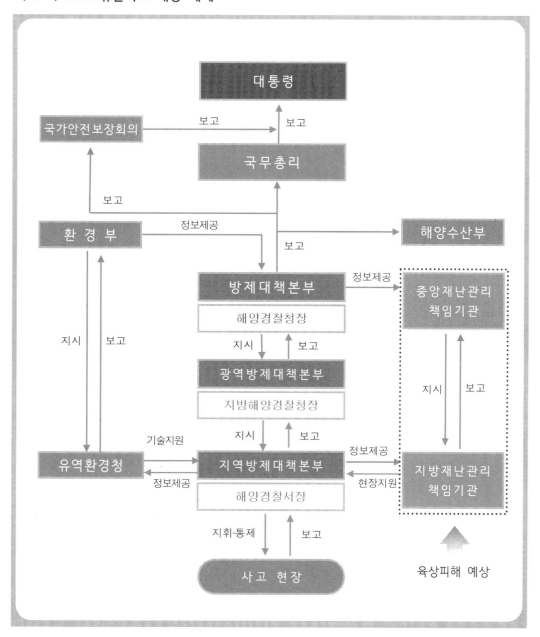

HNS 오염없는 깨끗한 환경, 아름다운 우리 바다!

〔표 5〕 해양오염 방제조치 흐름도

119 해양오염사고 발생 신고 접수

↓

사고 대비	초동조치	방제전략

◦ 방제대책본부 구성
◦ 전문 방제팀 구성
◦ 지역방제 실행계획 운영
◦ 비상 연락체제 구성
◦ 방제세력 단계별 동원
 체제 구축
	◦ 현장상황조사
	◦ 응급조치
	 - 유출구 봉쇄 및 안전
	  조치
	 - 적재유 이적
	 - 확산방지 및 회수
	◦ 보고 및 전파
	 - 해양경찰청, 관계기관
	◦ 방제조치명령
		◦ 방제대책본부 설치 운영
		◦ 오염상황평가
		◦ 방제전략 결정·시행
		(현장지휘관, 대책본부회의)
		 - 응급조치
		 - 민감 해역 보호
		 - 유처리제 살포
		 - 방제세력 동원 및
		  보급 등

⇨ ⇨

↓

사후평가·개선	방제종료	방제조치
◦ 지속성 기름 30㎘ 이상 ◦ 해양경찰서: 1차평가 ◦ 해양경찰청: 2차평가 ◦ 평가내용 - 대비·대응의 적합성 - 방제세력운용 등	◦ 추가 또는 2차 오염이 발생하지 않고 방제작업 효과가 없을 때	◦ 오염분포 상황파악 ◦ 적재유 이적 및 유출구 봉쇄 ◦ 확산방지 ◦ 유출유 회수 ◦ 유처리제 살포 ◦ 해안부착유 방제 ◦ 해상통제 및 안전 ◦ 홍보 및 보도 등

← ←

〔표 1~5 자료 출처〕 해양경찰청

〔표 6〕 세계 주요 해양오염사고 오염피해 현황

사고 선박(호)	사고 년월	피해 지역	사고 원인	유출량	중점 방제기간
씨프린스	'95.7.	남해안	좌초	원유 0.5만 톤	4개월
나호드카	'97.1.	日本	선체 절단	중유 0.6만 톤	6개월
에리카	'99.12.	佛	선체 절단	중유 1.4만 톤	6개월
프레스티지	'02.11.	西, 佛, 葡	선체 절단	중유 6.3만 톤	6개월
허베이 스피리트	'07.12.	서해안	충돌	원유 1.2만 톤	7개월

〔표 7〕 국제기금의 보상금 지급 현황

사고 선박(호)	청구액(억원)	배·보상금 지급액(억 원)				
		1년 차	3년 차	5년 차	7년 차	'18.
씨프린스	1,056	('96.) 140	('98.) 339	('00.) 411	('04.) 501	'04. 종결
나호드카	3,518	('97.) 452	('99.) 962	('01.) 1,817	('02.) 2,562	'02. 종결
에리카	5,955	('00.) 73	('02.) 832	('04.) 1,516	('06.) 1,960	1,954 (99% 사정)
프레스티지	1조 7,360	('03.) 888	('05.) 888	('07.) 1,831	('09.) 1,833	1,814 (91% 사정)
허베이스피리트	2조 3,973	('08.) 543	('10.) 1,181			3,821

* 환율 ('08.3.13 기준: 1SDR=1,584.33원=1.051810유로, 1유로=1,506.29원)

* 프레스티지호 사고의 경우, 국제기금은 피해국(西, 佛, 葡)별 피해비율을 정한 후 보상금 배분

〔표 6~7 자료 출처〕 해양수산부(2012)

〔표 8〕 해상유출유의 이동 예측 연습 해답: '동쪽 방향'

◈ 해상유출유의 이동 예측 연습

NE
〈 → → → ☞ E
NW

〔표 9〕 방제대책본부 각 기능별 임무

반별	임무
지휘·통제반	o 사고 현장 출동, 현장상황에 적합한 방제 대응전략 검토 시행 o 방제세력 방제 구역 설정 및 방제방법 선정 제시 등 방제계획 수립 o 방제기술지원단 사고 현장 지원 검토 및 조언 요청 o 유출유 이동확산 및 방제 진척상황에 따른 적정한 방제조치 검토 시행 o 방제조치 해역의 통항 선박 통제
방제 상황반	o 해경 및 민간방제세력 총괄 행동 조치 o 방제상황 해경청 보고 및 관계기관 전파 o 현장 지휘관이 방제조치한 상황을 지휘통제반에 통보 o 방제명령 및 관계기관, 단·업체 방제 협조 요청 o 오염상황 및 방제조치사항을 시차별로 기록유지 o 방제대책본부 근무상황부 비치, 대책반 요원 근무 사항 기록유지 o VIP 등 귀빈 방문에 대비한 상황보고 브리핑 준비 o 방제대책협의회 방제대책심의 및 관계기관, 단·업체 협조 지원체제 확립 o 해경청 및 관계해경서와 상황 유지 및 정보교환 o 해당 처리업무의 각 대책반 통보
보급 지원반	o 해경과 관계기관 등 방제장비, 기자재, 연료, 주·부식, 위생용 소모품 등의 동원·보급·지원 총괄 관리 o 필요 시 현장 방제대책본부 설치 o 방제자금 사용 부족 자재 보충 및 운송료 등 부대비용 집행(방제조합의 특별계정 활용 또는 해경서 보유 방제자금 사용) o 방제기자재 임시보관소 설치(육상 또는 해상) o 장비, 기자재의 수습상황을 기록유지하고 부족이 예상되는 물품 확보 o 수거된 폐유, 폐기물의 해.육상 임시저장소 설치 및 최종처리 적법 여부 지도·감독 o 해당 처리업무의 각 대책반 통보
홍보 · 행정 구호반	o 현장 방제 활동 사항 촬영(비디오, 디지털카메라) o 보도자료 작성 배부 및 보도내용 녹취, 스크랩 o 오보 및 비난 보도사항 진상파악 시정 o 방제대책본부의 사무실 운영, 방제조치 요원의 후생 등 행정지원 o 기자실 운영 등 취재 편의 제공 o 자원봉사자의 방제작업 배치 및 숙식 등 총괄 관리 o VIP이나 내빈 안내 등의 의전 담당 o 홈페이지에 보도자료와 방제상황 실시간 업데이트 o 유류오염상황도 작성 및 방제상황판 기록유지 o 보험 가입 현황 및 선주 보상능력 파악 o 해당 처리업무의 각 대책반 통보 o 행정 사무 지원
현장 조사반	o 사고 선박 제원, 특성, 유류적재량 등 파악 및 탱크도면 작성 o 사고원인 조사 및 유출량 산정 o 오염물질 시료 채취·분석, 사진 촬영 등 증거확보 o 유처리제 적용실험 및 오염해역의 유분농도 조사 o 1일 2회 이상 항공감시실시, 오염상황도 작성 방제대책본부에 보고 o 해양오염사고 관련 정보수집 및 주민 동향 파악 o 당해 처리업무의 각 대책반에 통보

〔표 10〕 방제대책본부 비치 기본서류 목록

반별	비치서류
지휘 통제반	○ 대책본부 운영일지
	○ 환경민감도, 오염확산 상황도
	○ 당해 해역 방제대책 계획 등
방제 상황반	○ 동원인력, 장비현황표(장비 자재 긴급동원 구입처)
	○ 일일 상황보고서
	○ 시간대별 조치사항 기록표
보급 지원반	○ 장비 자재 보유현황표
	○ 자재 수급계획
	○ 자재 형식승인품 현황
	○ 관내 방제기자재 보유현황
홍보·행정 지원반	○ 보도자료
	○ 출입기자 명단
	○ 카메라, VTR
	○ 보도내용 스크랩 철
	○ 방문인사 기록일지
	○ 차량 운용일지
	○ 지원요원 근무발령 기안지
	○ 통신망도
	○ 통신장비 보유현황
현장 조사반	○ 시료채취가방
	○ 사고 조사철
	○ 오염확산도
	○ 피해상황표
	○ 정보 보고서철

〔표 11〕 오일펜스 전장기술

해상 조건	오일펜스 전장	유의사항
수심 20m 이내 조류 1노트 이하인 해역	◦ 오일펜스 포위전장 ◦ 오일펜스 2중 설치	◦ 오일펜스 길이 40~60m마다 앵카 1개씩 설치 ◦ 장비출입구 및 오일펜스 내 작업공간 확보
해안, 부두, 암벽 해역	◦ 오일펜스끝단을 해안, 부두 등에 고정시킨 후 포위전장 ◦ 오일펜스 2중 설치	◦ 오일펜스 길이 40~60m마다 앵카 1개씩 설치 ◦ 오일펜스내 작업공간 확보
조류 1노트 이상인 해역	◦ 오일펜스 예인, 흐름, 유도전장 등	◦ 유회수 시스템과 연계하여 활용 ◦ 장기간 설치 시, 팽창식 오일펜스는 고형식 오일펜스로 교체, 오일펜스 지지 선박 교대방안 강구

〔표 12〕 오일펜스의 용도별 분류

분류/용도		특징
커텐식		해면 하에 연속된 스커트부 또는 유연성 스크린을 갖춘 통상 단면이 환상의 고형식 또는 공기부양식 부이(buoy)에 의해 지지가 되고 있다. 공기부양씩 오일펜스는 공기를 빼면 좁은 그곳에 보관할 수 있다. 고형식 오일펜스는 파손 저항에 강하지만 보관하는 데 넓은 장소가 필요하고 사용 후 세척이 쉽다.
펜스식		비교적 평평한 단면을 가지며 내부에 붙어 있거나 외부에서 붙이거나 한 부이에 의하여 수중에 수직으로 지지가 된다. 직립식 오일펜스는 고형 부이를 사용하는 일이 많은데 외부 부이를 사용하면 난류가 일어나 유속이 느려도 기름이 유출되기 쉽다. 이러한 디자인의 것은 보관에 장소를 많이 차지하며 씻어 내기 힘들다. 직립식 오일펜스는 유속이 느린 잔잔한 수역에 설치한다.
특수 목적	해안용	개펄이나 모래 해안의 방제 시 사용, 조석 지대를 가로질러 설치
	내화용	열에 강하여 현장 소각 시 사용
	그물형	점도가 높은 기름을 포집하거나 회수할 때 사용

〔표 13〕 오일펜스의 종류별 특징과 구조

종류	특징과 구조
고형식	○ 특징 - 부력체의 성능이 줄어들지 않는다. - 가격은 저렴한 편이다. - 취급이나 저장이 용이하다. - 재질은 폴리에스터, 나일론, 아라미드, 폴리우레탄 등 다양하다. ○ 구조 - 부력을 유지하기 위해, 발포 스티로폴 등의 가벼운 재질을 사용한다. - 간단하게 전장 할 수 있고, 해상에서 가라앉지 않는다. - 넓은 보관 장소 필요 및 운반 시 불편하다.
자동팽창식	○ 특징 - 구매비용이 비싸다. - 구조가 복잡하여 수리하기 어렵고 수리비용이 비싸다. - 취급이나 저장이 쉽고 매우 신속히 전장할 수 있다. - 항공기에 의한 원거리 운송이 가능하다. - 격실에 공기가 자동 주입된다. ○ 구조 - 부력 유지를 위해 공기를 주입하는 Room이 있으며 공기주입 방법은 가압식과 자동팽창식이 있다. - 가압식은 방 내를 대기압보다 0.05 기압 정도 높게 해서 체크 밸브로 공기 누출을 막고 전장 시 호스와 공기주입기를 이용한다. - 각 방의 한 단위 길이는 5~20m로 상품에 따라 다르며 기실 내 내장된 스프링 등의 힘에 따라 대기 중에 공기가 주입되게 되어 있다. - 취급 실수로 공기가 누출될 경우, 침수되어 가라앉을 수 있다. - 신속하게 전장할 수 있고 적재 보관과 운반이 쉽다.
울타리식	- 부력이 약하기 때문에 파도에 부적응 - Skirt 재질로 컨베이어 밸트가 사용되기도 하며 무겁고 구조가 복잡 - 취급이 어렵다. 해양시설 등 지속적으로 설치할 필요가 있는 곳에 사용

〔표 14〕 유흡착재 사용기술 및 구비 조건

해상 조건	회수 작업 방법	유의사항
해안, 부두 등 해면이 잔잔한 해역	◦ 필요 시 오일펜스 포위전장 후 시트, 패트형 유흡착재를 사용하여 흡착 수거 ◦ 유출유가 오일펜스 아래로 유실되는 것을 방지하기 위하여 오일펜스 내측에 붐형 흡착재 설치	◦ 고점도유(5,000cSt 이상) 사용 금지 ◦ 유회수기로 작업중이거나 계획된 경우에는 시트, 패트형 유흡착재 사용금지
해안 간석지 암반, 지면 등에 고여 있거나 부착한 기름	◦ 유흡착재를 지면에 펼쳐 흡착수거 ◦ 기름이 많이 고인 곳은 쪽대, 바가지 등으로 수거	◦ 기름 흡착이 완료된 흡착재는 신속히 수거 임시저장소로 운반 ◦ 조간대 지역에 해수 만조전 흡착재 완전제거
고점도유의 흡착수거 방법	◦ 중질유 흡착용 합성비닐(스네어)을 8~12mm 로프에 연결, 예인하거나 포위전장 오일펜스내 설치	◦ 예인 시 부착된 기름이 떨어지지 않도록 속도 조절 ◦ 포장백에 담아 운반

※ 현장에서 사용한 유흡착재 등은 반드시 수거, 지정폐기물로 처리

※ 유처리제를 사용할 계획이 있거나 유처리제가 사용된 경우에는 유흡착재 사용 금지

◈ **유흡착재 구비 조건**(Requirements)

● 기름을 흡착한 후에는 물에 침강하지 않아야 하고 톱밥이나 면 재료로 된 흡착재는 기름의 흡착성이 좋지만 기름이 흡착된 후에는 침강하므로 회수가 곤란하다(After adsorption of oil, do not settle in water. Adsorbents made of sawdust or cotton have good adsorption).

● 기름의 흡착 효과는 흡착재의 밀도와 반비례하므로 밀도가 낮은 것이어야 한다(The adsorption effect of oil is inversely proportional to the density of the adsorbent and therefore must be of low density).

● 기름이 유출된 해면에 흡착재를 투여하는 작업과 흡착 후의 회수작업이 쉬워야 한다(It should be easy to apply the absorbent material to the oily sea surface and to recover it after the adsorption).

● 독성이 없는 것이어야 한다(Must be Non-toxic).

● 기름의 흡착속도가 빨라야 한다. 단시간 내에 기름에 접촉됨과 동시에 기름을 흡착할 수 있어야 하며, 이들 물질이 다른 곳으로 이탈되지 않도록 하여야 한다(The oil adsorption rate must be high. It should be possible to adsorb the oil at the same time as it is in contact with the oil within a short time, and to ensure that these substances do not depart).

● 소수성(Hydrophobic)이어야 한다. 즉, 물은 배제하고 기름만 흡착하는 것이어야 한다(Must be

Hydrophobic. That is, it should be to adsorb only oil without water).

〔표 9~14 자료 출처〕 해양경찰청

〔표 15〕기름유출로 인한 건강 우려 물질 현황

구분	8시간 노출기준	냄새 인식한계	공기정화 호흡기 사용기준	공기정화 캐트리지	SCBA 요구기준	보호의 기준	폭발한계 LEL% -UEL%
일산화 탄소	50 ppm	무취	사용불가	-	>50 ppm	-	12.5-74
황화수소	10 ppm	0.005 -0.013 ppm	사용불가	-	>15 ppm	-	4.3-7.9
벤젠	5 ppm	2.0-5.0 ppm	>5ppm <50ppm	유기증기	>50 ppm	부틸고무 바이톤	1.3-7.9
총탄화 수소	100 ppm	0.11 ppm	>100 ppm <1000 ppm	유기증기	>1000 ppm	네오프렌 나이트릴 부틸고무	-
PAH *	0.2 ppm	1 mg/m3	>0.2 mg/m3 <15 mg/m3	먼지 연무 흄	>15 mg/m3	네오프렌 나이트릴 부틸고무	6.0-13.5 (가스오일)
휘발유	300 ppm	0.25 -0.3 ppm	>300 mg/m3 <1000 mg/m3	유기증기	>1000 ppm	네오프렌 나이트릴 바이톤	1.4-7.4
2-butoxy ethanol	25 ppm	0.11 ppm	>25 ppm <250 ppm	유기증기	>250 ppm	네오프렌 나이트릴 바이톤	1.1-12.7

* PAH: 다핵 방향족 탄화수소: Polynuclear Aromatic hydrocarbons

〔참고자료〕 CCG Oil Spill Response Field Guide, 1995.

건강 우려물질 !
NO !

〔표 16〕 OPRC 협약의 개요

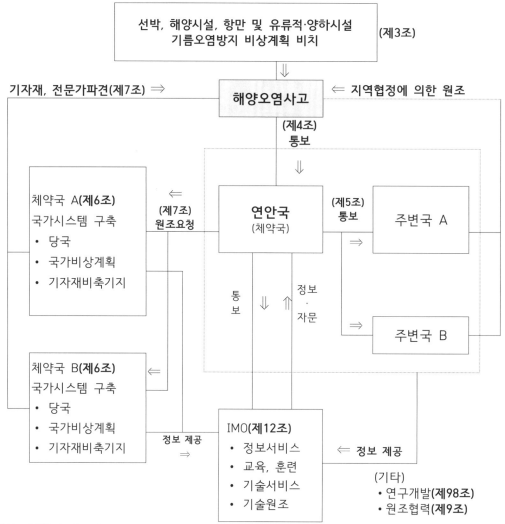

〔자료 출처〕 **IMO**, "Conference on International Co-operation on Oil Pollution Preparedness and Response(OPRC)", 2002.

〔자료〕

〔자료 1〕 HNS 물질별 등급분류(IMDG 코드)

1. 제1급 화약류

가. 제1.1급: 대폭발위험성이 있는 폭발성물질 및 폭발성제품(탄약)

나. 제1.2급: 대폭발위험성은 없으나 분사위험성이 있는 폭발성물질 및 폭발성제품(소이탄)

다. 제1.3급: 대폭발위험성은 없으나 화재위험성, 폭발위험성 또는 분사위험성이 있는 폭발성물질 및 폭발성제품

라. 제1.4급: 대폭발 위험성, 분사 위험성 및 화재 위험성은 적으나 민감한 폭발성물질 및 폭발성제품(공포탄)

마. 제1.5급: 대폭발위험성이 있는 매우 둔감한 폭발성물질(질산암모늄 폭약)

바. 제1.6급: 대폭발위험성이 없는 극히 둔감한 폭발성제품

2. 제2급 고압가스

섭씨 20도 및 압력 0.1013메가파스칼을 초과하는 증기압을 가진 물질 또는 섭씨 20도 및 압력 0.1013메가파스칼에서 완전히 기체인 물질

가. 제 2.1급(인화성가스): 섭씨 20도 및 압력 0.1013메가파스칼에서 당해 가스가 공기 중에 용적비로 13퍼센트 이하 혼합된 경우에도 발화되는 가스 및 당해가스에 공기가 12퍼센트 이상 혼합된 경우에는 폭발할 수 있는 가스(아세틸렌)

나. 제2.2급(비인화성·비독성가스): 인화성가스 또는 독성가스가 아닌 가스(헬륨)

다. 제2.3급(독성가스): 당해가스를 흰쥐의 입을 통하여 투여한 경우 또는 피부에 24시간 동안 계속하여 접촉시키거나 1시간 동안 계속하여 흡입시킨 경우 그 흰쥐의 2분의 1 이상이 14일 이내에 죽게 되는 독량이 1세제곱미터당 5리터 이하인 가스(황화수소)

3. 제3급 인화성 액체류(BTX계열: 벤젠, 톨루엔, 자이렌)

가. 제3.1급(저인화점 인화성액체): 인화점(밀폐용기시험에 의한 인화점)이 섭씨 영하 18도 미만인 액체

나. 제3.2급(중인화점 인화성액체): 인화점이 섭씨 영하 18도 이상 섭씨 23도 미만인 액체

다. 제3.3급(고인화점 인화성액체): 인화점이 섭씨 23도 이상 섭씨 61도 이하인 액체(인화점이 섭씨 35도를 초과하는 액체로 연소 계속성으로 인하여 당해액체의 인화점미만의 온도로 운송되는 경우를 제외한다)

또는 인화점이 섭씨 61도를 초과하는 액체로서 인화점이상의 온도로 운송되는 액체

4. 제4급 가연성 물질류

　가. 제4.1급(가연성물질): 화기등에 의하여 용이하게 점화되거나 연소하기 쉬운 물질, 자체반응물질과 이완 관련된 물질 및 둔감화된 화약류(강력 성냥)

　나. 제4.2급(자연발화성물질): 자연발열 또는 자연발화하기 쉬운 물질(탄소, 동식물계인 것)

　다. 제4.3급(물반응성물질): 물과 반응하여 인화성가스를 발생하는 물질(인화칼슘)

5. 제5급 산화성물질류

　가. 제5.1급: 산화성물질: 다른 물질을 산화시키는 성질을 가진 물질(염소산아연)

　나. 제5.2급(유기과산화물): 용이하게 활성산소를 방출하여 다른 물질을 산화시키는 성질을 가진 유기물질

6. 제6급 독물류

　가. 제6.1급(독물): 인체에 독작용을 미치는 물질(아닐린, 니트로벤젠)

　나. 제6.2급(병독을 옮기기 쉬운 물질): 살아 있는 병원체, 살아 있는 병원체를 함유하고 있는 물질 또는 살아 있는 병원체가 붙어 있다고 인정되는 것

7. 제7급 방사성물질

　원자력법의 규정에 의한 방사성물질(방사성물질에 오염된 것을 포함한다)

8. 제8급 부식성물질

　부식성을 가진 물질(브롬화알루미늄)

9. 제9급 유해성물질

　위 물질 이외의 물질 외에 사람에게 해를 끼치거나 다른 물건을 손상시킬 우려 있는 물질(염화비페닐류)

10. 기타(산적액체위험물)

　가. 액화가스물질: 섭씨 37.8도에서 0.28메가파스칼을 넘는 증기압력을 갖는 액체 및 이와 유사한 성상을 갖는 물질

　나. 액체화학품: 섭씨 37.8도에서 0.28메가파스칼이하의 증기압력을 갖는 물질로서 다음의 성상을 갖는 액상의 물질(해양환경관리법 제2조의 규정에 의한 기름을 제외한다)

　(1) 부식성 (2) 인체에 대한 독성 (3) 인화성 (4) 자연발화성 (5) 위험한 반응성

　다. 인화성액체물질: 인화성액체류로서 가목 및 나목에서 정한 물질외의 액상의 물질

　라. 유해성액체물질: 유해성물질로서 가목 내지 다목에서 정한 물질외의 액상의 물질

〔자료 2〕 SCAT(Shoreline Clean-up Assessment Technique)

1. SCAT의 주요 목적, 기능

○ 세부 방제계획 설계, 방제대책본부와 소속기관에 정보제공

○ 오염지역 해안의 위치, 오염범위와 정도, 오염의 특징

○ 해양환경 민감개소(생태적, 문화적, 사회적, 고고학적 등)확인

○ 오염 상태의 변화(조석, 온도, 풍화 등)   ○ 해안의 지리적 특성 및 작업구역 구분

○ 방제 운선순위 결정   ○ 적절한 방제방법 제시 및 방제작업 설계

○ 방제작업에 영향을 미치는 요소들   ○ 방제작업 진행사항 및 변경사항

2. SCAT 활동 시, 유의사항

○ 조사결과의 일관성 유지를 위해 같은한 팀이 전체 현장을 조사

○ 계획팀을 별도로 설치하고자 한다면 현장조사 단계에서부터 동행

○ 수회 반복적 조사를 통해 조사결과의 정밀도 향상

○ 원인행위자 등 동행 시 회사로고, 소속, 신분, 직위 공개 고려

○ 조사 시 팀원 업무분장(시료채취, 사진촬영 등)

○ 오염상태에 대한 경솔한 표현, 발언 자제

○ 주민 인건비, 장비사용료, 중·간식 제공 등은 합의결과만 제시

○ 피해주민 입장을 고려, 우호적인 발언과 행동

○ 예비실험을 통한 방제방법 결정

○ 인건비, 주민 장비사용료 등 단가는 최대한 신속히 결정하여 통보하고 여의치 못할 경우 최저 단가를 우선 제시

3. SCAT 해안오염방제평가서 예시

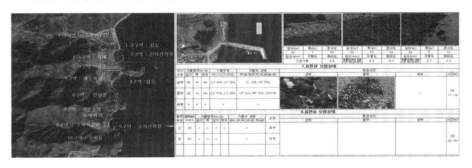

〔자료 3〕 Oil Record Book 등 법정 기록부 작성예시

□ 기름기록부(Oil Record Book)

● C 코드 ☞ 유성잔류물(슬러지; sludge) 잔량 기록

1/E 000는 유성잔류물(슬러지) 잔량을 확인결과 2025년 11월 9일 현재, 본선 기관실 FO 청정기 슬러지 탱크에 1㎥의 슬러지 잔량이 있음을 확인하였다. 본선 슬러지 탱크 용량는 3㎥ 이다.

일자	부호	항목	작업기록 / 당해작업책임자의 서명
9. NOV. 2025	C	11.1	FO 청정기 슬러지 탱크
		11.2	슬러지 탱크 용량 3㎥
		11.3	잔량 1㎥ 1/E 000 서명

● D 코드 ☞ 선저폐수(빌지; Bilge) 배출

2/E 000는 2025년 11월 15일 14:00~17:00 15PPM 유수분리기 사용(시작위치 34-25N, 128-28E, 종료위치 36-17N, 128-29E) 빌지 0.06㎥을 배출하였다. 본선 빌지홀딩탱크의 용량는 4㎥, 잔량은 1㎥이다.

		13	0.06㎥ (빌지 홀딩탱크) 용량 4㎥ 잔량 1㎥
15. NOV. 2025	D	14	14:00~17:00
		15.1	15 PPM 유수분리기 사용(시작 34-25N, 28-28E 종료 36-17N, 128-29E) 2/E 000 서명

● G 코드 ☞ 사고 또는 그 밖의 이유에 의한 예외적인 배출

C/E 000는 2025년 11월 18일 11:00 해양사고(좌초)로 인해 11:00~15:00 선박 안전확보를 위해 본선 연료유 100㎥ 을 해양에 배출하고 해상유출유 위에 유처리제 10㎥을 살포, 방제하였다.

		26	11:00~15:00
18. NOV. 2025	G	27	100㎥, 선내 연료유
		28	유처리제 10㎥ 살포 방제 C/E 000

선장의 서명 _____   ○○○ 서 명

☐ **폐기물기록부(Garbage Record Book)**

● A, C 코드 ☞ A(플라스틱), C(유리병)의 처리

1등 항해사 ○○○ 씨는 2025년 11월 17일 14:00 본선에서 발생된 **플라스틱 0.07㎥**, 유리병 **0.123㎥을 부산항**에서 ○○**방제사**에 **처리**하였다.

일자/시각	선박 위치	폐기물 종류	배출 또는 소각 추정량(㎥)	해양 으로	수용시설로	소각	확인/서명
17. NOV. 2025 / 14:00	부산항	A	0.07㎥	-	○○방제사	-	c/0 000 서명
17. NOV. 2025 / 14:00	부산항	C	0.123㎥	-	○○방제사	-	c/0 000 서명

● E 코드 ☞ 소각재의 배출

2등 항해사 000 씨는 2025년 11월 19일 15:00 본선이 황천 항해 중, 선미 갑판에 고정해 두었던 **소각재 약 0.3㎥**이 해양에 배출된 것을 확인하였다.

19. NOV. 2025 / 15:00	선박 위치	E	0.3㎥	해양 으로	-	-	2/0 000 서명

● G 코드 ☞ 화물 잔류물의 처리

2등 항해사 ○○○ 씨는 2025년 11월 23일 11:00 본선 항해 중, **화물 잔류물 약 1.7㎥**을 해양에 배출하였다.

23. NOV. 2025 / 11:00	선박 위치	G	1.7㎥	해양 으로	-	-	2/0 000 서명

선장의 서명   ○○○ 서명

▣ **폐기물 종류별 코드**

A: 플라스틱.   B: 음식 쓰레기.   C: 유리병.   D: 식용유.   E: 소각재.
F: 운항상 쓰레기.   G: 화물 잔류물.   H: 동물 사체.   I: 어망

□ 유해액체물질기록부(Hazardous Liquid Substance Record Book)

● A 코드 ☞ 화물의 적화

1등 항해사 ○○○는 2025년 11월 12일 11:00~14:00 울산항에서 **아크로니트릴(Y류)을 본선 No.1 COT 에 실었다.**

일자	부호	항목	작업기록 및 작업책임자 서명/ 인가된 검사원의 성명 및 서명
12. NOV. 2025	A	1	Ulsan Port, Korea
		2	No.1 COT , 아크로니트릴(Y류) C/O OOO 서명, 검사원 성명 OOO 서명 OOO

● B 코드 ☞ 화물의 선내이송

1등 항해사 ○○○ 씨는 2025년 11월 13일 본선 No.1 COT에 있던 **아크로니트릴(Y류)를** No.2 COT으로 전량 이송하였다.

		3	아크로니트릴(Y류)
13. NOV. 2025	B	4.1	No.1 COT
		4.2	No.2 COT
		5	YES (탱크는 비었는가?)
		6	No.1 COT 잔류량 없음 C/O OOO 서명

● C 코드 ☞ 화물의 양화

1등 항해사 OOO는 2025년 11월 30일 11:00~14:00 울산항에서 **본선 No.3 COT 에 적화되어** 있던 아크로니트릴(Y류) 전량을 풀었다.

		7	Ulsan Port, Korea
30. NOV. 2025	C	8	No.3 COT
		9	YES (탱크는 비었는가?)
		(9.2)	OOm³(비어 있지 않은 경우) C/O OOO 서명

선장의 서명   OOO 서명

● D 코드 ☞ 강제 예비 세정

2등 항해사 OOO 씨는 2025년 11월 20일 11:00~12:00, 본선 No.5 COT를 온수 Butter Washing 강제 예비세정하였다(탱크당 세정기 수는 1개, 울산항의 수용시설에 세정수를 배출).

		12	No.5 COT
		13	Butter Washing 세정
20. NOV. 2025	D	13.1	1 Per Tank
		13.2	11:00~12:00
		13.3	Hot Wash
		14.1	Ulsan Port, Korea 2/O OOO 서명

● E 코드 ☞ 화물탱크 세정수 배출(강제 예비 세정 외 화물창 세정)

1등 항해사 OOO 씨는 2025년 11월 22일 13:00~14:00, 아크로니트릴(Y)을 적화한 본선 No.3 COT를 A 세제 2리터를 사용하여 Butter Washing 하고 2시간 동안 통풍, No.1 Slop Tank로 이송하였고, 이를 한국 울산항의 수용시설에 세정수를 배출하였다.

		15	13:00~14:00, No.3 COT, 아크로니트릴(Y)
		15.1	Butter Washing 세정
		15.2	A 세제 2리터
22. NOV. 2025	E	15.3	Forced Venting, 1 Ventilator, 2hours
		16.1	Discharge of accommodation facilities (Ulsan)
		16.2	No.1 Slop Tank
		16.3	해양배출 C/O OOO 서명

● F 코드 ☞ 세정수 배출

1등 항해사 OOO 씨 는 2025년 11월 22일 16:00~20:00, 본선 No.3 COT 세정수 5㎥을 12 Knot로 항해 중 해양에 배출하였다.

		17	No.3 COT
		17.1	(세정작업 중 세정수를 배출하였습니까?) YES
22. NOV. 2025	F	17.2	5㎥
		18	16:00~20:00
		19	12 Knot(7 Knot 이상 가능) C/O OOO 서명

선장의 서명   ○○○   서명

〔참고자료〕 해양환경교육원, 『선박의 법정기록부 작성지침』, 2018.

참고 문헌

◎ 국내 문헌

1. 단행본

김석기,『일본 기름유출사건처리 과정과 최근 국제기금의 방제비 지급 동향』, (주)한국해사감정, 1999.

김일평, 해양경찰(학)개론, 한울미디어, 2019.

목진용.박용욱,『유류오염사고대비 해안방제체제 구축방안』, 한국해양수산개발원, 2001.

부산지방검찰청,『해양범죄백서』, 1997.

수협중앙회,『유류오염사고의 배상액 산정과 청구는 어떻게 하여야 하는가』, 2007.

한국선급,『MARPOL 73/78』, 2002 통합본, 부산: 해인출판사, 2002.

한국해양수산연수원, "해양오염사고 사례분석",『해양오염방지관리인교육 과정』, 2004.

해양경찰연구센터, <가스크로마토그램>, 2017.

해양경찰청,『국가 재난적 해양오염사고 대응방안 연구』, 2004.

_____, 방제비용징수규칙[해양경찰청예규 제1호, 2017. 7. 26., 타법개정.].

_____,『해양경찰백서』, 2019.

_____,『해양오염방제』, 2014.

_____.한국해양오염방제조합(현, 해양환경공단),『해양오염방제사례집』, 2002.

_____.한국해양오염방제조합(현, 해양환경공단),『해양오염방제사례집 Ⅱ』, 2004.

해양경찰학교,『해양오염관리기본과정』, 2010.

해양수산부,『씨프린스호 유류오염사고 백서』, 2002.

해양환경교육원,『선박의 법정기록부 작성지침』, 2018.

행정안전부, 국민재난안전포털, 2019.

2. 論文

박찬호, "선박오염에 관한 국제법의 발전", 박사학위논문, 고려대학교 대학원, 1992.

심원준, Microplastic contamination in Aquatic Environment, 2018.

이영호,『우리나라 해양환경제도에 관한 입법론적 연구』, 법학박사 학위논문, 한국해양대학교, 2006.

정영석, "중국의 해양수산 관련 법률체계",『해사법 연구』제17권 제1호, 국제해사법학회, 2005.

◎ 외국문헌

1. 단행본

CEDRE, Brest, France.

UNEP, The State of the Marine Environment GESAMP report and Studies No. 39(1990).

日本海上保安廳,『Japanese Maritime Safety Agency』, 2018.

_____,『東京湾排出油防除計劃』, 1995.

_____,『油類汚染事件への準備及び對應のための國家的な緊急計劃』,1997.

2. 論文

David W. Abecaassis, "Oil Pollution from Ships", London, Stevens & Sons(1985).

Ludwik A. Teclaff & Albert E. Utton (eds.), "*International Environmental Law*"(NewYork/Washington/London: Praeger Publishers, Inc., 1974), pp.248-250; Maria Gavounel, supra note 8,

Takahiro Hagihara, "*A Case Study on Response to Marine Oil Spill Incident in Japan*",『International Symposium on Oil Spill Preparedness, Response and Co-operation』, Incheon Korea, KCG .KMPRC. KOSMEE, 2005, p.173.

日本海難防止協會, "危險物質海上運送時 事故對應策 研究報告書", 第二卷, 2004.

_____, "危險物質海上運送時 事故對應策 研究報告書", 第一卷, 2003.

文伯屛, "環境立法之 應當 體系 形成",『中國環境報』, 中國社會科學院 法學研究所, 1999.

◎ 인터넷 사이트 등 기타 자료

CCG Oil Spill Response Field Guide, 1995.

IKU, Petroleum Research Trondheim, Norway.

IMO, "Conference on International Co-operation on Oil Pollution Preparedness and sponse". 2002.

_____,"Focus on IMO", IMO and Dangerous Goods and at Sea, May 1996.

_____, LEG 80/10/1, 1999.

_____, Manual on Oil Pollution, Contingency Planning.

ITOPF, Response to Marine Oil Spills, 1987.

_____, Oil Spill Response, 2019.

NOAA Office of Response and Restoration:The Exxon Valdez Oil Spill(2017).

UNEP/IMO/NOWPAP/MERRAC/FPM 7/19, 2004.

_____/ICL/IG/1/L.6, 1995(April 3).

_____, "The State of the Marine Environment GESAMP report and Studies", No. 39, 1990.

UNGA/60/63, "Oceans And The Law Of The Sea: Report Of The Secretary – General", 2005.

GESAMP, http://www.marine.gov.uk/gesamp.htm.

ITOPF, http://www.itopf.org.

IOPC Fund, http://www.iopcfund,org.

MSRC, http://www.msrc.org.

UN, http://www.UN.org.

UNESCO, http://www.ioc.unesco.org/iyo/introducction.htm.

USCG, https://www.uscg.mil/(2019).

日本海上保安廳, http://www.kaiho.mlit.go.jp.

법제처, http://www.moleg.go.kr.

한국해양과학기술원, http://www.kiost.ac.kr.

해양경찰청, http://www.kcg.go.kr.

해양수산부, http://www.momaf.go.kr.

해양환경공단, http://www.koem.or.kr.

◎ **e-book**

이영호, 『해양환경관리법 및 국제협약』(교보문고 퍼플 e-book), 2015.

_____, 『해양환경관리실무』(교보문고 퍼플 e-book), 2015.

_____, 『해양환경기사 해양관련법규』(교보문고 퍼플 e-book), 2015.

◎ **신문기사**

동아일보 A12, 2007.12.12. 자.

서울신문 2008.05.6. 자.

조선일보 A12, 2008.3.12. 자.

한국일보 A01, 2007.12.12. 자.

해양오염방제론

ⓒ 이영호, 2020

초판 1쇄 발행 2020년 8월 15일

지은이   이영호
펴낸이   이기봉
편집   좋은땅 편집팀
펴낸곳   도서출판 좋은땅
주소   서울 마포구 성지길 25 보광빌딩 2층
전화   02)374-8616~7
팩스   02)374-8614
이메일   gworldbook@naver.com
홈페이지   www.g-world.co.kr

ISBN   979-11-6536-644-5 (03450)

이 도서의 국립중앙도서관 출판예정도서목록(CIP)은 서지정보유통지원시스템 홈페이지(http://seoji.nl.go.kr)와 국가자료공동목록시스템(http://www.nl.go.kr/kolisnet)에서 이용하실 수 있습니다. (CIP제어번호 : CIP2020031080)